SHUBIANDIAN JIANSHE FANWEIZHANG
GUANLI SHOUCE

输变电建设
反违章 管理手册

曹建忠　主编

中国电力出版社
CHINA ELECTRIC POWER PRESS

内 容 提 要

本书采用对照法，共分六篇 48 大类，列举了输变电建设工程中的建管单位、业主项目部、监理单位、监理项目部、施工企业、施工项目部在进行建筑施工工程、电气安装工程、线路施工工程中管理过程和作业过程中常见的违章表现，与现行规程标准中的具体规定一一对应，使得开展反违章工作更具有针对性和可操作性，更易于员工接受教育，更便于规范管理行为和作业行为，更利于安全素质的提升，更有效地促进电网建设安全进行。

本书可供输变配电建设企业和从业人员阅读学习，也可作为输变电建设工程相关施工、管理、监理人员的培训教材。

图书在版编目（CIP）数据

输变电建设反违章管理手册 / 曹建忠主编 . —北京：中国电力出版社，2018.8
ISBN 978-7-5198-2185-2

Ⅰ. ①输… Ⅱ. ①曹… Ⅲ. ①输电-电力工程-工程施工-安全技术-手册②变电所-工程施工-安全技术-手册 Ⅳ. ①TM7-62

中国版本图书馆 CIP 数据核字（2018）第 142435 号

出版发行：中国电力出版社
地　　址：北京市东城区北京站西街 19 号（邮政编码 100005）
网　　址：http://www.cepp.sgcc.com.cn
责任编辑：薛　红（010-63412346）　周秋慧（010-63412627）
责任校对：郝军燕
装帧设计：张俊霞
责任印制：邹树群

印　　刷：北京时捷印刷有限公司
版　　次：2018 年 8 月第一版
印　　次：2018 年 8 月北京第一次印刷
开　　本：787 毫米×1092 毫米　16 开本
印　　张：15.5
字　　数：375 千字
印　　数：0001—1500 册
定　　价：48.00 元

版 权 专 有　侵 权 必 究

本书如有印装质量问题，我社发行部负责退换

编审人员名单

主　编　曹建忠

副主编　孙　岢　殷根峰

参　编　姜　华　曹　振　刘　笛　姚　超

　　　　秦　也　席风臣　李陆军　侯尽然

　　　　程生安　丁同奎　水红玉　董金锋

　　　　李剑峰　王大文

主　审　林　慧

副主审　张学众　董　锐

审　核　熊卿府　管晓峰　郭　锐　杨永杰

　　　　任志方

前　言

　　违章是事故之源，是实现安全建设目标的最大风险。而反违章是一项长期、艰苦、复杂的工作，是一切安全管理工作中的重中之重，是输变配电建设企业和从业人员必须长期开展的一项重要工作。

　　本书采用对照法，列举了输变电建设工程中的建设单位、监理单位、施工企业在进行建筑施工工程、电气安装工程、线路施工工程中管理过程和作业过程中常见的违章表现，与现行规程标准中的具体规定一一对应，使得开展反违章工作更具有针对性和可操作性，更易于员工接受教育，更便于规范管理行为和作业行为，更利于安全素质的提升，更有效地促进电网建设安全进行。

　　本书是电网建设企业开展反违章活动方面的良好工作手册和培训教材。适用于从事输变电建设的建筑工程、电气安装工程和输电网施工的各专业，书中所列出的依据内容，均引自现行有效的国家标准、行业标准和企业标准。全书内容充实、依据可靠，并具有分类清晰、叙述简洁、文字精练、查询快捷等特点。

　　本书姊妹篇为《输变电建设反违章施工手册》。两本书的编者均长期从事输变电建设管理和监理工作，具有丰富的管理经验和现场经验。在两本书的编写过程中，得到了国网郑州供电公司、河南立新监理咨询有限公司郑州管理部、郑州祥和集团公司等有关单位的领导和工程技术人员的大力协助，在此表示衷心的感谢。

编　者
2018 年 6 月

目　录

第五篇 施 工 企 业

第六篇 施 工 项 目 部

输变电建设 *反违章* 管理手册

第一篇

建管单位

1 基 础 管 理

1.1 安全组织机构及资源配置

1.1.1 项目安委会组建

违章表现	规程规定	规程依据
（1）项目建设规模达到成立安委会标准，但现场未发文成立安委会。 （2）安委会未由项目法人或受委托的建设管理单位发文成立	对同时满足"有三个及以上施工企业（不含分包单位）参与施工、建设工地施工人员总数超过300人、项目工期超过12个月"条件的单项工程（针对输变电工程，变电站工程和输电线路工程可视为两个单项工程），负责（或委托建设管理单位）组建项目安全生产委员会（以下简称安委会）	《国家电网公司基建安全管理规定》［国网（基建/2）173—2015］

1.1.2 项目安委会活动

违章表现	规程规定	规程依据
（1）安委会会议主题针对性不足，未围绕项目存在的安全问题进行开展，会议纪要未针对存在的安全问题提出整改建议，未附会议签到表和数码照片。安委会会议未对本季安全进行总结，未对下季安全工作进行部署。 （2）第一次安委会会议未在工程开工前召开，未按每季度召开安委会会议，安委会会议未由安委会主任或安委会常务副主任主持召开	工程项目安委会应建立安全工作例行会议机制，在工程开工前召开第一次会议，以后每季度至少召开一次安委会会议，检查安全工作的落实情况，研究解决工程项目存在的安全问题，会议由安委会主任主持，或委托常务副主任主持	《国家电网公司基建安全管理规定》［国网（基建/2）173—2015］

1.1.3 项目安委会人员组成

违章表现	规程规定	规程依据
安委会主任未由项目法人单位基建管理部门（或建设管理单位）负责人担任，安委会常务副主任未由业主项目经理担任，安委会副主任设置为项目总监理工程师、施工项目经理，但未同时包括土建施工项目部经理和电气施工项目部经理，安委会成员未包括设计单位相关人员	项目法人单位基建管理部门（或建设管理单位）负责人担任安委会主任，业主项目经理担任常务副主任，项目总监理工程师、施工项目经理担任副主任，安委会其他成员由工程项目监理、设计、施工企业的相关人员及业主、监理、施工项目部的安全、技术负责人组成	《国家电网公司基建安全管理规定》［国网（基建/2）173—2015］

1.1.4 上级来文学习

违章表现	规程规定	规程依据
建设管理单位未根据上级单位文件精神，检查本单位安全文件学习记录	基建管理部门安全管理人员负责组织学习上级基建安全文件，传达文件精神，起草本单位基建安全管理文件	《国家电网公司基建安全管理规定》[国网（基建/2）173—2015]

1.1.5 业主项目部管理人员配置

违章表现	规程规定	规程依据
业主项目部人员配备不全	业主项目部配备业主项目经理（必要时可配备副经理）、建设协调、安全管理、质量管理、造价管理、技术管理等管理岗位，以及属地协调联系人、物资协调联系人	《国家电网公司输变电工程业主项目部管理办法》[国网（基建/3）180—2015]
业主项目部成立未由基建管理部门发文	各级单位基建管理部门负责业主项目部的组建，以文件形式任命项目经理及专业管理人员	《国家电网公司输变电工程业主项目部管理办法》[国网（基建/3）180—2015]
业主项目部未在工程前期工作启动前成立发文	在工程前期工作启动前组建业主项目部，并以文件形式任命项目经理及其他管理人员	《国家电网公司业主项目部标准化管理手册（2014年版)》
业主项目部人员发生变更，未重新发文任命	业主项目部管理人员应保持相对稳定，特殊情况确需变更的，需重新发文任命	《国家电网公司输变电工程业主项目部管理办法》[国网（基建/3）180—2015]

1.1.6 业主项目部安全教育培训

违章表现	规程规定	规程依据
建设管理单位未组织基建管理人员开展安全培训	建设管理单位对基建管理人员进行安全培训	《国家电网公司基建安全管理规定》[国网（基建/2）173—2015]

1.2 安全文明施工设施配置

1.2.1 安全生产费计列、提取

违章表现	规程规定	规程依据
建设管理单位在编制估算、概算书时，未严格执行《国家能源局关于颁布2013版电力建设工程定额和费用计算规定的通知》（国能电力〔2013〕289号）及其配套规定中关于安全生产费计列要求，未按照规定的科目和费率计列项目安全生产费；设计单位未对环境复杂、"急、难、险、重"的工程项目，充分考虑特殊安全生产措施费用，电力建设工程施工企业安全生产费未在概算书中单独计列，计入工程总体造价	公司投资电力建设项目在编制估算、概算书时，应严格执行《国家能源局关于颁布2013版电力建设工程定额和费用计算规定的通知》（国能电力〔2013〕289号）及其配套规定中关于安全生产费计列要求，按照规定的科目和费率计列项目安全生产费；对环境复杂、"急、难、险、重"的工程项目，设计单位要在此基础上，充分考虑特殊安全生产措施费用。电力建设工程施工企业安全生产费在概算书中单独计列，计入工程总体造价	《国家电网公司关于进一步规范电力建设工程安全生产费用提取与使用管理工作的通知》（国家电网基建〔2013〕1286号）
抽水蓄能电站工程计列安全生产费，未执行水电行业定额计算规定，未执行水电行业费用计算规定	公司投资抽水蓄能电站工程计列安全生产费，执行水电行业定额和费用计算规定	《国家电网公司关于进一步规范电力建设工程安全生产费用提取与使用管理工作的通知》（国家电网基建〔2013〕1286号）
建设管理单位在初步设计评审意见中未明确施工企业安全生产费计列总金额	公司投资电力建设工程在初步设计评审意见中明确施工企业安全生产费计列总金额，指导工程招投标、合同签订和结算、决算工作	《国家电网公司关于进一步规范电力建设工程安全生产费用提取与使用管理工作的通知》（国家电网基建〔2013〕1286号）
建设管理单位在开展施工招投标工作中，未按照工程初步设计评审意见明确的额度，未将在工程上提取的安全生产费用列入专用条款，在投标须知中未明确安全生产费用按工程初步设计评审意见明确的额度独立报价	公司投资电力建设工程在开展施工招投标工作中，要按照工程初步设计评审意见明确的额度，将在工程上提取的安全生产费用列入专用条款，在投标须知中明确此费用按规定金额独立报价，不参与竞标	《国家电网公司关于进一步规范电力建设工程安全生产费用提取与使用管理工作的通知》（国家电网基建〔2013〕1286号）
招标文件和合同文本中，投标单位未在投标文件中详细列出安全生产费具体内容，未作为评标、授标的重要依据	招标文件和合同文本中，应明确投标单位必须在投标文件中详细列出安全生产费使用计划和具体内容，作为评标、授标的重要依据。施工企业中标后，安全生产费使用计划和具体内容纳入合同书中，作为合同执行的重要依据，确保提取的安全生产费用用于工程安全生产工作	《国家电网公司关于进一步规范电力建设工程安全生产费用提取与使用管理工作的通知》（国家电网基建〔2013〕1286号）

1.2.2 安全生产费使用、支付、结算

违章表现	规程规定	规程依据
建设管理单位在拨付工程进度款时，未按照工程现场投入计划和实际情况拨付安全生产费，未单独拨付安全生产费	建设管理单位在拨付工程进度款的同时，要按照工程现场投入计划和实际情况，单独拨付安全生产费，工程建设初期，可适当超前支付先期布置所需安全生产费	《国家电网公司关于进一步规范电力建设工程安全生产费用提取与使用管理工作的通知》（国家电网基建〔2013〕1286号）
安全生产费结算管理不符合公司工程结算管理制度的规定，公司所属施工企业安全生产费用的会计处理不符合国家统一的会计制度规定和公司财务管理要求	公司投资电力建设工程的安全生产费结算管理，应符合公司工程结算管理制度的规定。公司所属施工企业安全生产费用的会计处理，应符合国家统一的会计制度规定和公司财务管理要求	《国家电网公司关于进一步规范电力建设工程安全生产费用提取与使用管理工作的通知》（国家电网基建〔2013〕1286号）

1.2.3 安全管理评价

违章表现	规程规定	规程依据
公司级单位组织管理评价抽查，抽查比例未满足在建工程总数的10%	35kV及以上输变电工程阶段性组织开展安全管理评价。评价工作由建设管理单位或业主项目部组织有关专家、工程参建单位共同开展。 省公司级单位组织管理评价抽查，抽查比例不少于在建工程总数的10%	《输变电工程安全文明标准化管理制度》〔国网（基建/3）187—2015〕

1.3 安全检查管理

违章表现	规程规定	规程依据
建设管理单位未开展月、季度及春、秋季等例行检查活动	根据公司管理要求或季节性施工特点，开展月、季度及春、秋季等例行检查活动	《国家电网公司基建安全管理规定》〔国网（基建2）173—2015〕
建设管理单位未根据工程项目实际情况，对施工机械管理、分包管理、临近带电体作业等开展专项检查活动	根据工程项目实际情况，对施工机械管理、分包管理、临近带电体作业等开展专项检查活动	《国家电网公司基建安全管理规定》〔国网（基建2）173—2015〕
建设管理单位未根据管理需要和项目施工的具体情况，适时开展随机检查活动	根据管理需要和项目施工的具体情况，适时开展随机检查活动	《国家电网公司基建安全管理规定》〔国网（基建2）173—2015〕
建设管理单位未安排管理人员到有四级风险的项目上进行安全检查	四级风险明确要求：建设单位公司相关管理人员现场检查，监理单位公司相关管理人员现场检查	《国家电网公司基建安全管理规定》〔国网（基建2）173—2015〕
建设管理单位未能在每季度开展安全检查	建设管理单位每季度至少开展一次安全检查	《国家电网公司基建安全管理规定》〔国网（基建2）173—2015〕

违章表现	规程规定	规程依据
建设管理单位在各类检查中发现的安全隐患和安全文明施工、环境管理问题未下发整改通知单；建设管理单位未对因故不能整改的问题采取临时措施	各类安全检查中发现的安全隐患和安全文明施工、环境管理问题，应下发整改通知，限期整改，并对整改结果进行确认，实行闭环管理；对因故不能立即整改的问题，责任单位应采取临时措施，并制定整改措施计划报上级批准，分阶段实施	《国家电网公司基建安全管理规定》[国网（基建2）173—2015]

1.4 项目应急管理

1.4.1 应急工作组组建

违章表现	规程规定	规程依据
建设管理单位未在开工前组织成立工程项目应急工作组	开工前，在建设管理单位组织下，成立工程项目应急工作组	《国家电网公司业主项目部标准化管理手册（2014年版）》

1.4.2 应急处置方案编制

违章表现	规程规定	规程依据
现场应急处置方案未报建设管理单位批准	项目应急工作组组织编制现场应急处置方案，经施工项目经理、总监理工程师、业主项目部经理审查签字，报建设管理单位批准后发布实施	《国家电网公司业主项目部标准化管理手册（2014年版）》

1.4.3 事故调查

违章表现	规程规定	规程依据
各等级人身事故调查组未按规定设置	5.1 调查组织 5.1.1 公司系统各单位根据事故等级的不同组织调查，并按要求填写事故调查报告书。上级管理单位可根据情况派员督查。 5.1.2 一般（四级）以上人身、五级以上电网、较大（三级）以上设备事故，以及五级信息系统事件由国家电网公司或其授权的分部、省电力公司、国家电网公司直属公司组织调查。 5.1.3 五级人身、六级电网事件，一般（四级）设备事故和五级设备事件，以及六级信息系统事件由省电力公司（国家电网公司直属公司）或其授权的单位组织调查，国家电网公司认为有必要时可以组织、派员参加或授权有关单位调查。	《国家电网公司安全事故调查规程》

违章表现	规程规定	规程依据
	5.1.4 六级人身、七级电网、六级设备和七级信息系统事件由地市供电公司级单位（或其授权的单位）或事件发生单位组织调查，上级管理单位认为有必要时可以组织、派员参加或授权有关单位调查。 5.1.5 七级人身、八级电网、七级设备和八级信息系统事件由事件发生单位自行组织调查，上级管理单位认为有必要时可以组织、派员参加或授权有关单位调查。 5.1.6 八级人身和设备事件由事件发生单位的安监部门或指定专业部门组织调查。 5.1.7 人身事故调查组由相应调查组织单位的领导或其指定人员主持，安监、生产（生技、基建、营销、农电等）、监察、人力资源（社保）、工会等有关部门派员参加。 5.1.8 其他事故调查组由相应调查组织单位的领导或其指定人员主持，按事故的不同等级和性质，安监、调度、生技、基建、营销、农电、信息、监察等有关部门人员和车间（工区、项目部）负责人参加。调查组可根据事故的具体情况，指定有关发、供电单位参加。 产权与运行管理相分离的，由运行管理单位组织调查，也可由资产所有单位组织调查。性质严重或涉及两个以上单位的事故，上级管理单位应指派安监人员和有关专业人员参加调查或组织调查。 5.1.9 初步认定事故发生由质量原因造成时，可组成安全和质量事故调查组，按有关规定开展联合调查	
事故发生现场未经调查和记录而被随意变动	5.2.1.1 事故发生后，事故发生单位必须迅速抢救伤员并派专人严格保护事故现场。未经调查和记录的事故现场，不得任意变动。 5.2.1.2 事故发生后，事故发生单位安监部门或其指定的部门应立即对事故现场和损坏的设备进行照相、录像、绘制草图、收集资料。 5.2.1.3 因紧急抢修、防止事故扩大以及疏导交通等，需要变动现场，必须经单位有关领导和安监部门同意，并做出标志、绘制现场简图、写出书面记录，保存必要的痕迹、物证	《国家电网公司安全事故调查规程》

违章表现	规程规定	规程依据
事故调查组未详细查明事故发生前、事故发生经过、现场救护情况	5.2.3.1 人身事故应： （1）查明伤亡人员和有关人员的单位、姓名、性别、年龄、文化程度、工种、技术等级、工龄、本工种工龄等； （2）查明事故发生前伤亡人员和相关人员的技术水平、安全教育记录、特殊工种持证情况和健康状况，过去的事故记录、违章违纪情况等； （3）查明事故发生前工作内容、开始时间、许可情况、作业程序、作业时的行为及位置、事故发生的经过、现场救护情况等； （4）查明事故场所周围的环境情况（包括照明、湿度、温度、通风、声响、色彩度、道路、工作面状况以及工作环境中有毒、有害物质和易燃、易爆物取样分析记录）、安全防护设施和个人防护用品的使用情况（了解其有效性、质量及使用时是否符合规定）。 5.2.3.2 电网、设备事故应： （1）查明事故发生的时间、地点、气象情况，以及事故发生前系统和设备的运行情况； （2）查明事故发生经过、扩大及处理情况； （3）查明与事故有关的仪表、自动装置、断路器、保护、故障录波器、调整装置、遥测、遥信、遥控、录音装置和计算机等记录和动作情况； （4）查明事故造成的损失，包括波及范围、减供负荷、损失电量、停电用户性质，以及事故造成的设备损坏程度、经济损失等； （5）调查设备资料（包括订货合同、大小修记录等）情况以及规划、设计、选型、制造、加工、采购、施工安装、调试、运行、检修等质量方面存在的问题。 5.2.3.3 信息系统事件应： （1）查明事件发生前系统的运行情况； （2）查明事件发生经过、扩大及处理情况； （3）调查系统和设备资料（包括订货合同、维护记录等）情况以及规划、设计、建设、实施、运行等方面存在的问题； （4）查明事件造成的损失，包括影响时间、影响范围、影响严重程度等。 5.2.3.4 事故调查还应了解现场规章制度是否健全，规章制度本身及其执行中暴露的问题；了解各单位管理、安全生产责任制和技术培训等方面存在的问题；了解全过程管理是否存在漏洞；事故涉及两个以上单位时，应了解相关合同或协议	《国家电网公司安全事故调查规程》

违章表现	规程规定	规程依据
安委会未按季度开展安全检查活动，无检查记录	工程项目安委会每季度至少组织开展一次安全检查	《国家电网公司基建安全管理规定》[国网（基建/2）173—2015]
事故调查组未查明人身事故伤亡人员和有关人员的详细个人信息	5.2.3.1 人身事故应： （1）查明伤亡人员和有关人员的单位、姓名、性别、年龄、文化程度、工种、技术等级、工龄、本工种工龄等； （2）查明事故发生前伤亡人员和相关人员的技术水平、安全教育记录、特殊工种持证情况和健康状况，过去的事故记录、违章违纪情况等； （3）查明事故发生前工作内容、开始时间、许可情况、作业程序、作业时的行为及位置、事故发生的经过、现场救护情况等； （4）查明事故场所周围的环境情况（包括照明、湿度、温度、通风、声响、色彩度、道路、工作面状况以及工作环境中有毒、有害物质和易燃、易爆物取样分析记录）、安全防护设施和个人防护用品的使用情况（了解其有效性、质量及使用时是否符合规定）	《国家电网公司安全事故调查规程》
事故调查组未在事故调查的基础上，分析并明确事故发生、扩大的直接原因和间接原因。未委托专业技术部门进行相关计算、试验、分析。事故调查组未在确认事实的基础上，分析是否人员违章、过失、违反劳动纪律、失职、渎职；安全措施是否得当；事故处理是否正确等。 事故调查组未根据事故调查的事实，通过对直接原因和间接原因的分析，确定事故的直接责任者和领导责任者；未根据其在事故发生过程中的作用，确定事故发生的主要责任者、次要责任者、事故扩大的责任者	5.2.4 分析原因责任 5.2.4.1 事故调查组在事故调查的基础上，分析并明确事故发生、扩大的直接原因和间接原因。必要时，事故调查组可委托专业技术部门进行相关计算、试验、分析。 5.2.4.2 事故调查组在确认事实的基础上，分析是否人员违章、过失、违反劳动纪律、失职、渎职；安全措施是否得当；事故处理是否正确等。 5.2.4.3 根据事故调查的事实，通过对直接原因和间接原因的分析，确定事故的直接责任者和领导责任者；根据其在事故发生过程中的作用，确定事故发生的主要责任者、同等责任者、次要责任者、事故扩大的责任者；根据事故调查结果，确定相关单位承担主要责任、同等责任、次要责任或无责任	《国家电网公司安全事故调查规程》
事故调查组未提出防止同类事故发生、扩大的组织措施和技术措施	事故调查组应根据事故发生、扩大的原因和责任分析，提出防止同类事故发生、扩大的组织措施和技术措施	《国家电网公司安全事故调查规程》

违章表现	规程规定	规程依据
事故调查组未提出对事故责任人员的处理意见	5.2.6　提出人员处理意见 5.2.6.1　事故调查组在事故责任确定后，要根据有关规定提出对事故责任人员的处理意见。由有关单位和部门按照人事管理权限进行处理。 5.2.6.2　对下列情况应从严处理： （1）违章指挥、违章作业、违反劳动纪律造成事故发生的； （2）事故发生后迟报、漏报、瞒报、谎报或在调查中弄虚作假、隐瞒真相的； （3）阻挠或无正当理由拒绝事故调查或提供有关情况和资料的。 5.2.6.3　在事故处理中积极抢救、安置伤员和恢复设备、系统运行的，在事故调查中主动反映事故真相，使事故调查顺利进行的有关事故责任人员，可酌情从宽处理。 5.3　事故调查报告 5.3.1　由政府有关机构组织的事故调查，调查完成后，有关调查报告书应由事故发生单位留档保存，并逐级上报至国家电网公司	《国家电网公司安全事故调查规程》
事故调查组未编写《事故调查报告书》。 　事故调查的组织单位在规定时间内未报送事故调查报告书	5.3.2　事故调查报告书 5.3.2.1　下列事故应由调查组填写事故调查报告书： （1）人身死亡、重伤事故，填写《人身事故调查报告书》； （2）五级以上电网事故填写《电网事故调查报告书》； （3）五级以上设备事故填写《设备事故调查报告书》； （4）六级以上信息系统事件填写《信息系统事件调查报告书》； （5）其他由国家电网公司、省电力公司、国家电网公司直属公司根据事故性质及影响程度指定填写的。 5.3.2.2　事故调查报告书由事故调查的组织单位以文件形式在事故发生后的30日内报送。特殊情况下，经上级管理单位同意可延至60日。 5.3.2.3　上级管理单位接到事故调查报告后，15日内以文件形式批复给事故调查的组织单位。 5.3.2.4　符合5.3.2.1所列事故（重伤除外），应随事故调查报告书上报事故影像资料	《国家电网公司安全事故调查规程》

1.5 安全策划管理

违章表现	规程规定	规程依据
（1）省公司级单位基建管理部门未编制年度基建安全管理工作策划方案。 （2）省公司级单位年度基建安全管理工作策划方案未重点分析本单位的基建安全风险，制定的相应措施不完整。 （3）年度基建安全管理工作策划方案内容未按国家电网公司文件要求编制，内容不完整	省公司级单位基建管理部门职责：建设单位负责制定年度基建安全管理工作策划方案。省公司级单位年度基建安全管理工作策划方案应重点分析本单位的基建安全风险，并制定相应的措施，监督检查工程项目开展安全风险识别、评估、预控工作，通过基建管理信息系统监控施工安全重大风险作业进程，履行重大风险作业到岗到位责任	《国家电网公司基建安全管理规定》[国网（基建/2）173—2015]
（1）建设管理单位（负责具体工程项目建设管理的省公司级单位、地市供电企业、县供电企业，未制定年度基建安全管理工作策划方案。 （2）建设管理单位年度策划未进行动态调整，重点工作不落实，内容不完整	（1）建设管理单位（负责具体工程项目建设管理的省公司级单位、地市供电企业、县供电企业，下同）制定管理职责，各单位所属经研院、所配合履行项目安全管理职责。 （2）负责落实本单位的基建安全管理工作，制定年度基建安全管理工作策划方案，并组织实施	《国家电网公司基建安全管理规定》[国网（基建/2）173—2015]

1.6 安全管理台账

1.6.1 省公司级单位基建安全管理台账

违章表现	规程规定	规程依据
（1）省公司级单位基建部门未建立安全法律、法规、标准、制度等有效文件清单。 （2）省公司级单位基建部门建立的安全法律、法规、标准、制度等有效文件清单存在过期规范。 （3）省公司级单位基建部门建立的安全法律、法规、标准、制度有效文件清单不完整，有少数法律、法规、标准、制度内容缺失。 （4）省公司级单位基建部门未建立基建安全教育培训记录台账。 （5）省公司级单位基建部门基建安全教育培训记录台账不完整。 （6）省公司级单位基建部门未建立合格分包商名册及分包商资质审查记录台账。 （7）省公司级单位基建部门未建立基建安全检查通报台账。 （8）省公司级单位基建部门安全检查通报台账记录不完整。	省公司级单位基建安全管理台账： （1）安全法律、法规、标准、制度等有效文件清单。 （2）基建安全教育培训记录。 （3）基建安全例会会议纪要（记录）。 （4）合格分包商名册及分包商资质审查记录。 （5）基建安全检查通报。 （6）安全管理文件。 （7）安全考核评价记录。 （8）基建安全事件统计、报告记录	《国家电网公司基建安全管理规定》[国网（基建/2）173—2015]

违章表现	规程规定	规程依据
（9）省公司级单位基建部门未建立安全管理文件台账。 （10）省公司级单位基建部门安全管理文件台账不完整。 （11）省公司级单位基建部门未建立安全考核评价记录台账。 （12）省公司级单位基建部门安全考核评价记录台账不完整。 （13）省公司级单位基建部门未建立基建安全事件统计、报告记录台账		

1.6.2 建设管理单位安全管理台账

违章表现	规程规定	规程依据
（1）建设管理单位未建立安全管理文件台账。 （2）建设管理单位安全管理文件台账不完整。 （3）建设管理单位未建立项目安全考核评价记录台账。 （4）建设管理单位项目安全考核评价记录台账不完整。 （5）建设管理单位有发生安全事件，但未建立基建安全事件统计、报告记录台账	建设管理单位安全管理台账： （1）安全法律、法规、标准、制度等有效文件清单。 （2）基建安全教育培训记录。 （3）基建安全例会、安委会会议纪要（记录）。 （4）年度基建安全管理策划方案。 （5）基建安全检查记录。 （6）安全管理文件。 （7）项目安全考核评价记录。 （8）基建安全事件统计、报告记录	《国家电网公司基建安全管理规定》[国网（基建/2）173—2015]

1.7 安全风险管理

1.7.1 施工作业前（风险预警）

违章表现	规程规定	规程依据
达到预警要求的风险作业未编发安全风险预警通知单；未提前5日发布预警；未经分管负责人签发；预警内容明显不符合要求	根据风险评估等级及预警管控范围，编制、发布安全风险预警通知单，提前5日，由建设管理单位分管负责人签发	《国家电网公司输变电工程施工安全风险预警管控工作规范（试行）》（国家电网安质〔2015〕972号）

1.7.2 基建管控系统

违章表现	规程规定	规程依据
省公司级单位基建管理部门未通过基建管理信息系统按时上报预判及正在监控的重大风险作业管理动态信息	省公司级单位基建管理部门通过基建管理信息系统，按时上报预判及正在监控的重大风险作业管理动态信息	《国家电网公司输变电工程施工安全风险识别、评估及预控措施管理办法》[国网（基建/3)176—2015]

违章表现	规程规定	规程依据
建设管理单位未通过基建管理信息系统按时上报预判和正在监控的重大风险作业管理动态信息	建设管理单位通过基建管理信息系统，按时上报预判和正在监控的重大风险作业管理动态信息	《国家电网公司输变电工程施工安全风险识别、评估及预控措施管理办法》[国网(基建/3)176—2015]

2　施　工　现　场

2.1　建筑工程（拆除施工）

违章表现	规程规定	规程依据
爆破拆除工程未采取相应的安全技术措施，未做出安全评估且未经当地有关部门审核批准	爆破拆除工程应根据周围环境、作业条件、拆除对象、建筑类别、爆破规模，按照 GB 6722《爆破安全规程》，将工程分为 A、B、C 三级，并采取相应的安全技术措施，爆破拆除工程应做出安全评估并经当地有关部门审核批准后方可实施	JGJ 147—2004《建筑拆除工程安全技术规范》

2.2　电气装置安装

2.2.1　一般规定

违章表现	规程规定	规程依据
运输超高、超宽、超长或重量人的物件时，未制定运输方案及安全技术措施	现场专用机动车辆应由经培训合格的驾驶人员驾驶 运输超高、超宽、超长或重量大的物件时，应制定运输方案和安全技术措施。装运物件应垫稳、捆牢，不得超载。行驶时，驾驶室外及车厢外不得载人，时速不得超过 15km/h。特殊设备运应有专人领车、监护，并设必要的标志	《国家电网公司电力安全工作规程（电网建设部分）（试行）》

2.2.2　断路器、隔离开关、组合电器安装（搬运）

违章表现	规程规定	规程依据
封闭式组合电器在运输和装卸过程中未轻装轻卸，存在剧烈振动	封闭式组合电器在运输和装卸过程中不得倒置、倾翻、碰撞和受到剧烈的振动。制造厂有特殊规定标记的，应按制造厂的规定运送。瓷件应安放妥当，不得倾倒、碰撞	DL 5009.3—2013《电力建设安全工作规程第 3 部分：变电站》、《国家电网公司电力安全工作规程（电网建设部分）（试行）》

第二篇

业主项目部

3 基 础 管 理

3.1 安全文明施工设施配置

3.1.1 安全管理评价

违章表现	规程规定	规程依据
检查和评价工作结束后，组织单位（部门）未及时提出问题清单和整改要求。 检查和评价工作结束后，未在工作完成一周内，将整改情况报建设管理单位。 检查和评价工作结束后，未按《输变电工程安全管理评价报告（模板）》将整改情况报建设管理单位。 检查和评价工作结束后，组织单位（部门）未及时公布检查评价结果	检查和评价工作结束后，组织单位（部门）应及时公布检查评价结果，提出问题清单和整改要求。工作完成一周内，按《输变电工程安全管理评价报告（模板）》，将整改情况报建设管理单位	《输变电工程安全文明标准化管理制度》[国网（基建/3）187—2015]

3.1.2 安全施工设施

违章表现	规程规定	规程依据
业主项目部未审批施工项目部报送的"安全文明施工设施配置计划申报单"	施工项目部分阶段编制安全文明施工标准化设施报审计划，明确安全设施、安全防护用品和文明施工设施的种类、数量、使用区域和计划费用，报监理项目部审核、业主项目部批准	《输变电工程安全文明标准化管理制度》[国网（基建/3）187—2015]
业主项目部未审批施工项目部报送的"安全文明施工设施进场验收单"	安全文明施工标准化设施进场前，应经过性能检查、试验。施工项目部应将进场的标准化设施报监理项目部和业主项目部审查验收	《输变电工程安全文明标准化管理制度》[国网（基建/3）187—2015]、《国家电网公司电力安全工作规程（电网建设部分）（试行）》

3.1.3 现场办公区布置

违章表现	规程规定	规程依据
业主项目部未在办公室入口设立项目部铭牌	办公区和生活区应相对独立，变电站工程施工项目经理部办公临建房屋，宜设置在站区围墙外，并与施工区域分开隔离、围护，全站临时建筑设施主色调与现场环境相协调	《输变电工程安全文明标准化管理制度》[国网（基建/3）187—2015]

违章表现	规程规定	规程依据
项目部铭牌尺寸不满足 400mm×600mm 要求	业主、监理、施工项目部办公室入口应设立项目部铭牌	《输变电工程安全文明标准化管理制度》[国网（基建/3）187—2015]
办公区（施工区）未设置工程项目概况牌。 办公区（施工区）未设置工程项目管理目标牌。 办公区（施工区）未设置工程项目建设管理责任牌。 办公区（施工区）未设置安全文明施工纪律牌。 办公区（施工区）未设置施工总平面布置图（线路工程为线路走向图）。 图牌尺寸不满足以下要求： 500kV 及以上输变电工程为 1500mm×2400mm； 220kV 及以上输变电工程为 1200mm×2000mm； 110（66）kV 及以上输变电工程为 900mm×1500mm）	施工单位应在办公区或施工区设置"四牌一图"，即工程项目概况牌、工程项目管理目标牌、工程项目建设管理责任牌、安全文明施工纪律牌、施工总平面布置图（线路工程为线路走向图）	《输变电工程安全文明标准化管理制度》[国网（基建/3）187—2015]
35kV 及以上输变电工程未分阶段性组织开展安全管理评价。 评价工作未由建设管理单位或业主项目部组织有关专家、工程参建单位共同开展	35kV 及以上输变电工程阶段性组织开展安全管理评价。评价工作由建设管理单位或业主项目部组织有关专家、工程参建单位共同开展。省公司级单位组织管理评价抽查，抽查比例不少于在建工程总数的 10%	《输变电工程安全文明标准化管理制度》[国网（基建/3）187—2015]
110（66）kV 及以上新建变电工程未在土建及构架安装初期组织开展安全管理评价工作。 110（66）kV 及以上新建变电工程未在电气安装中期组织开展安全管理评价工作	110（66）kV 及以上新建变电工程在土建及构架安装初期、电气安装中期分别组织开展安全管理评价工作	《输变电工程安全文明标准化管理制度》[国网（基建/3）187—2015]
施工周期超过 5 个月且线路长度大于 10km 的线路工程，未在杆塔组立初期组织开展安全管理评价工作。 施工周期超过 5 个月且线路长度大于 10km 的线路工程，未在架线施工初期，组织开展安全管理评价工作	施工周期超过 5 个月且线路长度大于 10km 的线路工程，在杆塔组立初期和架线施工初期，应分别组织开展安全管理评价工作	《输变电工程安全文明标准化管理制度》[国网（基建/3）187—2015]
工周期少于 5 个月，或长度大于 5km、小于 10km 的线路工程，未在杆塔组立初期或架线施工初期组织开展一次安全管理评价工作	施工周期少于 5 个月，或长度大于 5km、小于 10km 的线路工程，在杆塔组立初期或架线施工初期组织开展一次安全管理评价工作；长度小于 5km 的线路工程，可根据工程特点确定是否开展安全管理评价工作	《输变电工程安全文明标准化管理制度》[国网（基建/3）187—2015]

3.2 安全检查管理

3.2.1 工程项目安全检查问题及时闭环

违章表现	规程规定	规程依据
各项目部安全专职未组织人员对问题进行整改回复。 各项目部项目部未针对整改通知单内容进行回复。 各项目部整改通知回复单中未添加整改照片或照片与整改通知单涵盖的内容无法对应。 各项目部未对因故不能整改的问题采取临时措施	业主、监理和施工项目部的安全专责按要求组织问题整改，对因故不能整改的问题，责任单位应采取临时措施，制定整改措施计划报业主项目经理批准，分阶段实施	《国家电网公司基建安全管理规定》[国网（基建2）173—2015]

3.2.2 工程项目专项、季节性安全检查

违章表现	规程规定	规程依据
安全检查方案中未明确检查人员或检查的重点	工程项目安全检查前，检查组织单位负责制定检查方案、大纲（或检查表），确定检查人员，明确检查重点和要求	《国家电网公司基建安全管理规定》[国网（基建2）173—2015]
工程项目安委会未按季度组织开展安全检查	工程项目安委会每季度至少组织开展一次安全检查	《国家电网公司基建安全管理规定》[国网（基建2）173—2015]
业主项目部未组织开展安全通病防治情况检查	业主项目部安全专责根据工程项目实施情况，开展现场随机安全检查，按要求组织强制性条文执行、安全通病防治等各类安全专项检查，及时通报检查情况，督促闭环整改	《国家电网公司基建安全管理规定》[国网（基建2）173—2015]
业主项目部未组织开展安全强制性条文执行情况检查	业主项目部安全专责根据工程项目实施情况，开展现场随机安全检查，按要求组织强制性条文执行、安全通病防治等各类安全专项检查，及时通报检查情况，督促闭环整改	《国家电网公司基建安全管理规定》[国网（基建2）173—2015]
业主项目部未对检查出的安全问题下发整改通知单，且未督促整改闭环	业主项目部安全专责根据工程项目实施情况，开展现场随机安全检查，按要求组织强制性条文执行、安全通病防治等各类安全专项检查，及时通报检查情况，督促闭环整改	《国家电网公司基建安全管理规定》[国网（基建2）173—2015]
各项目部未对整改通知单进行回复。 各项目部未针对整改通知单内容进行回复。 各项目部整改通知回复单中未添加整改照片或照片与整改通知单涵盖的内容无法对应	业主项目部安全专责根据工程项目实施情况，开展现场随机安全检查，按要求组织强制性条文执行、安全通病防治等各类安全专项检查，及时通报检查情况，督促闭环整改	《国家电网公司基建安全管理规定》[国网（基建2）173—2015]

违章表现	规程规定	规程依据
各项目部未开展阶段性安全管理评价	参加或受委托组织开展项目的安全管理评价工作	《国家电网公司基建安全管理规定》[国网（基建2）173—2015]

3.2.3 业主项目部定期组织安全检查

违章表现	规程规定	规程依据
业主项目部未每月定期开展安全检查。 业主项目经理每月定期检查后未下达安全检查问题整改通知单	业主项目部项目经理按计划组织监理和施工项目部，定期开展现场安全检查工作，分别下发安全检查问题整改通知单，要求责任单位进行整改	《国家电网公司基建安全管理规定》[国网（基建2）173—2015]
各项目部未对整改通知单进行回复。 各项目部未针对整改通知单内容进行回复。 各项目部整改回复单中未添加整改照片或照片与整改通知单涵盖的内容无法对应	业主项目部项目经理按计划组织监理和施工项目部，定期开展现场安全检查工作，分别下发安全检查问题整改通知单，要求责任单位进行整改	《国家电网公司基建安全管理规定》[国网（基建2）173—2015]

3.3 项目应急管理

3.3.1 应急工作组组建

违章表现	规程规定	规程依据
项目应急工作组组织机构设置存在与安全管理规定不符的现象	项目应急工作组组长由业主项目部经理担任，副组长由总监理工程师、施工项目经理担任，工作组成员由工程项目业主、监理、施工项目部的安全、技术人员组成	《国家电网公司基建安全管理规定》[国网（基建/2）173—2015]
项目应急工作组及其组成人员未备案。 项目应急工作组未建立值班机制	项目应急工作组及其组成人员应报上级应急管理机构备案（包括通讯方式）。项目应急工作组应建立值班机制；值班人员及通讯方式在其管理范围内公布，并确保通信畅通	《国家电网公司基建安全管理规定》[国网（基建/2）173—2015]

3.3.2 应急处置方案编制

违章表现	规程规定	规程依据
现场应急处置方案未编制。 现场应急处置方案未由应急工作组编制	项目应急工作组组织编制现场应急处置方案，经施工项目经理、总监理工程师、业主项目部经理审查签字，报建设管理单位批准后发布实施	《国家电网公司业主项目部标准化管理手册（2014年版）》

违章表现	规程规定	规程依据
现场应急处置方案未体现施工项目经理、总监理工程师、业主项目经理审查的痕迹	项目应急工作组组织编制现场应急处置方案，经施工项目经理、总监理工程师、业主项目部经理审查签字，报建设管理单位批准后发布实施	《国家电网公司业主项目部标准化管理手册（2014 年版）》
应急处置方案未交底。 应急处置方案未全员交底	项目应急工作组组织编制现场应急处置方案，经施工项目经理、总监理工程师、业主项目部经理审查签字，报建设管理单位批准后发布实施	《国家电网公司业主项目部标准化管理手册（2014 年版）》
现场应急处置方案未涵盖总则、事件特征、应急组织与职责、应急处置、注意事项、附件等内容	现场应急处置方案内容包括总则、事件特征、应急组织与职责、应急处置、注意事项、附件等	《国家电网公司业主项目部标准化管理手册（2014 年版）》
现场应急处置方案中事故类型未能满足现场需要或存在与本工程不相关的内容	根据现场需要，现场应急处置方案中一般应包括（但不限于）： （1）人身事件现场应急处置； （2）垮（坍）塌事故现场应急处置； （3）火灾、爆炸事故现场应急处置； （4）触电事故现场应急处置； （5）机械设备事件现场应急处置； （6）食物中毒事件施工现场应急处置； （7）环境污染事件现场应急处置； （8）自然灾害现场应急处置； （9）急性传染病现场应急处置； （10）群体突发事件现场应急处置； （11）防汛防台风现场应急处置（沿海地区）	《国家电网公司基建安全管理规定》[国网（基建/2）173—2015]

3.3.3 应急救援知识培训和应急演练

违章表现	规程规定	规程依据
项目应急工作组未组织应急救援知识培训	项目应急工作组在工程开工后或每年至少要组织一次应急救援知识培训和应急演练，制定并落实经费保障、医疗保障、交通运输保障、物资保障、治安保障和后勤保障等措施，并针对演练情况进行评审，必要时组织修订	《国家电网公司业主项目部标准化管理手册（2014 年版）》
项目应急工作组未在开工后组织应急演练。 应急救援知识培训未在工程开工后组织。 应急救援知识培训未每年组织一次。 应急演练未每年开展一次。 应急演练事故类型未能满足现场需要	项目应急工作组在工程开工后或每年至少要组织一次应急救援知识培训和应急演练，制定并落实经费保障、医疗保障、交通运输保障、物资保障、治安保障和后勤保障等措施，并针对演练情况进行评审，必要时组织修订	《国家电网公司业主项目部标准化管理手册（2014 年版）》

违章表现	规程规定	规程依据
项目应急工作组未对应急演练情况进行书面评估。 评估人员未观察、记录以及收集演练中的各种信息资料。 评估人员未依据评估标准对应急演练活动全过程进行科学分析和客观评价	评估人员针对演练中观察、记录以及收集的各种信息资料，依据评估标准对应急演练活动全过程进行科学分析和客观评价，并撰写书面评估报告。 评估报告重点对演练活动的组织和实施、演练目标的实现、参演人员的表现以及演练中暴露的问题进行评估	AQ/T 9007—2011《生产安全事故应急演练指南》
演练组织单位未根据演练记录、演练评估报告、应急预案、现场总结等材料，对演练进行全面总结。 演练组织单位未形成演练书面总结报告。 报告未对应急演练准备、策划等工作进行简要总结分析。 演练总结报告的内容未包含演练基本概要，演练发现的问题、取得的经验和教训，应急管理工作建议	演练结束后，由演练组织单位根据演练记录、演练评估报告、应急预案、现场总结等材料，对演练进行全面总结，并形成演练书面总结报告。报告可对应急演练准备、策划等工作进行简要总结分析。参与单位也可对本单位的演练情况进行总结。演练总结报告的内容主要包括演练基本概要，演练发现的问题、取得的经验和教训，应急管理工作建议	AQ/T 9007—2011《生产安全事故应急演练指南》

3.3.4 应急响应

违章表现	规程规定	规程依据
项目应急工作组接到应急信息后，未立即启动现场应急处置方案。 项目应急工作组未在接到应急信息后，立即将事件上报建设管理单位应急管理机构	项目应急工作组接到应急信息后，立即按规定启动现场应急处置方案，组织救援工作，同时上报建设管理单位应急管理机构	《国家电网公司业主项目部标准化管理手册（2014 年版）》
应急相应工作不满足及时、迅速、有序、处置正确的要求。 项目应急工作组存在隐患消除前，提前结束应急响应现象	应急响应要及时、迅速、有序、处置正确。事故（事件）现场得以控制，环境符合有关标准，导致次生、衍生事故隐患消除后，应急响应结束	《国家电网公司基建安全管理规定》[国网（基建/2）173—2015]

3.4 施工现场（一般规定）

3.4.1 施工总平图

违章表现	规程规定	规程依据
《项目管理实施规划》中未见施工总平面布置图，或不符合国家消防、环境保护、职业健康等有关规定	施工总平面布置应符合国家消防、环境保护、职业健康等有关规定	《国家电网公司电力安全工作规程（电网建设部分）（试行）》

3.4.2 施工现场人员安全要求

违章表现	规程规定	规程依据
现在存在未进行二维码登记的人员进场施工的现象	未进行二维码登记的人员不得进入施工现场	《国网基建部关于对输变电工程作业现场施工分包人员全面实施"二维码"管理的通知》（基建安质〔2016〕88 号）
未经知识教育进场参加工作；单独进行工作	进入现场的其他人员（供应商、实习人员等）应经过安全生产知识教育后，方可进入现场参加指定的工作，并且不得单独工作	《国家电网公司电力安全工作规程（电网建设部分）（试行）》

3.4.3 施工安全设施要求

违章表现	规程规定	规程依据
施工项目部存在未足额使用安措费和未在施工作业前完成安措费审批手续的现象	施工现场应按规定配置和使用施工安全设施。设置的各种安全设施不得擅自拆、挪或移作他用。如确因施工需要，应征得该设施管理单位同意，并办理相关手续，采取相应的临时安全措施，事后应及时恢复	《国家电网公司电力安全工作规程（电网建设部分）（试行）》

3.4.4 现场应急处置要求

违章表现	规程规定	规程依据
项目部未编制应急处置方案，或应急处置方案不齐全，或内容实际操作性不强	施工现场应制定现场应急处置方案。现场的机械设备应完好、整洁，安全操作规程齐全。施工便道应保持畅通、安全、可靠。遇悬崖险坡应设置安全可靠的临时围栏。应按规定配置和使用送电施工安全设施	DL 5009.2—2013《电力建设安全工作规程 第 2 部分：电力线路》
未编制应急处置方案，或编制不齐全，或操作性不强，无针对性。未开展应急演练	根据现场需要，现场应急处置方案中一般应包括（但不限于）： （1）人身事件现场应急处置； （2）垮（坍）塌事故现场应急处置； （3）火灾、爆炸事故现场应急处置； （4）触电事故现场应急处置； （5）机械设备事件现场应急处置； （6）食物中毒事件施工现场应急处置； （7）环境污染事件现场应急处置； （8）自然灾害现场应急处置； （9）急性传染病现场应急处置； （10）群体突发事件现场应急处置。 现场应急处置方案报建设管理单位审核批准后开展演练，并在必要时实施	《国家电网公司基建安全管理规定》[国网（基建/2）173—2015]

3.5 施工现场（临时建筑）

违章表现	规程规定	规程依据
未根据当地气象条件编制抵御风、雪、雨、雷电等自然灾害的应急方案	临时建筑物应根据当地气象条件，采取抵御风、雪、雨、雷电等自然灾害的措施，使用过程中应定期进行检查维护	《国家电网公司电力安全工作规程（电网建设部分）（试行）》

3.6 安全组织机构及资源配置

3.6.1 项目安委会活动

违章表现	规程规定	规程依据
安委会安全检查未进行闭环整改	工程项目安委会每季度至少组织开展一次安全检查	《国家电网公司基建安全管理规定》[国网（基建/2）173—2015]

3.6.2 监理单位安全管理机构以及制度配置

违章表现	规程规定	规程依据
监理单位未根据最新国家、行业安全生产有关法律、法规、标准的要求修订完善公司基建安全管理机制，现场文件引用文件过期	依据国家、行业安全生产有关法律、法规、标准，以及公司基建安全管理制度和监理合同	《国家电网公司基建安全管理规定》[国网（基建/2）173—2015]
安全管理总体策划未由业主项目部安全管理专责编制。 安全管理总体策划未由业主项目经理审核。 安全管理总体策划未由建设管理单位分管领导/省级公司基建部主任批准。 编审批人员签字字迹相同，有代签字嫌疑。 安全管理总体策划编制时间未在建设管理纲要批准后、项目开工前。 安全管理总体策划编制时间未在安全监理工作方案前、未在施工安全管理及风险控制方案之前。 安全管理总体策划封面落款为业主项目部，盖章为业主项目部章。 安全管理总体策划封面未盖建设管理单位章（普遍问题，如盖建管中心或基建部门章）	输变电工程安全管理总体策划框架要求：业主项目部安全管理专责编制、业主项目部经理审核、由建设管理单位分管领导/省级公司基建部主任批准	《国家电网公司基建安全管理规定》[国网（基建/2）173—2015]、《国家电网公司业主项目部标准化管理手册（2014年版）》

违章表现	规程规定	规程依据
安全管理总体策划编制依据缺少国家及行业有关法律法规：主要有《国家电网公司基建安全管理规定》《国家电网公司输变电工程施工安全风险识别评估及预控措施管理办法》《国家电网公司输变电工程施工分包管理办法》《国家电网公司输变电工程安全文明施工标准化管理办法》《国家电网公司输变电工程施工现场安全通病及防治措施（2010 年版）》《国家电网公司十八项电网重大反事故措施（修订版）》《施工现场临时用电安全技术规范》《国家电网公司电力安全工作规程（电网建设部分）（试行）》等主要依据，内容不完整。 安全管理总体策划编制依据过期、失效或引用不相关的规范	引用文件内容、版本错误、失效	《关于开展输变电工程施工现场安全通病防治工作的通知》（基建安全〔2010〕270 号）
安全管理总体策划本工程安全管理目标施工、监理、业主、设计存在偏差，内容不一致	工程项目安全管理目标： （1）不发生六级及以上人身事件。 （2）不发生因工程建设引起的六级及以上电网及设备事件。 （3）不发生六级及以上施工机械设备事件。 （4）不发生火灾事故。 （5）不发生环境污染事件。 （6）不发生负主要责任的一般交通事故。 （7）不发生基建信息安全事件。 （8）不发生对公司造成影响的安全稳定事件	《国家电网公司基建安全管理规定》[国网（基建/2）173—2015]
安全管理总体策划组织机构及职责内有安委会内容，实际上未组建安委会［工程同时满足"有三个及以上施工企业（不含分包单位）参与施工、建设工地施工人员总数超过 300 人、项目工期超过 12 个月"条件需成立安委会］，实际与资料内容不符。 安全管理总体策划安委会发文人员名单与组织机构不符，未由业主项目经理担任常务副主任，未由总监、施工经理担任副主任	项目法人单位基建管理部门（或建设管理单位）负责人担任安委会主任，业主项目经理担任常务副主任，项目总监理工程师、施工项目经理担任副主任，安委会其他成员由工程项目监理、设计、施工企业的相关人员及业主、监理、施工项目部的安全、技术负责人组成	《国家电网公司基建安全管理规定》[国网（基建/2）173—2015]
安全管理总体策划安全管理专篇多数内容缺少或不完整（＞2 项）。 安全管理总体策划安全管理专篇部分内容缺少或不完整（≤2 项）	安全管理章节包含安全管理台账目录，专项施工方案管理措施，安全强制性条文管理措施，安全设施、安全防护用品管理措施，作业人员行为规范，安全通病管理措施化管理措施，分包安全管理措施，安全文明施工费管理措施，应急管理措施	《国家电网公司业主项目部标准化管理手册（2014 年版）》

续表

违章表现	规程规定	规程依据
三级及以上施工安全风险作业控制措施内容不完整，缺少与本工程相关的风险内容。 三级及以上施工安全风险作业控制措施机械套用国家电网公司输变电工程施工安全风险识别、评估及预控措施管理办法，未结合具体情况制定控制措施，针对性不强	施工安全风险管理章节包含施工安全风险动态调整管理要求，三级及以上施工安全风险作业控制措施	《国家电网公司业主项目部标准化管理手册（2014年版）》
文明施工管理章节缺少现场布置施工总平面布置图	文明施工管理章节包含：现场布置条理化管理措施（含现场总平面布置图）；设备材料摆放定置化管理措施；成品、半成品保护管理措施；环境保护管理措施	《国家电网公司业主项目部标准化管理手册（2014年版）》
全管理评价计划未按《国家电网公司输变电工程安全文明施工标准化管理办法》规定阶段要求编写： （1）35kV及以上输变电工程阶段性组织开展项目安全管理评价。评价工作由建设管理单位或业主项目部组织有关专家、工程参建单位共同开展。省公司级单位组织管理评价抽查，抽查比例不少于在建工程总数的10%。 （2）110（66）kV及以上新建变电工程在土建及构架安装初期、电气安装中期分别组织开展安全管理评价工作。 （3）35kV新建变电工程、110（66）kV及以上变电改扩建工程，在电气安装中期，组织开展安全管理评价工作。 （4）施工周期超过5个月且线路长度大于10km的线路工程，在杆塔组立初期和架线施工初期，应分别组织开展安全管理评价工作。 （5）施工周期少于5个月，或长度大于5km、小于10km的线路工程，在杆塔组立初期或架线施工初期组织开展一次安全管理评价工作；长度小于5km的线路工程，可根据工程特点确定是否开展安全管理评价工作。 （6）当一个变电工程配套的多条输电线路工程项目同属一个项目部管理时，可作为一个项目组织开展安全管理评价工作	安全检查及评价考核管理章节含：安全检查计划及管理措施；项目安全管理评价计划及管理措施；项目安全管理考核措施	《国家电网公司业主项目部标准化管理手册（2014年版）》、《国家电网公司输变电工程安全文明施工标准化管理办法》[国网（基建/3）187—2015]

28

违章表现	规程规定	规程依据
安全管理总体策划未由安全管理专职对业主项目部进行交底。 安全管理总体策划业主项目部人员未全员交底、人员签字不全。 安全管理总体策划业主项目部人员签字字迹相同，有代签字嫌疑。 安全管理总体策划未由安全管理专职对监理、施工项目部进行交底。 安全管理总体策划监理、施工项目部参加交底人员缺少主要人员如：总监、安全监理、项目经理、安全员。 安全管理总体策划监理、施工项目部参加交底的人员签字字迹相同，有代签字嫌疑	业主项目部编制工程项目安全管理总体策划，明确安全文明施工管理目标和要求，并向参建单位交底	《国家电网公司输变电工程安全文明施工标准化管理办法》[国网（基建/3）187—2015]
安全管理总体策划未上传基建管控系统。 安全管理总体策划数据录入不及时、不准确、不完整	安全管理模块含子模块共有15个，分别是安全策划方案、施工安全风险管理、分包队伍信息管理、分包计划及合同、分包过程管理、安全管理评价、安全检查、流动红旗竞赛、基建安全月报、安全考试题库、策划准备、班组人员管理、安全常规管理工作记录、数码照片、运营监测指标	《国家电网公司基建管理系统2015年应用与建设方案及应用考核办法》（国家电网基建〔2015〕485号）

3.6.3 业主项目部安全管理机制

违章表现	规程规定	规程依据
业主项目部管理工作机制相关策划文件未履行编审批手续。 业主项目部管理工作机制相关策划文件编制依据过期，引用依据不全面。 业主项目部管理工作机制未全面覆盖业主项目部安全管理工作	业主项目部按要求落实公司基建安全职责、安全标准化管理、工程分包安全管理、安全风险管理、安全检查工作、安全信息管理、例行会议安全考核评价等机制	《国家电网公司输变电工程流动红旗竞赛管理办法》[国网（基建/3）189—2015]

3.6.4 上级来文学习

违章表现	规程规定	规程依据
业主项目部未及时传达上级安全管理文件	及时组织宣贯上级文件，做好来往文件记录负责工程信息与档案资料的收集、整理、上报、移交工作	《国家电网公司输变电工程业主项目部管理办法》[国网（基建/3）180—2015]
业主项目部未及时组织各项目部学习上级来文。 业主项目部未制定或采取上级安全管理文件要求的措施和行为	及时组织宣贯上级文件，做好来往文件记录负责工程信息与档案资料的收集、整理、上报、移交工作	《国家电网公司输变电工程业主项目部管理办法》[国网（基建/3）180—2015]

违章表现	规程规定	规程依据
业主项目部上级来文学习未涵盖全体业主项目部人员	及时组织宣贯上级文件，做好来往文件记录负责工程信息与档案资料的收集、整理、上报、移交工作	《国家电网公司输变电工程业主项目部管理办法》[国网（基建/3）180—2015]

3.6.5 业主项目部管理人员配置

违章表现	规程规定	规程依据
业主项目经理缺少业主项目经理培训证书	业主项目经理由具备基建项目综合管理能力和良好协调能力的管理人员担任，须通过公司总部或省级公司组织的培训，考核合格后持证上岗	《国家电网公司业主项目部标准化管理手册（2014年版）》

3.6.6 业主项目部安全教育培训

违章表现	规程规定	规程依据
业主项目部未组织监理项目部和施工项目部开展安全文明施工专项培训。监理项目部、施工项目部参与安全文明施工专项培训人员不全	业主项目部组织监理、施工项目部管理人员学习有关管理制度，技术标准，检查、评价、考核工程参建单位安全文明施工标准化工作	《国家电网公司输变电工程安全文明施工标准化管理办法》[国网（基建/3）187—2015]

3.7 安全策划管理

3.7.1 安全管理总体策划内容

违章表现	规程规定	规程依据
业主项目部未编制安全管理总体策划方案	业主项目部编制项目安全管理总体策划，监督指导安全文明施工标准化要求在工程项目的有效落实	《国家电网公司基建安全管理规定》[国网（基建/2）173—2015]
10（66）kV及以下工程未单独编制安全管理总体策划方案且内容未在建设管理纲要安全部分体现	110（66）kV及以下工程可以不单独编制，内容仅需在建设管理纲要安全部分体现	《国家电网公司业主项目部标准化管理手册（2014年版）》

3.7.2 安全监理工作方案具体内容

违章表现	规程规定	规程依据
安全监理工作方案业主项目部未签署批准意见、或签署意见过于简单只有"同意"两字	业主项目部管理职责：批准监理项目部安全监理工作方案，并监督实施	《国家电网公司基建安全管理规定》[国网（基建/2）173—2015]

3.8 通用作业要求（起重作业）

违章表现	规程规定	规程依据
项目管理实施规划中未编制机械配置、大型吊装方案及各项起重作业的安全措施。 项目管理实施规划中缺少机械配置内容。 项目管理实施规划中缺少大型吊装方案内容	项目管理实施规划中应有机械配置、大型吊装方案及各项起重作业的安全措施	《国家电网公司电力安全工作规程（电网建设部分）（试行）》
未编制起重机械安装专项安全施工方案。 未编制起重机械拆除专项安全施工方案	安装、拆卸施工起重机械应当编制拆装方案指定安全施工措施，并由专业技术人员现场监督	《建筑工程安全生产管理条例》（国务院令 2003 年第 393 号）

3.9 通用施工机械器具（起重机械）

违章表现	规程规定	规程依据
施工企业未按国家有关规定对深基坑、高大模板及脚手架、大型起重机械安拆及作业、重型索道运输、重要的拆除爆破等超过一定规模的危险性较大的分部分项工程的专项施工方案（含安全技术措施），组织专家进行论证、审查，并根据论证报告修改完善专项施工方案，方案未经施工企业技术负责人、项目总监理工程师、业主项目部项目经理签字。 施工项目部总工程师未交底，专职安全管理人员未到现场监督实施	对深基坑、高大模板及脚手架、大型起重机械安拆及作业、重型索道运输、重要的拆除爆破等超过一定规模的危险性较大的分部分项工程的专项施工方案（含安全技术措施），施工企业还应按国家有关规定组织专家进行论证、审查，并根据论证报告修改完善专项施工方案，经施工企业技术负责人、项目总监理工程师、业主项目部项目经理签字后，由施工项目部总工程师交底，专职安全管理人员现场监督实施	《国家电网公司基建安全管理规定》[国网（基建/2）173—2015]

3.10 施工方案管理

3.10.1 施工组织设计业主审批

违章表现	规程规定	规程依据
业主项目部未填写批准意见	业主项目经理审批	《国家电网公司基建安全管理规定》[国网（基建/2）173—2015]
施工组织设计编审批日期滞后	送电工程施工组织设计一般应在土方工程开工以前编制并审核、批准完毕	《电力建设工程施工技术管理导则》（国家电网工〔2003〕153 号）

3.10.2 专项施工方案业主审批

违章表现	规程规定	规程依据
业主项目部未在批准栏签字	业主项目经理审批	《国家电网公司基建安全管理规定》[国网（基建/2）173—2015]

3.10.3 特殊施工方案专家认证

违章表现	规程规定	规程依据
进行专家认证的专家组成员不符合相关专业要求。 专家组成员是偶数个。 参建方中人员以专家身份参加专家论证会	专家组成员应当由符合相关专业要求、具备高工职称的 5 名及以上单数专家组成。该项目参建各方的人员不得以专家身份参加专家论证会	《国家电网公司施工项目部标准化工作手册（2014 年版）》

3.11 安全管理台账

违章表现	规程规定	规程依据
业主项目部未建立安全法律、法规、标准、制度等有效文件清单台账。 业主项目部建立的安全法律、法规、标准、制度等有效文件清单存在过期规范。 业主项目部建立的安全法律、法规、标准、制度等有效文件清单不完整，有少数法律、法规、标准、制度内容缺失。 业主项目部未建立管理人员安全培训证书台账或台账不完整。 业主项目部未建立安全文明施工总体策划台账或台账不完整，修订版本未登记等。 业主项目部未建立项目应急处置方案台账，或台账不完整，演练及评价内容未一一登记。 业主项目部未建立开安全例会、安委会会议纪要台账，或台账内容不完整。 业主项目部未建立监理、施工报审文件审查记录台账，或台账不完整。 业主项目部未建立项目安全检查及整改情况记录台账，或台账不完整。 业主项目部未建立安全管理文件收发、学习记录台账，或台账不完整。 业主项目部未建立项目安全管理评价记录台账，或台账不完整。 业主项目部未建立参建项目部安全考核评价记录台账，或台账不完整。 业主项目部未建立项目安全事件统计、报告记录，或记录不完整	业主项目部安全管理台账： （1）安全法律、法规、标准、制度等有效文件清单； （2）管理人员安全培训证书； （3）安全文明施工总体策划； （4）项目应急处置方案； （5）安全例会、安委会会议纪要（记录）； （6）监理、施工报审文件及审查记录； （7）项目安全检查及整改情况记录； （8）安全管理文件收发、学习记录； （9）项目安全管理评价记录； （10）参建项目部安全考核评价记录； （11）项目安全事件统计、报告记录	《国家电网公司基建安全管理规定》[国网（基建/2）173—2015]

3.12 安全风险管理

3.12.1 工程开工前

违章表现	规程规定	规程依据
（1）业主项目部未组织工程开工前的作业风险交底。 （2）业主项目部未组织开展风险作业初勘留存数码照片	工程开工前，业主项目部组织项目设计单位对施工、监理项目进行作业风险交底，内容包括项目环境（海拔、地质、边坡等）、工程主要特点（高支模、深基坑、线路工程重要跨越、临近电情况等），组织风险作业初勘工作	《国家电网公司输变电工程施工安全风险识别、评估及预控措施管理办法》[国网（基建/3）176—2015]
安全管理总体策划中无安全风险管理要求。 安全管理总体策划未结合工程实际编制	业主项目部应在"安全管理总体策划"中明确安全风险管理要求	《国家电网公司输变电工程施工安全风险识别、评估及预控措施管理办法》[国网（基建/3）176—2015]
业主项目经理未填写具体审查意见	施工项目部筛选本工程三级及以上固有风险工序，建立"三级及以上施工安全固有风险识别、评估和预控措施清册"，经本单位审核后上报监理项目部审查、业主项目部批准	《国家电网公司输变电工程施工安全风险识别、评估及预控措施管理办法》[国网（基建/3）176—2015]

3.12.2 施工作业前（作业票填写）

违章表现	规程规定	规程依据
安全施工作业票 B（四级及以上风险）未经业主签字确认。 四级及以上作业未报省公司备案	安全施工作业票由作业负责人填写，安全、技术人员审核，作业票 A 由施工队长签发，作业票 B 由施工项目经理签发，作业票 B 及风险控制卡报监理审核，业主确认	《国家电网公司输变电工程施工安全风险识别、评估及预控措施管理办法》[国网（基建/3）176—2015]、《国家电网公司电力安全工作规程（电网建设部分）（试行）》

3.12.3 施工作业前（人员责任落实）

违章表现	规程规定	规程依据
风险控制卡中预控措施执行情况未经业主项目经理签字	四级风险等级作业时，业主项目部对"输变电工程安全施工作业票 B"及风险控制卡中预控措施执行情况进行签字确认	《国家电网公司输变电工程施工安全风险识别、评估及预控措施管理办法》[国网（基建/3）176—2015]

3.12.4 施工作业中（人员责任落实）

违章表现	规程规定	规程依据
业主项目经理未对四级及以上风险进行全过程监督。 业主项目经理未及时协调解决现场存在的安全风险和隐患	业主项目部经理应对四级及以上风险进行全过程监督。必要时协调解决现场存在的安全风险和隐患	《国家电网公司电力安全工作规程（电网建设部分）（试行）》

3.12.5 基建管控系统

违章表现	规程规定	规程依据
业主项目部未通过基建管理信息系统，按时上报预判和正在监控的重大风险作业动态信息。 业主月报中业主项目部未认真审批当前作业风险内容、计划开始和结束时间，4级及以上风险未在系统中履行"到岗到位"手续	业主项目部通过基建管理信息系统，按时上报预判和正在监控的重大风险作业动态信息	《国家电网公司输变电工程施工安全风险识别、评估及预控措施管理办法》[国网（基建/3）176—2015]

3.13 施工分包管理

违章表现	规程规定	规程依据
业主项目部未及时审批监理项目部提交的分包项目经理月度考核评价	项目过程管理评分按照三个项目部对分包单位的月度考核评分情况进行计算；分包队伍过程考核评价按照分包管理办法进行	《国网基建部关于组织开展分包商评价的通知》（基建安质〔2015〕96号）
业主项目部未及时审批监理项目部提交的分包评价。 分包单位考核评价未根据实际情况进行考核评价	业主、施工、监理项目部在工程建设期间定期对分包商进行包括安全、质量、进度、费用、文明施工、标准工艺应用、施工机具、分包人员等考核评价，并纳入对施工承包商的资信评价	《国家电网公司输变电工程施工分包管理办法》[国网（基建/3）181—2015]

4 施 工 现 场

4.1 建筑工程（土石方施工）

违章表现	规程规定	规程依据
需要监测的基坑工程施工前，建设方未委托具备相应资质的第三方对基坑工程实施现场监测	基坑工程施工前，应由建设方委托具备相应资质的第三方对基坑工程实施现场监测。监测单位应编制监测方案，监测方案需经建设方、设计方、监理方等认可，必要时还需与周边环境涉及的有关管理单位协商一致后方可实施	GB 50497—2009《建筑基坑工程监测技术规范》

4.2 建筑工程（混凝土施工）

违章表现	规程规定	规程依据
业主项目经理未对高大模板支撑的特殊施工方案（含安全技术措施），进行签字认可	模板的安装和拆除应符合相关标准规定。模板安装，拆除施工前应编制专项施工方案，高大模板支撑工程的专项施工方案应组织专家审查、论证	《国家电网公司电力安全工作规程（电网建设部分）（试行）》

第三篇

监理单位

5 安全组织机构及资源配置

违章表现	规程规定	规程依据
（1）监理单位未根据最新国家、行业安全生产有关法律、法规、标准的要求修订完善公司基建安全管理机制，现场文件引用文件过期。 （2）监理合同安全目标未响应最新基建管理制度要求，合同中未明确安全、质量考核金	依据国家、行业安全生产有关法律、法规、标准，以及公司基建安全管理制度和监理合同	《国家电网公司基建安全管理规定》[国网（基建/2）173—2015]
监理单位未签发总监任命书，未针对具体工程发文成立监理项目部	在监理合同签订一个月内成立监理项目部，并将监理项目部成立及总监理工程师的任命书面通知建设管理单位	《国家电网公司监理项目部标准化管理手册（2014年版）》
（1）总监变更未履行报批手续。 （2）总监变更未重新发文	需调整总监理工程师时，由监理单位书面报建设管理单位批准	《国家电网公司基建监理管理办法》[国网（基建/2）190—2015]
监理项目部成立发文时间在监理合同签订一个月后	监理合同签订后一个月内，监理单位应根据相关规定和监理合同的约定成立监理项目部	《国家电网公司基建监理管理办法》[国网（基建/2）190—2015)]
监理项目部人员配置不全	监理项目部应配备足额合格的监理人员，包括总监理工程师（必要时可配备总监理工程师代表）、专业监理工程师、安全监理工程师、造价员、信息资料员以及监理员	《国家电网公司监理项目部标准化管理手册（2014年版）》
监理单位未每年组织所有从业人员进行安全培训	监理、施工企业应每年至少组织一次对所有从业人员进行的安全培训	《国家电网公司基建安全管理规定》[国网（基建/2）173—2015]
监理单位年度培训计划、培训记录未涵盖施工安全风险管理内容	监理单位负责组织本单位员工开展施工安全风险管理技能培训，确保监理人员熟悉施工安全风险管理流程	《国家电网公司输变电工程施工安全风险识别、评估及预控措施管理办法》[国网（基建/3）176—2015]

6 安 全 管 理 台 账

违章表现	规程规定	规程依据
（1）监理企业未建立安全法律、法规、标准、制度等有效文件清单。 （2）监理企业单位建立安全法律、法规、标准、制度等有效文件清单存在过期规范。 （3）监理企业建立安全法律、法规、标准、制度等有效文件清单不完整，有少数法律、法规、标准、制度内容缺失。 （4）监理企业未建立安全教育培训记录台账。 （5）监理企业安全教育培训记录台账不完整。 （6）监理企业未建立安全工作会议记录台账。 （7）监理企业安全工作会议记录台账不完整。 （8）监理企业未建立安全检查及专项活动记录台账。 （9）监理企业安全检查及专项活动记录台账不完整。 （10）监理企业未建立安全管理文件台账。 （11）监理企业安全管理文件台账不完整。 （12）监理企业未建立项目安全考核评价记录台账。 （13）监理企业安全考核评价记录台账不完整	监理企业安全管理台账： （1）安全法律、法规、标准、制度等有效文件清单； （2）安全教育培训记录； （3）安全工作会议记录； （4）安全检查及专项活动记录； （5）安全管理文件； （6）安全考核评价记录	《国家电网公司基建安全管理规定》[国网（基建/2）173—2015]

7 安 全 检 查 管 理

违章表现	规程规定	规程依据
监理企业未开展月、季度及春、秋季等例行检查活动	根据公司管理要求或季节性施工特点，开展月、季度及春、秋季等例行检查活动	《国家电网公司基建安全管理规定》[国网（基建2）173—2015]
监理企业未根据工程项目实际情况，对施工机械管理、分包管理、临近带电体作业等开展专项检查活动	根据工程项目实际情况，对施工机械管理、分包管理、临近带电体作业等开展专项检查活动	《国家电网公司基建安全管理规定》[国网（基建2）173—2015]
监理企业未根据管理需要和项目施工的具体情况，适时开展随机检查活动	根据管理需要和项目施工的具体情况，适时开展随机检查活动	《国家电网公司基建安全管理规定》[国网（基建2）173—2015]
监理企业未能在每季度开展安全检查	监理企业每季度至少开展一次安全检查	《国家电网公司基建安全管理规定》[国网（基建2）173—2015]
监理企业未安排人员到有四级风险的项目上进行安全检查	四级风险明确要求：建设单位公司相关管理人员现场检查，监理单位公司相关管理人员现场检查	《国家电网公司基建安全管理规定》[国网（基建2）173—2015]
监理企业承揽公司系统外工程项目，未能每季度应开展一次安全检查	监理、施工企业承揽公司系统外工程项目，每季度应开展一次安全检查	《国家电网公司基建安全管理规定》[国网（基建2）173—2015]
承揽境外工程项目的监理企业未能每年或建设周期内开展安全检查	承揽境外工程项目的单位每年或建设周期内应开展不少于一次的安全检查	《国家电网公司基建安全管理规定》[国网（基建2）173—2015]
监理企业在各类检查中发现的安全隐患或安全文明施工、环境管理问题未下发整改通知单	各类安全检查中发现的安全隐患和安全文明施工、环境管理问题，应下发整改通知，限期整改，并对整改结果进行确认，实行闭环管理；对因故不能立即整改的问题，责任单位应采取临时措施，并制定整改措施计划报上级批准，分阶段实施	《国家电网公司基建安全管理规定》[国网（基建2）173—2015]

第四篇

监理项目部

8 管 理 制 度

8.1 安全组织机构及资源配置

违章表现	规程规定	规程依据
监理项目部个人安全防护用品配备不全	监理项目部应配备必要的办公、交通、通信、检测、个人安全防护用品等设备或工具	《国家电网公司基建监理管理办法》[国网(基建/2)190—2015]
监理项目部个人安全防护用具合格证和定期检验记录不全	监理项目部配备满足独立开展监理工作的各类资源(包括办公、交通、通信、检测、个人安全防护用品等设备或工具,以及满足本工程需要的法律、法规、规程、规范、技术标准等依据性文件)	《国家电网公司监理项目部标准化管理手册(2014年版)》
监理项目部未填写明确审查意见	施工项目部在进行工程开工或相关工程开展前,应将特殊工种/特殊作业人员名单及上岗资格证书报监理项目部查验	《国家电网公司施工项目部标准化管理手册(2014年版)》
安委会安全检查未进行闭环整改	工程项目安委会每季度至少组织开展一次安全检查	《国家电网公司基建安全管理规定》[国网(基建/2)173—2015]
(1)监理项目部管理工作机制相关策划文件未履行编审批手续。 (2)监理项目部管理工作机制相关策划文件编制依据过期,编制依据不全面。 (3)监理项目部管理工作机制未全面覆盖监理项目部安全管理工作	监理项目部按要求落实公司基建安全职责、监理例会、安全教育培训、安全审查备案、安全风险评估与管控、安全巡视和旁站工作、安全检查签证、安全工作奖惩等机制	《国家电网公司输变电工程流动红旗竞赛管理办法》[国网(基建/3)189—2015]
监理项目部未建立上级来文记录台账	及时组织宣贯上级文件,来往文件记录清晰	《国家电网公司监理项目部标准化管理手册(2014年版)》
(1)监理项目部上级来文收发记录不全,缺少××文件收发记录。 (2)监理项目部未及时组织贯宣学习上级文件。 (3)监理项目部上级来文学习记录不全,缺少××文件学习记录。 (4)安全管理文件学习记录签到表签署不规范,存在使用蓝色墨水签署或留空现象。 (5)监理项目部上级来文学习未涵盖全体监理项目部人员	及时组织宣贯上级文件,来往文件记录清晰	《国家电网公司监理项目部标准化管理手册(2014年版)》

违章表现	规程规定	规程依据
（1）专业监理工程师变更报批手续。 （2）专业监理工程师变更未重新发文或未见变更记录	需调整专业监理工程师时，总监理工程师应提前征得业主项目部同意，并书面通知业主项目部、施工项目部	《国家电网公司基建监理管理办法》[国网（基建/2）190—2015]
（1）总监理工程师未获得国家注册监理工程师或相应电力行业总监理工程师资格，110（66）kV 输变电工程未获得电力行业专业监理工程师资格或更高资格。 （2）总监理工程师证书或总监资质证书过期未及时进行延续注册或再教育培训	总监理工程师条件： 330kV 及以上输变电工程：应具备国家注册监理工程师或电力行业 Ⅰ 级总监理工程师资格。 220kV 输变电工程：应具备国家注册监理工程师或电力行业 Ⅱ 级及以上总监理工程师资格。 110（66）kV 输变电工程：具备国家注册监理工程师或电力行业专业监理工程师资格	《国家电网公司基建监理管理办法》[国网（基建/2）190—2015]
总监理工程师未经培训和考试合格上岗	总监理工程师应具有三年及以上同类工程监理工作经验，经培训和考试合格	《国家电网公司基建监理管理办法》[国网（基建/2）190—2015]
（1）总监理工程师代表未获得国家注册监理工程师或相应电力行业总监理工程师资格。 （2）总监理工程师代表证书未及时进行延续注册或再教育培训	总监理工程师代表条件： 330kV 及以上输变电工程：具备国家注册监理工程师或电力行业 Ⅱ 级总监理工程师资格。 220kV 输变电工程：具备国家注册监理工程师或电力行业监理工程师或省级专业监理工程师资格	《国家电网公司基建监理管理办法》[国网（基建/2）190—2015]
（1）安全监理工程师未获得国家注册安全工程师、国家注册监理工程师执业资格、电力行业监理工程师岗位证书或省（市）级专业监理工程师岗位资格证书。 （2）安全监理工程师证书未及时进行延续注册或再教育培训	安全监理工程师条件： 220kV 及以上输变电工程：取得国家注册安全工程师或国家注册监理工程师执业资格，或具有电力行业监理工程师岗位证书或省（市）级专业监理工程师岗位资格证书。 110（66）kV 输变电工程：具有电力行业监理工程师岗位证书或省（市）级专业监理工程师岗位资格证书	《国家电网公司基建监理管理办法》[国网（基建/2）190—2015]
安全监理工程师未在两年内参加过国家电网公司或省公司举办的安全培训，并考试合格	安全监理工程师在两年内应参加过国家电网公司或省公司举办的安全培训，经考试合格	《国家电网公司基建监理管理办法》[国网（基建/2）190—2015]
造价员未获得造价执业资格	造价员应具备执业资格，具有两年以上同类工程造价工作经验	《国家电网公司基建监理管理办法》[国网（基建/2）190—2015]

违章表现	规程规定	规程依据
监理项目部未提供造价员同类工程造价工作经验证明文件	造价员应具备执业资格，具有两年以上同类工程造价工作经验	《国家电网公司基建监理管理办法》[国网（基建/2）190—2015]
监理员未获得电力建设监理业务培训证书	监理员应经过电力建设监理业务培训，具有同类工程建设相关专业知识，协助专业监理工程师从事现场具体监理工作的专业技术人员	《国家电网公司基建监理管理办法》[国网（基建/2）190—2015]
（1）监理项目部未开展相关管理制度、标准、规程规范的培训。 （2）监理项目部安全教育培训人员不全	项目总监理工程师应对监理项目部全体监理人员进行相关管理制度、标准、规程规范的培训	《国家电网公司基建监理管理办法》[国网（基建/2）190—2015]
监理项目部安全教育培训人员不全	项目总监理工程师应对监理项目部全体监理人员进行相关管理制度、标准、规程规范的培训	《国家电网公司基建监理管理办法》[国网（基建/2）190—2015]
监理项目部未根据工程进度，组织开展有针对性的文件学习和培训	监理项目部应根据工程不同阶段和特点，对现场监理人员进行岗前教育培训，培训内容应包括工程项目特点、技术要求、监理工作方法等	《国家电网公司基建监理管理办法》[国网（基建/2）190—2015]

8.2 安全管理台账

违章表现	规程规定	规程依据
（1）监理项目部建立的分包审查记录内容不完整。 （2）监理项目部未建立分包审查记录台账。 （3）监理项目部未建立安全检查、签证记录及整改闭环资料台账。 （4）监理项目部建立的安全检查、签证记录及整改闭环资料台账不完整。 （5）监理项目部未建立安全旁站记录台账。 （6）监理项目部安全旁站记录台账不完整。 （7）监理项目部未建立监理工程师通知单及回复单，工程暂停令、复工令台账。 （8）监理工程师通知单及回复单，工程暂停令、复工令台账不完整	监理项目部安全管理台账： （1）安全法律、法规、标准、制度等有效文件清单； （2）总监及安全监理人员资质资料； （3）安全监理工作方案； （4）安全管理文件收发、学习记录； （5）安全监理会议记录； （6）施工报审文件及审查记录； （7）分包审查记录； （8）安全检查、签证记录及整改闭环资料； （9）安全旁站记录； （10）监理工程师通知单及回复单，工程暂停令、复工令	《国家电网公司基建安全管理规定》[国网（基建/2）173—2015]

8.3 安全风险管理

违章表现	规程规定	规程依据
（1）作业过程中监理未进行巡视、监督。 （2）监理未及时纠正作业人员存在的不安全行为	监理应负责作业过程中的巡视、监督。及时纠正作业人员存在的不安全行为	《国家电网公司电力安全工作规程（电网建设部分）（试行）》
（1）监理项目部未张挂"施工现场风险管控公示牌"。 （2）监理项目部未正确填写施工现场风险管控公示牌。 （3）施工现场风险管控公示牌未使用正确颜色标注	监理、施工项目部应张挂"施工现场风险管控公示牌"，将三级及以上风险作业地点、作业内容、风险等级、工作负责人、现场监理人员、计划作业时间进行公示，并根据实际情况及时更新，确保各级人员对作业风险心中有数。为突出区别风险等级，三级、四级和动态评估曾达五级的作业风险应分别以黄、橙、红色和具体数字标注	《国家电网公司输变电工程施工安全风险识别、评估及预控措施管理办法》[国网（基建/3）176—2015]

8.4 安全策划管理

违章表现	规程规定	规程依据
安全管理总体策划编制时间未在安全监理工作方案前、未在施工安全管理及风险控制方案之前	输变电工程安全管理总体策划框架要求：业主项目部安全管理专责编制、业主项目部经理审核、由建设管理单位分管领导/省级公司基建部主任批准	《国家电网公司基建安全管理规定》[国网（基建/2）173—2015]、《国家电网公司业主项目部标准化管理手册（2014年版）》
监理项目部未编制安全监理工作方案	监理项目部编制安全监理工作方案，履行安全文明施工监理职责，定期组织安全文明施工检查，发现问题及时督促整改，实行闭环管理	《国家电网公司基建安全管理规定》[国网（基建/2）173—2015]
（1）安全监理工作方案未由安全监理师编制。 （2）安全监理工作方案未由总代或专业监理师审核。 （3）安全监理工作方案未由总监批准。 （4）安全监理工作方案编审批人员签字字迹一样，有代签字嫌疑。 （5）安全监理工作方案的编制时间在业主的安全管理总体策划时间之前或时间相同。 （6）安全监理工作方案的编制时间在施工安全管理及风险控制方案时间之前	安全监理工作方案由安全监理工程师编制，由总代、专业监理师审批，由总监批准	《国家电网公司业主项目部标准化管理手册（2014年版）》
安全监理工作方案未报业主项目部审批	业主项目部管理职责：批准监理项目部安全监理工作方案，并监督实施	《国家电网公司基建安全管理规定》[国网（基建/2）173—2015]

违章表现	规程规定	规程依据
（1）安全监理工作方案编制依据缺少关键性依据（如《安全生产法》《建设工程安全生产管理条例》《建设工程监理规范》《电力建设工程监理规范》《国家电网公司电力安全工作规程（电网建设部分）（试行）》、《建筑施工安全检查标准》、《施工现场临时用电安全技术规范》、《国家电网公司基建安全管理规定》、《国家电网公司输变电工程安全文明施工标准化管理办法》、《国家电网公司十八项电网重大反事故措施（修订版）》、监理规划、业主项目部安全管理总体策划等依据缺失）。 （2）安全监理工作方案编制依据过期、失效或引用不相关的规范	与本方案相关的国家、行业有关法律、法规、规程规范，以及国家电网公司有关标准、制度和办法；经审批的监理规划和业主项目部安全文明施工总体策划等	《国家电网公司监理项目部标准化管理手册（2014年版）》
（1）安全监理工作方案中安全文明施工管理目标不明确或未响应监理合同、建设管理岗位中安全文明施工管理目标。 （2）安全监理工作方案未制定细化分解目标	在安全监理工作方案中明确安全文明施工管理目标和安全控制措施、要点	《国家电网公司监理项目部标准化管理手册（2014年版）》
安全监理工作方案安全监理组织机构未采用组织图	图表形式表述安全监理组织机构和工作职责	《国家电网公司监理项目部标准化管理手册（2014年版）》
（1）变电工程未按照"四通一平"、土建工程和电气安装工程分别描述。 （2）线路工程未按照基础工程、杆塔工程和架线工程分别描述。 （3）未结合工程的实际情况，采取有针对性的控制要点分析	变电按照"四通一平"、土建工程和电气安装工程分别描述。线路按照基础工程、杆塔工程和架线工程分别描述	《国家电网公司监理项目部标准化管理手册（2014年版）》
（1）安全管理监理章节部分多数内容缺少或不完整（＞2项）。 （2）安全管理监理章节部分内容缺少或不完整（≤2项）。 （3）安全旁站及巡视范围计划及内容未列表细化。 （4）安全旁站计划内容与施工项目部报审的三级及以上的风险清册未能一一对应。 （5）安全旁站计划三级及以上风险作业内容不完整（如缺少临时用电放火项）。 （6）安全巡视工作计划为空白表式，未填写。 （7）安全风险和应急管理专篇：风险预控措施机械套用国家电网公司输变电工程施工安全风险识别、评估及预控措施管理办法内容，未结合工程实际情况无针对性	安全管理监理工作章节应包含安全策划管理、安全风险和应急管理流程、安全检查管理流程、重要设施及重大工序转接、分包安全管理、安全通病防治控制措施、安全文明施工管理、安全旁站及巡视监理工作方法和环境及水土保持管理等方面进行描述，安全旁站及巡视作为重要控制手段，列表细化安全旁站及巡视范围、计划及内容	《国家电网公司监理项目部标准化管理手册（2014年版）》

违章表现	规程规定	规程依据
（1）总监未向监理项目部其他人员进行安全监理工作方案交底。 （2）安全监理工作方案交底监理项目部未全员参加，人员签字不全。 （3）安全监理工作方案交底监理项目部未全员参加，人员签字不全或签字不规范，存在使用蓝色墨水签署或留空现象	总监理工程师对全体监理人员进行监理规划、安全监理工作方案的交底和相关管理制度、标准、规程规范的培训	《国家电网公司监理项目部标准化管理手册（2014年版）》
（1）安全监理工作方案未上传基建管控系统。 （2）安全监理工作方案数据录入不及时、不准确、不完整	根据业主项目部安全管理总体策划和经批准的监理规划及相关专项方案等，结合本工程特点，编制安全监理工作方案，方案中应包含安全旁站及巡视监理工作方法、安全通病防治控制措施、环境及水土保持管理等内容，经业主项目部批准后执行，填写监理策划文件报审表，并上传基建管理信息系统	《国家电网公司监理项目部标准化管理手册（2014年版）》
（1）安全管理及风险控制方案总监签署意见内容过于简单，未从下列方面签署审查意见：重点审查方案是否满足安全文明施工标准化要求，施工总平面布置是否合理，办公、宿舍、食堂、仓库、道路、施工用电等临时设施及排水、防火、防雷电等措施是否满足安全技术标准及安全文明施工要求，审查施工安全风险管理措施和重大施工安全风险控制措施是否完善，具备针对性和可操作性。 （2）监理项目部未形成安全管理及风险控制方案监理文件审查记录	该方案由施工单位项目部总工组织编制，经施工企业相关职能部门（技术、安全等）审核，分管领导审批，报监理项目部审查，业主项目部经理批准后组织实施	《国家电网公司监理项目部标准化管理手册（2014年版）》

8.5 施工方案管理

违章表现	规程规定	规程依据
（1）总监理工程师未审核施工组织设计。 （2）审查人仅填写"同意"。 （3）监理项目部未填写施工组织设计监理文件审查记录表	总监理工程师审核	《国家电网公司基建安全管理规定》[国网（基建/2）173—2015]
施工组织设计编审批日期滞后	送电工程施工组织设计一般应在土方工程开工以前编制并审核、批准完毕	关于颁发《电力建设工程施工技术管理导则》的通知（国家电网工〔2003〕153号）

违章表现	规程规定	规程依据
（1）监理项目部报审人员未在审核批准栏签字。 （2）审查人仅填写"同意"	一般施工方案报专业监理工程师审查，总监理工程师批准	《国家电网公司基建安全管理规定》[国网（基建/2）173—2015]
监理项目部未填写一般施工方案监理文件审查记录表	一般施工方案报专业监理工程师审查，总监理工程师批准	《国家电网公司基建安全管理规定》[国网（基建/2）173—2015]
（1）总监未审核专项施工方案。 （2）审查人仅填写"同意"	专项施工方案由总监理工程师审核	《国家电网公司基建安全管理规定》[国网（基建/2）173—2015]
监理项目部未填写专项施工方案监理文件审查记录表	专项施工方案由总监理工程师审核	《国家电网公司基建安全管理规定》[国网（基建/2）173—2015]
（1）监理项目部未建立安全法律、法规、标准、制度等有效文件清单台账。 （2）监理项目部建立安全法律、法规、标准、制度等有效文件清单存在过期规范。 （3）监理项目部建立安全法律、法规、标准、制度等有效文件清单不完整，有少数法律、法规、标准、制度内容缺失。 （4）监理项目部未建立总监及安全监理人员资质证书资料台账。 （5）监理项目部总监及安全监理人员资质证书台账不完整。 （6）监理项目部未建立安全监理工作方案台账。 （7）监理项目部建立的安全监理工作方案台账不完整，修编内容未登记。 （8）监理项目部未建立安全管理文件收发、学习记录台账。 （9）监理项目部建立的安全管理文件收发、学习记录内容不完整。 （10）监理项目部未建立安全监理会议记录台账。 （11）监理项目部召开的安全监理会议记录台账不完整。 （12）监理项目部未建立施工报审文件及审查记录台账。 （13）监理项目部施工报审文件及审查记录台账不完整	监理项目部安全管理台账： （1）安全法律、法规、标准、制度等有效文件清单； （2）总监及安全监理人员资质资料； （3）安全监理工作方案； （4）安全管理文件收发、学习记录； （5）安全监理会议记录； （6）施工报审文件及审查记录； （7）分包审查记录； （8）安全检查、签证记录及整改闭环资料； （9）安全旁站记录； （10）监理工程师通知单及回复单，工程暂停令、复工令	《国家电网公司基建安全管理规定》[国网（基建/2）173—2015]

违章表现	规程规定	规程依据
监理未参加开工前作业风险交底	工程开工前，业主项目部组织项目设计单位对施工、监理项目进行作业风险交底，内容包括项目环境（海拔、地质、边坡等）、工程主要特点（高支模、深基坑、线路工程重要跨越、临近电情况等），组织风险作业初勘工作	《国家电网公司输变电工程施工安全风险识别、评估及预控措施管理办法》[国网（基建/3）176—2015]
（1）安全监理工作方案中未明确风险监理预控措施。 （2）风险监理预控措施未结合工程实际编制	在安全监理工作方案中明确风险和应急管理工作要求，并提出安全生产管理的监理预控措施	《国家电网公司监理项目部标准化管理手册（2014年版）》
（1）固有风险汇总清册未经监理审查。 （2）监理项目部未填写具体审查意见	施工项目部根据项目交底及风险初勘结果，根据"输变电工程固有风险汇总清册"，按照"输变电工程施工安全风险识别、评估及控制措施记录统一表式"筛选、识别、评估与本工程相关的固有风险作业，报监理项目部审核	《国家电网公司输变电工程施工安全风险识别、评估及预控措施管理办法》[国网（基建/3）176—2015]
监理审核栏未填写具体审查意见	施工项目部筛选本工程三级及以上固有风险工序，建立"三级及以上施工安全固有风险识别、评估和预控措施清册"，经本单位审核后报监理项目部审查、业主项目部批准	《国家电网公司输变电工程施工安全风险识别、评估及预控措施管理办法》[国网（基建/3）176—2015]
监理项目部未填写具体审查意见	作业前，施工项目部组织对固有三级及以上风险作业实地复测，编写专项施工方案，填写作业风险现场复测单，报监理审核	《国家电网公司输变电工程施工安全风险识别、评估及预控措施管理办法》[国网（基建/3）176—2015]
（1）监理项目部未根据"人、机、环、管理"四个维度对风险动态计算书审核。 （2）监理项目部未按照"LEC安全风险评价方法"对风险动态计算书审核	在符合施工作业必备条件的前提下，施工项目部在每项作业开始前，根据人、机、环境、管理四个维度影响因素，按照"LEC安全风险评价方法定义及计算方法"，计算确定该项作业的动态风险等级。 施工项目部依据作业风险动态评估计算结果，针对风险影响因素，补充风险预控措施，在"固有风险清册"基础上，更新建立"施工安全风险动态识别、评估及预控措施动态管理台账"，报监理项目审核	《国家电网公司输变电工程施工安全风险识别、评估及预控措施管理办法》[国网（基建/3）176—2015]
（1）未及时反馈预警措施。 （2）预警措施明显不符合要求	接收预警通知的单位（部门），应根据预警通知单，组织落实预警管控措施要求，并在实施阶段向工程项目建设管理单位逐条反馈落实情况	《国家电网公司输变电工程施工安全风险预警管控工作规范（试行）》（国家电网安质〔2015〕972号）

违章表现	规程规定	规程依据
安全施工作业票 B 未经监理签字审核	安全施工作业票由作业负责人填写，安全、技术人员审核，作业票 A 由施工队长签发，作业票 B 由施工项目经理签发，作业票 B 及风险控制卡报监理审核，业主确认	《国家电网公司输变电工程施工安全风险识别、评估及预控措施管理办法》[国网（基建/3）176—2015]《国家电网公司电力安全工作规程（电网建设部分）（试行）》
风险控制卡中预控措施执行情况未经监理签字	监理项目部对"输变电工程安全施工作业票 B"及风险控制卡中预控措施执行情况进行签字确认	《国家电网公司输变电工程施工安全风险识别、评估及预控措施管理办法》[国网（基建/3）176—2015]
（1）监理未通过基建管理信息系统审核风险清册。 （2）监理未通过基建管理信息系统审核动态评估结果和预控措施。 （3）监理未通过基建管理信息系统按时上报风险等级评估复核意见。 （4）监理未通过基建管理信息系统监督施工项目部按时填报风险作业动态信息	监理项目部通过基建管理信息系统，审核风险清册、动态评估结果和预控措施，按时上报风险等级评估复核意见，监督施工项目部按时填报风险作业动态信息	《国家电网公司输变电工程施工安全风险识别、评估及预控措施管理办法》[国网（基建/3）176—2015]

8.6 施工分包管理

违章表现	规程规定	规程依据
监理项目部未开展分包项目经理月度考核评价	项目过程管理评分按照三个项目部对分包单位的月度考核评分情况进行计算；分包队伍过程考核评价按照分包管理办法进行	《国网基建部关于组织开展分包商评价的通知》（基建安质〔2015〕96 号）
监理项目部未及时对施工单位已评价的分包单位开展分包评价	业主、施工、监理项目部在工程建设期间定期对分包商进行包括安全、质量、进度、费用、文明施工、标准工艺应用、施工机具、分包人员等考核评价，并纳入对施工承包商的资信评价	《国家电网公司输变电工程施工分包管理办法》[国网（基建/3）181—2015]

8.7 安全文明施工设施配置

违章表现	规程规定	规程依据
监理项目部未审核施工项目部报送的"安全文明施工设施配置计划申报单"	施工项目部分阶段编制安全文明施工标准化设施报审计划，明确安全设施、安全防护用品和文明施工设施的种类、数量、使用区域和计划费用，报监理项目部审核、业主项目部批准	《输变电工程安全文明标准化管理制度》[国网（基建/3）187—2015]

53

违章表现	规程规定	规程依据
监理项目部未审核施工项目部报送的"安全文明施工设施进场验收单"	安全文明施工标准化设施进场前，应经过性能检查、试验。施工项目部应将进场的标准化设施报监理项目部和业主项目部审查验收	《输变电工程安全文明标准化管理制度》[国网（基建/3）187—2015]、《国家电网公司电力安全工作规程（电网建设部分）（试行）》
（1）监理项目部未在办公室入口设立项目部铭牌。 （2）项目部铭牌尺寸不满足 400mm×600mm 要求	业主、监理、施工项目部办公室入口应设立项目部铭牌	《输变电工程安全文明标准化管理制度》[国网（基建/3）187—2015]
（1）监理项目部未悬挂"施工现场风险管控公示牌"。 （2）监理项目部未公示三级及以上风险作业地点。 （3）监理项目部未公示三级及以上风险作业内容。 （4）监理项目部未公示三级及以上风险等级。 （5）监理项目部未公示三级及以上风险工作负责人。 （6）监理项目部未公示三级及以上风险现场监理人员。 （7）监理项目部未公示三级及以上风险计划作业时间。 （8）监理项目部未根据实际情况及时更新三级及以上风险计划 （9）监理项目部未采用黄、橙、红彩色色块与三、四、五级风险对应。 （10）国网绿色 C100M5Y50K40，尺寸为 1000mm×800mm 要求	监理、施工项目部应悬挂"施工现场风险管控公示牌"，将三级及以上风险作业地点、作业内容、风险等级、工作负责人、现场监理人员、计划作业时间进行公示，并根据实际情况及时更新，确保各级人员对作业风险心中有数。三、四、五级风险分别对应颜色为黄、橙、红	《输变电工程安全文明标准化管理制度》[国网（基建/3）187—2015]《国家电网公司输变电工程施工安全风险识别、评估及预控措施管理办法》[国网（基建/3）176—2015]

8.8 安全检查管理

违章表现	规程规定	规程依据
（1）责任单位未对整改通知单进行回复。 （2）责任单位未针对整改通知单内容进行回复。 （3）责任单位整改通知回复单中未添加整改照片或照片与整改通知单涵盖的内容无法对应。 （4）责任单位未对因故不能整改的问题采取临时措施	各类安全检查中发现的安全隐患和安全文明施工、环境管理问题，应下发整改通知，限期整改，并对整改结果进行确认，实行闭环管理；对因故不能立即整改的问题，责任单位应采取临时措施，并制定整改措施计划报上级批准，分阶段实施	《国家电网公司基建安全管理规定》[国网（基建/2）173—2015]

违章表现	规程规定	规程依据
（1）各项目部安全专职未组织人员对问题进行整改回复。 （2）各项目部项目部未针对整改通知单内容进行回复。 （3）各项目部整改通知回复单中未添加整改照片或照片与整改通知单涵盖的内容无法对应。 （4）各项目部未对因故不能整改的问题采取临时措施	业主、监理和施工项目部的安全专责按要求组织问题整改，对因故不能整改的问题，责任单位应采取临时措施，制订整改措施计划报业主项目经理批准，分阶段实施	《国家电网公司基建安全管理规定》[国网（基建2）173—2015]
安全检查方案中未明确检查人员或检查的重点	工程项目安全检查前，检查组织单位负责制定检查方案、大纲（或检查表），确定检查人员，明确检查重点和要求	《国家电网公司基建安全管理规定》[国网（基建2）173—2015]
工程项目安委会没有按季度组织开展安全检查	工程项目安委会每季度至少组织开展一次安全检查	《国家电网公司基建安全管理规定》[国网（基建2）173—2015]
（1）监理项目部未组织开展月度、春季、秋季等定期安全检查活动。 （2）监理项目部未组织未组织开展防灾避险、施工机具、临时用电、脚手架搭设及拆除等专项安全检查。 （3）监理人员未对三级及以上危险性较大的分部分项工程进行安全旁站或安全巡视	总监理工程师根据上级管理部门要求或季节性施工特点，组织开展月度、春季、秋季等定期例行检查活动；根据工程实际，开展防灾避险、施工机具、临时用电、脚手架搭设及拆除等专项安全检查。开展三级及以上危险性较大的分部分项工程安全巡视检查	《国家电网公司基建安全管理规定》[国网（基建2）173—2015]
（1）监理项目部未及时对检查发现情节严重的问题签发暂停令。 （2）监理项目部未及时将发现的情节严重安全问题报告给业主项目部。 （3）监理项目部未及时签发工程复工令	对各类检查、签证发现的安全问题，情节严重的，应签发工程暂停令，并及时报业主项目部；施工项目部拒不整改或不停止施工的，及时向主管部门报告，并填写监理报告	《国家电网公司基建安全管理规定》[国网（基建2）173—2015]
（1）各项目部未对整改通知单进行回复。 （2）各项目部未针对整改通知单内容进行回复。 （3）各项目部整改通知回复单中未添加整改照片或照片与整改通知单涵盖的内容无法对应	业主项目部安全专责根据工程项目实施情况，开展现场随机安全检查，按要求组织强制性条文执行、安全通病防治等各类安全专项检查，及时通报检查情况，督促闭环整改	《国家电网公司基建安全管理规定》[国网（基建2）173—2015]
各项目部未开展阶段性安全管理评价	参加或受委托组织开展项目的安全管理评价工作	《国家电网公司基建安全管理规定》[国网（基建2）173—2015]
（1）各项目部未对整改通知单进行回复。 （2）各项目部未针对整改通知单内容进行回复。 （3）各项目部整改回复单中未添加整改照片或照片与整改通知单涵盖的内容无法对应	业主项目部项目经理按计划组织监理和施工项目部，定期开展现场安全检查工作，分别下发安全检查问题整改通知单，要求责任单位进行整改	《国家电网公司基建安全管理规定》[国网（基建2）173—2015]

违章表现	规程规定	规程依据
（1）监理项目部未开展重要设施、重大工序转接安全检查签证。 （2）监理项目部已开展重要设施、重大工序安全检查签证，但开展的次数及频率不能满足工程需求	监理项目部对大中型起重机械、整体提升脚手架或整体提升工作平台、模板自升式架设设施、脚手架，施工用电、水、气等力能设施，交通运输道路和危险品库房等进行安全检查签证	《国家电网公司输变电工程建设监理管理办法》[国网（基建/3）190—2015]
（1）监理项目部未编制安全监理工作方案。 （2）安全监理工作方案中未明确安全检查的内容	监理项目部安全监理工程师组织编制安全监理工作方案时，在方案中制订安全巡视、定期安全检查、安全检查签证及专项安全检查工作方法，结合工程项目建设实际策划和组织安全检查工作	《国家电网公司基建安全管理规定》[国网（基建2）173—2015]
（1）安全监理工程师未每月组织安全检查并下发监理工作联系单。 （2）监理项目部未对查出的安全问题下发监理通知单。 （3）监理项目部未及时填写安全巡视检查记录。 （4）监理日志中未体现安全检查的痕迹	安全监理工程师定期组织安全检查，进行日常的安全巡视检查	《国家电网公司基建安全管理规定》[国网（基建2）173—2015]

8.9　项目应急管理

违章表现	规程规定	规程依据
现场应急处置方案未体现施工项目经理/总监理工程师/业主项目经理审查的痕迹	项目应急工作组组织编制现场应急处置方案，经施工项目经理、总监理工程师、业主项目部经理审查签字，报建设管理单位批准后发布实施	《国家电网公司业主项目部标准化管理手册（2014年版）》
监理未参与项目应急小组组织的应急处置方案演练	结合工程实际情况，参与或组织施工项目部开展应急预案演练，检查执行情况及其有效性和响应的及时性	《国家电网公司输变电工程建设监理管理办法》[国网（基建3）190—2015]

9 施 工 现 场

9.1 施工现场（道路）

违章表现	规程规定	规程依据
现场道路便桥存在未经验收就投入使用的现象	现场道路跨越沟槽时应搭设牢固的便桥，经验收合格后方可使用。人形便桥的宽度不得小于 1m，手推车便桥的宽度不得小于 1.5m，汽车便桥的宽度不得小于 3.5m。便桥的两侧应设有可靠的栏杆，并设置安全警示标志	《国家电网公司电力安全工作规程（电网建设部分）（试行）》

9.2 施工现场（一般规定）

违章表现	规程规定	规程依据
《项目管理实施规划》中未见施工总平面布置图，或不符合国家消防、环境保护、职业健康等有关规定	施工总平面布置应符合国家消防、环境保护、职业健康等有关规定	《国家电网公司电力安全工作规程（电网建设部分）（试行）》
施工人员存在随意切割和移动施工现场敷设的力能管线，或切割或移动前未完成审批手续的现象	施工现场敷设的力能管线不得随意切割或移动。如需切割或移动，应事先办理审批手续	《国家电网公司电力安全工作规程（电网建设部分）（试行）》
施工方案中未制定排水措施	施工现场的排水设施应全面规划。排水沟的截面积及坡度应经计算确定，其设置位置不得妨碍交通。凡有可能承载荷重的排水沟均应设盖板或敷设涵管，盖板的厚度或涵管的大小和埋设的深度应经计算确定。排水沟及涵管应保持畅通	DL 5009.3—2013《电力建设安全工作规程 第 3 部分：变电站》
现场存在未进行二维码登记的人员进场施工的现象	未进行二维码登记的人员不得进入施工现场	《国网基建部关于对输变电工程作业现场施工分包人员全面实施"二维码"管理的通知》（基建安质〔2016〕88 号）
（1）未经知识教育进场参加工作。 （2）单独进行工作	进入现场的其他人员（供应商、实习人员等）应经过安全生产知识教育后，方可进入现场参加指定的工作，并且不得单独工作	《国家电网公司电力安全工作规程（电网建设部分）（试行）》

违章表现	规程规定	规程依据
（1）施工项目部存在未足额使用安措费和未在施工作业前完成安措费审批手续的现象。 （2）施工现场存在安全设施配备与报审内容不符的现象	施工现场应按规定配置和使用施工安全设施。设置的各种安全设施不得擅自拆、挪或移作他用。如确因施工需要，应征得该设施管理单位同意，并办理相关手续，采取相应的临时安全措施，事后应及时恢复	《国家电网公司电力安全工作规程（电网建设部分）（试行）》
（1）《施工安全管理及风险控制方案》中未明确在危险场所设置安全防护设施及安全标志的要求。 （2）危险场所夜间未设警示灯或警示标志，未制定危险场所夜间施工的安全措施	施工现场及周围的悬崖、陡坎、深坑、高压带电区等危险场所均应设可靠的防护设施及安全标志；坑、沟、孔洞等均应铺设符合安全要求的盖板或设可靠的围栏、挡板及安全标志。危险场所夜间应设警示灯	《国家电网公司电力安全工作规程（电网建设部分）（试行）》
施工现场未配备医药箱，或医药箱中的药品存在过期的现象	施工现场应编织应急现场处置方案，配备应急医疗用品和器材等，施工车辆宜配备医药箱，并定期检查其有效期限，即使更换补充	《国家电网公司电力安全工作规程（电网建设部分）（试行）》
项目部未编制应急处置方案，或应急处置方案不齐全，或内容实际操作性不强	施工现场应制定现场应急处置方案。现场的机械设备应完好、整洁，安全操作规程齐全。施工便道应保持畅通、安全、可靠。遇悬崖险坡应设置安全可靠的临时围栏。应按规定配置和使用送电施工安全设施	DL 5009.2—2013《电力建设安全工作规程 第2部分：电力线路》
（1）未编制应急处置方案，或编制不齐全，或操作性不强，无针对性。 （2）未开展应急演练	根据现场需要，现场应急处置方案中一般应包括（但不限于）： （1）人身事件现场应急处置； （2）垮（坍）塌事故现场应急处置； （3）火灾、爆炸事故现场应急处置； （4）触电事故现场应急处置； （5）机械设备事件现场应急处置； （6）食物中毒事件施工现场应急处置； （7）环境污染事件现场应急处置； （8）自然灾害现场应急处置； （9）急性传染病现场应急处置； （10）群体突发事件现场应急处置。 现场应急处置方案报建设管理单位审核批准后开展演练，并在必要时实施	《国家电网公司基建安全管理规定》[国网（基建/2）173—2015]

9.3 施工现场（临时建筑）

违章表现	规程规定	规程依据
施工项目部未编制临时建筑物的方案，临时建筑物的设计、安装、验收、使用与维护、拆除与回收未执行 JGJ/T 188《施工现场临时建筑物技术规范》的有关规定	施工现场使用的办公用房、生活用房、围挡等临时建筑物的设计、安装、验收、使用与维护、拆除与回收按 JGJ/T 188《施工现场临时建筑物技术规范》的有关规定执行	《国家电网公司电力安全工作规程（电网建设部分）（试行）》
临时建筑物工程竣工后，未对临时建筑进行验收及登记，未建立临时建筑验收阶段检查记录	临时建筑物工程竣工后应经验收合格方可使用	《国家电网公司电力安全工作规程（电网建设部分）（试行）》
未根据当地气象条件编制抵御风、雪、雨、雷电等自然灾害的应急方案	临时建筑物应根据当地气象条件，采取抵御风、雪、雨、雷电等自然灾害的措施，使用过程中应定期进行检查维护	《国家电网公司电力安全工作规程（电网建设部分）（试行）》

9.4 施工现场材料、设备堆（存）放管理

违章表现	规程规定	规程依据
《施工组织设计》中的施工总平面布置图未见材料定置化要求，或不符合消防及搬运的要求	材料、设备应按施工总平面布置规定的地点进行定置化管理，并符合消防及搬运的要求	《国家电网公司电力安全工作规程（电网建设部分）（试行）》
木材、废料堆放场与正在施工中的永久性建筑物、易燃材料库房、锅炉房、厨房及其他固定性用火场所、主建筑物之间的距离小于 25m	易燃材料、废料的堆放场所与建筑物及动火作业区的距离应符合本规程 3.6.2 的有关规定	《国家电网公司电力安全工作规程（电网建设部分）（试行）》
（1）易燃材料（氧气、乙炔、汽油等)仓库与正在施工的永久性建筑物、办公室及生活性临时建筑、锅炉房、厨房及其他固定性用火场所之间的距离小于 20m。 （2）易燃材料（氧气、乙炔、汽油等）仓库与木材、废料堆场、主建筑物之间的距离小于 25m。 （3）易燃材料（氧气、乙炔、汽油等）仓库与材料仓库及露天堆场之间的距离小于 15m。 （4）易燃材料（氧气、乙炔、汽油等）仓库与易燃物（稻草、芦席等）之间的距离小于 30m	易燃材料、废料的堆放场所与建筑物及动火作业区的距离应符合本规程 3.6.2 的有关规定	《国家电网公司电力安全工作规程（电网建设部分）（试行）》

9.5 施工现场（施工用电）

违章表现	规程规定	规程依据
施工用电设施未按方案施工，用电设施未经验收合格就投入使用	施工用电设施应按批准的方案进行施工，竣工后应经验收合格方可投入使用	《国家电网公司电力安全工作规程（电网建设部分）（试行）》
电工无电工证，或电工证过期未复审	施工用电设施安装、运行、维护应由专业电工负责，并应建立安装、运行、维护、拆除作业记录台账	《国家电网公司电力安全工作规程（电网建设部分）（试行）》
箱式变电站安装完毕或检修后投入运行前，未对其内部的电气设备进行检查，或未进行电气性能试验	箱式变电站安装完毕或检修后投入运行前，应对其内部的电气设备进行检查，电气性能试验合格后方可投入运行	《国家电网公司电力安全工作规程（电网建设部分）（试行）》

10 通 用 作 业 要 求

10.1 通用作业要求（高处作业）

违章表现	规程规定	规程依据
（1）架子工、高处作业人员存在进场前未进行特殊工种报审无证上岗现象。 （2）存在特殊工种证件超期未年检现象	架子工等高处作业人员应持证上岗	《建筑施工特种作业人员管理规定》（住建部第75号令）
安全带检验记录、报告过期，未提供合格报告	安全带使用前应检查是否在有效期内，是否有变形、破裂等情况，禁止使用不合格的安全带	《国家电网公司电力安全工作规程（电网建设部分）（试行）》
（1）杆塔上水平转移时未使用水平绳或设置临时扶手。 （2）垂直转移时未使用速差自控器或安全自锁器等装置	高处作业人员上下杆塔等设施应沿脚钉或爬梯攀登，任攀登或转移作业位置时不得失去保护。杆塔上水平转移时应使用水平绳或设置临时扶手，垂直转移时应使用速差自控器或安全自锁器等装置。禁止使用绳索或拉线上下杆塔，不得顺杆或单根构件下滑或上爬。杆塔设计时应提供安全保护设施的安装用孔	《国家电网公司电力安全工作规程（电网建设部分）（试行）》
高处作业人员未使用安全带。或未正确佩戴安全带	在屋顶及其他危险的边沿进行作业，临空面应装设安全网或防护栏杆，施工作业人员应使用安全带	《国家电网公司电力安全工作规程（电网建设部分）（试行）》

10.2 通用作业要求（交叉作业）

违章表现	规程规定	规程依据
上层物件未固定前，存在下层已开始施工作业的现象	交叉作业时，作业现场应设置专责监护人，上层物件未固定前，下层应暂停作业。工具、材料、边角余料等不得上下抛掷。不得在吊物下方接料或停留	《国家电网公司电力安全工作规程（电网建设部分）（试行）》

10.3 通用作业要求（起重作业）

违章表现	规程规定	规程依据
（1）项目管理实施规划中未编制机械配置、大型吊装方案及各项起重作业的安全措施。 （2）项目管理实施规划中缺少机械配置内容。 （3）项目管理实施规划中缺少大型吊装方案内容。 （4）项目管理实施规划中缺少各项起重作业的安全措施内容。 （5）项目管理实施规划中有机械配置、大型吊装方案及各项起重作业的安全措施，但针对性不强	项目管理实施规划中应有机械配置、大型吊装方案及各项起重作业的安全措施	《国家电网公司电力安全工作规程（电网建设部分）（试行）》
（1）未编制起重机械安装专项安全施工方案。 （2）未编制起重机械拆除专项安全施工方案。 （3）起重机械拆装专项安全施工方案针对性不强。 （4）起重机械拆装专项安全施工方案未完成编审批。 （5）起重机械拆装未安排专业技术人员现场监督	安装、拆卸施工起重机械应当编制拆装方案指定安全施工措施，并由专业技术人员现场监督	《建筑工程安全生产管理条例》（国务院令 2003年第 393 号）
（1）特殊环境、特殊吊件等施工作业未编制专项安全施工方案或专项安全技术措施。 （2）特殊环境、特殊吊件等施工作业的专项安全施工方案或专项安全技术措施需要专家论证但未做该项工作	对达到一定规模的、风险性较大的分部分项工程编制专项施工方案，并附具安全验算结果。对专项施工方案，施工单位还应当组织专家进行论证、审查	《建筑工程安全生产管理条例》（国务院令 2003年第 393 号）
起重机械操作（指挥）人员未持证上岗	特种作业人员，必须按照国家有关规定经过专门的安全作业培训，并取得特种作业操作资格证书后，方可上岗作业	《建筑工程安全生产管理条例》（国务院令 2003年第 393 号）
起重机械使用前未经检验检测机构监督检验合格	起重机械使用前应经检验检测机构监督检验合格并在有效期内	《国家电网公司电力安全工作规程（电网建设部分）（试行）》

10.4 通用作业要求（特殊环境下作业）

违章表现	规程规定	规程依据
（1）施工人员山区及林牧区施工未采取防止误踩深沟、陷阱的措施。未穿硬胶底鞋。私自穿越不明地狱、水域，未随时保持联系，私自单独远离作业现场。作业完毕，作业负责人未清点人数 （2）施工人员在山区及林牧区施工未做防毒蛇、野兽、毒蜂等生物侵害的措施，施工或外出时未保持联系，未携带必要的应急防卫器械，防护用具及药品	（1）山区及林牧区施工应严格遵守当地关于春季秋季防火相关规定，防火期施工不得携带火种上山作业。 （2）山区及林牧区施工应严格遵守环境保护相关规定。 （3）山区及林牧区施工应做好森林乙脑炎等传染性较强的疾病预防工作，及时为施工人员注射疫苗，配备相关药品。 （4）山区及林牧区施工应防止误踩深沟、陷阱。应穿硬胶底鞋。不得穿越不明地域、水域，随时保持联系，不得单独远离作业现场。作业完毕，作业负责人应清点人数。 （5）山区及林牧区施工做好防毒蛇、野兽、毒蜂等生物侵害的措施，施工或外出时应保持联系，携带必要的应急防卫器械，防护用具及药品	《国家电网公司电力安全工作规程（电网建设部分）（试行）》
施工项目部在高海拔地区施工（海拔 3300m 及以上），未对作业人员进行体检合格，直接参加施工。作业人员未定期进行体格检查，且未建立个人健康档案	（1）高海拔地区施工（海拔 3300m 及以上），作业人员应体检合格，并经习服适应后，方可参加施工。作业人员应定期进行体格检查，并建立个人健康档案。 （2）施工现场应配备必要的医疗设备及药品。 （3）合理安排劳动强度与时间，为作业人员提供高热量的膳食。 （4）根据需要应配备防紫外线灼伤的眼镜，防晒药膏等紫外线防护用品。 （5）掘挖基础施工中，必要时应进行送风，同时基坑上方要有专责监护人。 （6）进行高处作业时，作业人员应随身携带小型氧气瓶或袋，高处作业时间不应超过 1h。 （7）应配备性能满足高海拔施工的机械设备、工器具及交通工具，机械设备，车辆宜配备小型氧气瓶等医疗应急物品。 （8）施工或外出时不得单独行动，并应保持联络，应根据实际情况配备食物，饮用水，车辆燃油等应急物品。 （9）高原地区施工需要考虑机械出力降效情况，必要时通过试验手段进行测试	《国家电网公司电力安全工作规程（电网建设部分）（试行）》

11 通用施工机械器具

11.1 通用施工机械器具（起重机械）

违章表现	规程规定	规程依据
（1）施工企业未按国家有关规定对深基坑、高大模板及脚手架、大型起重机械安拆及作业、重型索道运输、重要的拆除爆破等超过一定规模的危险性较大的分部分项工程的专项施工方案（含安全技术措施），组织专家进行论证、审查，并根据论证报告修改完善专项施工方案。 （2）方案未经施工企业技术负责人、项目总监理工程师、业主项目部项目经理签字。 （3）施工项目部总工程师未交底，专职安全管理人员未到现场监督实施	对深基坑、高大模板及脚手架、大型起重机械安拆及作业、重型索道运输、重要的拆除爆破等超过一定规模的危险性较大的分部分项工程的专项施工方案（含安全技术措施），施工企业还应按国家有关规定组织专家进行论证、审查，并根据论证报告修改完善专项施工方案，经施工企业技术负责人、项目总监理工程师、业主项目部项目经理签字后，由施工项目部总工程师交底，专职安全管理人员现场监督实施	《国家电网公司基建安全管理规定》[国网（基建/2）173—2015]

11.2 通用施工机械器具（施工机械）

违章表现	规程规定	规程依据
物料提升机未根据现场运送材料、物件的重量进行设计。安装完毕，未经有关部门检测合格就开始使用。未见监理项目部安全检查签证记录	物料提升机应根据运送材料、物件的重量进行设计。安装完毕，应经有关部门检测合格后方可使用	《国家电网公司电力安全工作规程（电网建设部分）（试行）》

11.3 通用施工机械器具（施工工器具）

违章表现	规程规定	规程依据
监理项目部未审查施工工器具安全性证明文件，或审查有漏项、不严格	监理项目部管理责任：负责施工机械、工器具、安全防护用品（用具）的进场审查	《国家电网公司基建安全管理规定》[国网（基建/2）173—2015]

11.4　通用施工机械器具（安全工器具）

违章表现	规程规定	规程依据
作业前交底记录中无安全工器具相关内容	施工项目部管理责任：完善安全技术交底和施工队（班组）班前站班会机制，向作业人员如实告知作业场所和工作岗位可能存在的风险因素、防范措施以及事故（事件）现场应急处置措施	《国家电网公司基建安全管理规定》[国网（基建/2）173—2015]
监理项目部未审查安全工器具安全性证明文件，或审查不严格、有漏项	监理项目部管理责任：负责施工机械、工器具、安全防护用品（用具）的进场审查	《国家电网公司基建安全管理规定》[国网（基建/2）173—2015]
施工项目部未开展班组安全工器具培训，未严格执行操作规定，未正确使用安全工器具，使用不合格或超试验周期的安全工器具	班组（站、所、施工项目部）管理职责：组织开展班组安全工器具培训，严格执行操作规定，正确使用安全工器具，严禁使用不合格或超试验周期的安全工器具	《国家电网公司电力安全工器具管理规定》[国网（安监/4）289—2014]
安全工器具检验机构无相应检验资质	安全工器具应由具有资质的安全工器具检验机构进行检验。预防性试验可由经公司总部或省公司、直属单位组织评审、认可，取得内部检验资质的检测机构实施，也可委托具有国家认可资质的安全工器具检验机构实施	《国家电网公司电力安全工器具管理规定》[国网（安监/4）289—2014]
安全工器具未进行预防性试验，或预防性试验周期不符合要求	安全工器具使用期间应按规定做好预防性试验	《国家电网公司电力安全工器具管理规定》[国网（安监/4）289—2014]

12 建 筑 工 程

12.1 建筑工程（脚手架施工）

违章表现	规程规定	规程依据
（1）进入施工现场使用的扣件无产品合格证。 （2）扣件未进行抽样复试。 （3）脚手架搭设使用个别扣件有裂纹的现象。 （4）脚手架使用的个别扣件有变形的现象。 （5）脚手架使用的个别扣件有滑丝的现象。 （6）扣件未进行防锈处理。 （7）扣件夹紧时开口最小距离小于5mm。 （8）扣件夹紧时开口最小距离大于5mm。 （9）旋转面间距大于1mm。 （10）扣件螺栓拧紧扭力矩实测值小于40N·m。 （11）扣件螺栓拧紧扭力矩值达到65N·m发生破坏	扣件进入施工现场应检查产品合格证，并应进行抽样复试，技术性能应符合 GB 15831《钢管脚手架扣件》的规定。 （1）扣件规格必须与钢管外径相同。 （2）螺栓拧紧扭力矩不应小于40N·m，且不应大于65N·m。 （3）在主节点处固定横向水平杆、纵向水平杆、剪刀撑、横向斜撑等用的直角扣件、旋转扣件的中心点的相互距离不应大于150mm。 （4）对接扣件开口应朝上或朝内。 （5）各杆件端头伸出扣件盖板边缘长度不应小于100mm	JGJ 130—2011《建筑施工扣件式钢管脚手架安全技术规范》
（1）可调托撑受压承载力设计值小于40kN。 （2）支托板厚小于5mm	可调托撑受压承载力设计值不应小于40kN，支托板厚不应小于5mm	JGJ 130—2011《建筑施工扣件式钢管脚手架安全技术规范》
监理项目部未采集脚手架搭设安全旁站、安全检查签证数码照片	安全过程控制数码照片：重点采集反映安全检查签证、安全旁站、监理巡视、过程安全检查、安全纠偏等照片	《输变电工程安全质量过程控制数码照片管理工作要求》（基建安质〔2016〕56号）

12.2 建筑工程（混凝土施工）

违章表现	规程规定	规程依据
（1）模板支架验收内容未量化。 （2）模板支架验收后责任人未签字确认	模板支架搭设完毕，应按规定组织验收，验收应有量化内容并经责任人签字确认	JGJ 59—2011《建筑施工安全检查标准》

12.3　建筑工程（砖石砌体施工）

违章表现	规程规定	规程依据
检查不符合开工要求就开始施工	在操作之前必须检查操作环境是否符合安全要求，道路是否畅通，机具是否完好牢固，安全设施和防护用品是否齐全，经检查符合要求后才可施工	《建筑施工手册（第五版）》
大风、大雨、冰冻等异常气候之后技术人员未对砌体的外观、垂直度、沉降等进行检查	大风、大雨、冰冻等异常气候之后，应检查砌体是否有垂直度的变化，是否产生裂缝，是否有不均匀下沉等现象	《建筑施工手册（第五版）》

12.4　建筑工程（构支架施工）

违章表现	规程规定	规程依据
施工前未对专项施工方案进行审查批准，方案未批准开始进行施工	吊装作业应制定专项施工方案，并经审查批准后方可进行施工	《国家电网公司电力安全工作规程（电网建设部分）（试行）》
起吊过程未设置专人监护	起吊过程中应随时注意观察构架柱各杆件的变形情况，发现异常时应停止吊装，并应及时处理	GB 50777—2012《±800kV 及以下换流站构支架施工及验收规范》
地锚埋入深度未严格执行施工方案	地锚宜采用水平埋设，其埋入深度应根据地锚的受力大小和土质决定	GB 50777—2012《±800kV 及以下换流站构支架施工及验收规范》
起重机械作业项目未按要求办理安全施工作业票	重量达到起重机械额定负荷 90%及以上；两台及以上起重机械抬吊同一物件的起重机械作业项目必须办理安全施工作业票	《国家电网公司电力建设起重机械安全监督管理办法》
格构式构架柱吊装作业未严格按照专项施工方案选择吊点，并对吊点位置进行检查	格构式构架柱吊装作业应严格按照专项施工方案选择吊点，并对吊点位置进行检查	《国家电网公司电力安全工作规程（电网建设部分）（试行）》
构架吊装未按要求避开恶劣天气	构架吊装应在晴朗且无六级以上大风、无雷雨、无雪、无浓雾的天气下进行	GB 50777—2012《±800kV 及以下换流站构支架施工及验收规范》

13　电气装置安装

违章表现	规程规定	规程依据
（1）进行变压器、电抗器内部作业时，未设专人监护。 （2）内部作业人员未穿无纽扣、无口袋的工作服、耐油防滑靴等专用防护用品。 （3）作业前带入的工具未拴绳、登记	进行变压器、电抗器内部作业时，通风和安全照明应良好，并设专人监护；作业人员应穿无纽扣、无口袋的工作服、耐油防滑靴等专用防护用品；带入的工具应拴绳、登记、清点，严防工具及杂物遗留在器身内	DL 5009.3—2013《电力建设安全工作规程　第3部分：变电站》、《国家电网公司电力安全工作规程（电网建设部分）（试行）》
（1）封闭式组合电器在运输和装卸过程中未轻装轻卸，存在剧烈振动。 （2）制造厂有特殊规定标记的，未按制造厂的规定装运	封闭式组合电器在运输和装卸过程中不得倒置、倾翻、碰撞和受到剧烈的振动。制造厂有特殊规定标记的，应按制造厂的规定装运。瓷件应安放妥当，不得倾倒、碰撞	DL 5009.3—2013《电力建设安全工作规程　第3部分：变电站》、《国家电网公司电力安全工作规程（电网建设部分）（试行）》
500kV及以上的串联补偿装置绝缘平台安装专项施工方案未绘制施工平面布置图	500kV及以上的串联补偿装置绝缘平台安装应编制专项施工方案，经专家组审核、总工程师批准后实施。并满足下列要求： （1）绘制施工平面布置图。 （2）绝缘平台吊装、就位过程中应平衡、平稳，就位时各支撑绝缘子应均匀受力，防止单个绝缘子超载。 （3）绝缘平台就位调整固定前应采取临时拉线，斜拉绝缘子的就位及调整固定过程中起重机械应保持起吊受力状态。 （4）绝缘平台斜拉绝缘子就位及调整固定完成后，方可解除临时拉线等安全保护措施	DL 5009.3—2013《电力建设安全工作规程　第3部分：变电站》、《国家电网公司电力安全工作规程（电网建设部分）（试行）》
支撑式电容器组安装前，绝缘子支撑调节完成未锁定	交流（直流）滤波器安装应遵守下列规定： （1）支撑式电容器组安装前，绝缘子支撑调节完成并锁定。悬挂式电容器组安装前，结构紧固螺栓复查完成。 （2）起吊用的用品、用具应符合要求，单层滤波器整体吊装应在两端系绳控制，防止摆动过大，设备开始吊离地面约100mm时，应仔细检查吊点受力和平衡，起吊过程中保持滤波器层架平衡。	DL 5009.3—2013《电力建设安全工作规程　第3部分：变电站》、《国家电网公司电力安全工作规程（电网建设部分）（试行）》

违章表现	规程规定	规程依据
	（3）吊车、升降车、链条葫芦的使用应在专人指挥下进行。 （4）安装就位高处组件时应有高处作业防护措施。 （5）高处作业工器具应使用专用工具袋（箱）并放置可靠，以免晃动过大致使工具滑落。 （6）高处平台对接时，平台区域内下方不得有人员进入	

14 杆 塔 工 程

违章表现	规程规定	规程依据
未按照要求留存照片	绞磨应设置在塔高的 1.2 倍安全距离外，排设位置应平整，绞磨应放置平稳	《输变电工程安全质量过程控制数码照片管理工作要求》（基建安质〔2016〕56 号）

15 电 缆 工 程

违章表现	规程规定	规程依据
六级级以上大风、雨雪天气之后，未对脚手架垂直度等变化进行测量	大风、大雨、冰冻等异常气候之后，应检查脚手架是否有垂直度的变化	JGJ 59—2011《建筑施工安全检查标准》

第五篇

施工企业

16 管　理　制　度

16.1 安全组织机构及资源配置

16.1.1 施工项目部管理人员配置

违章表现	规程规定	规程依据
（1）施工单位未发文成立施工项目部，任命施工项目经理和其他主要管理人员。 （2）施工单位未在工程项目启动前发文成立施工项目部	施工单位应在工程项目启动前按已签订的施工合同组建施工项目部，并以文件形式任命项目经理及其他主要管理人员	《国家电网公司施工项目部标准化管理手册（2014年版）》
施工项目部人员配备不全	施工项目部配备施工项目经理（需要时可配备副经理）、项目总工、技术员、安全员、质检员、造价员、资料信息员、材料员、综合管理员等管理人员	《国家电网公司施工项目部标准化管理手册（2014年版）》
施工项目部安全员兼任项目部其他岗位	安全员、质检员必须为专职，不可兼任项目其他岗位	《国家电网公司施工项目部标准化管理手册（2014年版）》
（1）施工项目经理与施工合同不一致，未履行变更手续。 （2）施工项目部主要管理人员（项目经理、总工、施工员、安全员、质检员、技术员）发生变更，未重新发文。 （3）施工项目经理撤换未向建设管理单位履行报批手续。 （4）施工项目部经理变更未向监理项目部进行报备	施工单位不得随意撤换项目经理，特殊原因需要撤换项目经理时，按有关合同规定征得建设管理单位同意后办理变更手续，并报监理项目部备案	《国家电网公司施工项目部标准化管理手册（2014年版）》

16.1.2 施工项目部管理人员资质

违章表现	规程规定	规程依据
施工项目经理未获得相应注册建造师资格证书	施工项目部经理应取得工程建设类相应专业注册建造师资格证书（330kV及以上项目取得一级注册建造师证书，220kV及以下项目取得二级及以上注册建造师证书）	《国家电网公司施工项目部标准化管理手册（2014年版）》

违章表现	规程规定	规程依据
施工项目部经理未获得住建部颁发的安全B证	"安管人员"应当通过其受聘企业,向企业工商注册地的省、自治区、直辖市人民政府住房城乡建设主管部门(以下简称考核机关)申请安全生产考核,并取得安全生产考核合格证书	《建筑施工企业主要负责人、项目负责人和专职安全生产管理人员安全生产管理规定》(住房和城乡建设部中华人民共和国住房和城乡建设部令第17号)
施工项目副经理未获得国家电网公司或省级公司颁发的安全培训合格证书	施工项目部副经理应有国家电网公司或省级公司颁发的安全培训合格证书	《国家电网公司施工项目部标准化管理手册(2014年版)》
项目总工未获得相应技术职称	项目总工职称条件: 220kV及以上项目:具有中级及以上技术职称。 110kV及以下项目:具有初级及以上技术职称	《国家电网公司施工项目部标准化管理手册(2014年版)》
施工项目部安全员未获得住建部颁发的安全C证	"安管人员"应当通过其受聘企业,向企业工商注册地的省、自治区、直辖市人民政府住房城乡建设主管部门(以下简称考核机关)申请安全生产考核,并取得安全生产考核合格证书	《建筑施工企业主要负责人、项目负责人和专职安全生产管理人员安全生产管理规定》(住房和城乡建设部中华人民共和国住房和城乡建设部令第17号)
施工项目部技术员未获得相应技术职称	施工项目部技术员应具有初级及以上职称	《国家电网公司施工项目部标准化管理手册(2014年版)》

16.1.3 施工单位安全管理机构以及制度配置

违章表现	规程规定	规程依据
(1)施工单位未与分包单位签订分包合同和安全协议,分包合同及安全协议版本不符合要求。 (2)施工单位与分包单位签订分包合同及安全协议版本不符合要求。 (3)施工单位未开展分包评价考核活动	建立完善施工分包管理体系,全面落实施工企业分包管理责任,落实施工分包管理流程和评价考核机制。组织签订分包合同及安全协议,并监督实施	《国家电网公司基建安全管理规定》[国网(基建/2)173—2015]
施工单位未编制本单位应急预案	建立安全风险管理体系和应急管理体系,制定本单位应急预案,对预案定期进行有针对性的演练	《国家电网公司基建安全管理规定》[国网(基建/2)173—2015]
施工单位未按预案定期开展有针对性的应急演练	建立安全风险管理体系和应急管理体系,制定本单位应急预案,对预案定期进行有针对性的演练	《国家电网公司基建安全管理规定》[国网(基建/2)173—2015]

16.1.4 施工项目部安全教育培训

违章表现	规程规定	规程依据
施工单位未每年组织一次对所有参加施工人员的安全培训	监理、施工企业应每年至少组织一次对所有从业人员进行的安全培训	《国家电网公司基建安全管理规定》[国网（基建/2）173—2015]
（1）施工单位未对参加施工新录用人员进行三级安全培训。 （2）施工单位三级安全教育培训未达到40学时	施工企业对新录用人员应进行不少于40个课时的三级安全教育培训，经考试合格后方可上岗工作	《国家电网公司基建安全管理规定》[国网（基建/2）173—2015]
施工单位安全教育培训未涵盖风险管理技能培训内容	施工单位建立健全输变电工程施工安全风险识别、评估及控制体系，组织本单位员工开展风险管理技能培训，确保施工人员熟悉施工安全风险管理流程	《国家电网公司输变电工程施工安全风险识别、评估及预控措施管理办法》[国网（基建/3）176—2015]
特殊工种/特种作业人员未在报审前完成项目级安全培训	组织施工项目部全体人员进行安全培训，经考试合格上岗	《国家电网公司施工项目部标准化管理手册（2014年版）》
（1）施工项目部未对全体施工人员开展安全教育培训。 （2）施工项目部未对新入场施工人员进行安全教育	组织施工项目部全体人员进行安全培训，经考试合格上岗	《国家电网公司施工项目部标准化管理手册（2014年版）》

16.2 施工方案管理

16.2.1 施工组织设计审核

违章表现	规程规定	规程依据
（1）施工组织设计审查人员未涵盖企业技术、质量、安全三个部门人员。 （2）施工企业对施工方案的审核的未体现出审核痕迹。 （3）他人代签施工组织设计审核栏。 （4）审查人仅填写"同意"	施工企业技术、质量、安全等职能部门审核	《国家电网公司基建安全管理规定》[国网（基建/2）173—2015]

16.2.2 施工组织设计审批

违章表现	规程规定	规程依据
施工组织设计封面无公司公章	施工企业技术负责人审批	《国家电网公司基建安全管理规定》[国网（基建/2）173—2015]
（1）施工企业技术负责人未审批施工组织设计。 （2）他人代签施工组织设计审批栏。 （3）审查人仅填写"同意"，而无审核意见表述	施工企业技术负责人审批	《国家电网公司基建安全管理规定》[国网（基建/2）173—2015]

16.2.3　施工组织设计业主审批

违章表现	规程规定	规程依据
他人代签施工组织设计业主审批栏	业主项目经理审批	《国家电网公司基建安全管理规定》[国网（基建/2）173—2015]
施工组织设计编审批日期滞后	送电工程施工组织设计一般应在土方工程开工以前编制并审核、批准完毕	《关于颁发〈电力建设工程施工技术管理导则〉的通知》（国家电网工〔2003〕153号）

16.2.4　一般施工方案批准

违章表现	规程规定	规程依据
（1）施工企业技术负责人未在一般施工方案批准栏签字。 （2）他人代签一般施工方案审批栏	施工企业技术负责人批准	《国家电网公司基建安全管理规定》[国网（基建/2）173—2015]

16.2.5　专项施工方案审查

违章表现	规程规定	规程依据
（1）企业技术、质量、安全等职能部门未在专项施工方案审核栏签字。 （2）他人代签专项施工方案审核栏。 （3）专项施工方案审查人审核未体现出审核痕迹	施工企业技术、质量、安全等职能部门审核	《国家电网公司基建安全管理规定》[国网（基建/2）173—2015]

16.2.6　专项施工方案审批

违章表现	规程规定	规程依据
（1）施工企业技术负责人未在专项施工方案批准栏签字。 （2）他人代签专项施工方案审批栏。 （3）审查人审查意见仅填写"同意"	施工企业技术负责人审批	《国家电网公司基建安全管理规定》[国网（基建/2）173—2015]

16.2.7　专项施工方案业主审批

违章表现	规程规定	规程依据
他人代签业主项目经理审批栏	业主项目经理审批	《国家电网公司基建安全管理规定》[国网（基建/2）173—2015]

16.2.8　特殊施工方案专家认证

违章表现	规程规定	规程依据
（1）特殊施工方案后未附专家论证报告。 （2）施工项目部未根据专家论证内容，对特殊施工方案进行修编。 （3）编审批人未在修编后的方案上签字	对于超过一定规模的危险性较大的分部分项工程，还应按国家有关规定组织专家论证，并根据论证报告修改完善专项施工方案	《国家电网公司基建安全管理规定》[国网（基建/2）173—2015]

16.2.9　公司级技术交底

违章表现	规程规定	规程依据
（1）施工单位未在施工合同签订后及时开展公司级技术交底。 （2）公司总工程师或分管技术领导未主持开展公司级技术交底。 （3）技术交底提纲中交底内容未涵盖施工组织设计大纲、工程设计文件、设备说明书、施工合同和本公司的经营目标及有关决策等内容。 （4）交底人员签到表中未涵盖全部项目部各级领导和技术负责人员及相关质量、技术管理部门人员	在施工合同签订后，公司总工程师宜组织有关技术管理部门依据施工组织设计大纲、工程设计文件、设备说明书、施工合同和本公司的经营目标及有关决策等资料拟定技术交底提纲，对项目部各级领导和技术负责人员及相关质量、技术管理部门人员进行交底	《关于颁发〈电力建设工程施工技术管理导则〉的通知》（国家电网工〔2003〕153号）

16.3　安全管理台账

违章表现	规程规定	规程依据
（1）施工企业未建立安全法律、法规、标准、制度等有效文件清单台账。 （2）施工企业单位建立的安全法律、法规、标准、制度等有效文件清单存在过期规范。 （3）施工企业建立的安全法律、法规、标准、制度等有效文件清单不完整，有少数法律、法规、标准、制度内容缺失。 （4）施工企业未建立安全管理文件台账。 （5）施工企业安全管理文件台账不完整。 （6）施工企业未建立安全培训、考试记录及新进人员三级安全教育卡片。 （7）施工企业安全培训、考试记录及新进人员三级安全教育卡片内容不完整。	施工企业安全管理台账： （1）安全法律、法规、标准、制度等有效文件清单； （2）安全管理文件； （3）安全培训、考试记录及新进人员三级安全教育卡片； （4）安全工作会议记录； （5）特种作业人员及专、兼职安全人员登记档案； （6）年度安全技术措施计划及实施登记表； （7）安全防护用品、用具试验记录； （8）分包商安全资质审查表及合格分包商名册； （9）安全检查及专项活动记录； （10）安全事件月（年）报表； （11）安全奖惩记录	《国家电网公司基建安全管理规定》[国网（基建/2）173—2015]

续表

违章表现	规程规定	规程依据
（8）施工企业未建立安全工作会议记录。 （9）施工企业安全工作会议记录台账不完整。 （10）施工企业未建立特种作业人员及专、兼职安全人员登记表台账。 （11）施工企业特种作业人员及专、兼职安全人员登记表台账不完整。 （12）施工企业未建立年度安全技术措施计划及实施登记表台账。 （13）施工企业年度安全技术措施计划及实施登记表台账不完整。 （14）施工企业未建立安全防护用品、用具试验记录台账。 （15）施工企业安全防护用品、用具试验记录台账不完整。 （16）施工企业未建立分包商安全资质审查表及合格分包商名册。 （17）施工企业分包商安全资质审查表及合格分包商名册台账内容不完整理。 （18）施工企业未建立安全检查及专项活动记录台账。 （19）施工企业安全检查及专项活动记录台账不完整。 （20）施工企业未按要求建立安全事件月（年）报表台账。 （21）施工企业未建立安全奖惩记录记录台账。 （22）施工企业安全奖惩记录台账不完整		

16.4 安全风险管理

16.4.1 工程开工前

违章表现	规程规定	规程依据
三级及以上固有风险清册未经施工单位职能部门审核	施工项目部筛选本工程三级及以上固有风险工序，建立"三级及以上施工安全固有风险识别、评估和预控措施清册"，经本单位审核后报监理项目部审查、业主项目部批准	《国家电网公司输变电工程施工安全风险识别、评估及预控措施管理办法》[国网（基建/3）176—2015]

16.4.2　施工作业前（人员要求）

违章表现	规程规定	规程依据
作业票签发人未经施工单位考核、批准	作业票签发人名单经其单位考核、批准并公布	《国家电网公司电力安全工作规程（电网建设部分）（试行）》
作业票审核人未经施工单位考核、批准	作业票审核人应由熟悉人员技术水平、现场作业环境和流程、设备情况及本规程，并具有相关工作经验的工程安全技术人员担任，名单经其单位考核、批准并公布	《国家电网公司电力安全工作规程（电网建设部分）（试行）》

16.5　施工分包管理

16.5.1　分包计划

违章表现	规程规定	规程依据
（1）分包计划中涉及施工承包合同中明确不允许分包的内容。 （2）分包计划中涉及未经发包人同意的分包内容。 （3）分包计划中专业分包内容中涉及主体或关键性工程。 （4）分包计划中分包工程量与分包金额不合理	加强分包计划管理。施工企业必须依据相关法律法规和施工合同，在工程开工前制定完整的项目分包计划。业主项目部、监理项目部应加强对分包计划的审批管理，防范转包、对主体或关键性工程进行专业分包、未经发包人同意擅自分包、分包队伍超能力承揽任务等问题发生	《国家电网公司关于印发进一步规范和加强施工分包管理工作指导意见的通知》（国家电网基建〔2015〕697号）

16.5.2　分包准入

违章表现	规程规定	规程依据
（1）施工单位未通过任何选择手续确立分包队伍。 （2）施工单位分包队伍选择文件内容过于简单。 （3）施工单位分包队伍选择程序不规范。 （4）分包队伍项目报价存串标嫌疑	施工企业应根据法律法规要求确定合理的分包队伍选择方式，健全分包商选择组织机构，分包商选择程序和制度应经上级单位监察、经法、审计部门审核，落实推荐、比选把关、使用决策等各个环节的责任，依法合规选择分包商。施工企业的上级部门应加强分包商选择管理的监督考核与责任追究，对施工企业的分包商选择制度制定和实施，以及具体项目的分包商选择进行全方位监管	《国家电网公司关于印发进一步规范和加强施工分包管理工作指导意见的通知》（国家电网基建〔2015〕697号）
施工单位未根据当期的合格分包商名录中选择分包队伍	施工企业应严格执行公司关于专业分包、劳务分包的企业资质、工程项目、作业范围等要求，从公司发布的《合格分包商名录》中择优选用符合分包内容与方式的分包商	《国家电网公司关于印发进一步规范和加强施工分包管理工作指导意见的通知》（国家电网基建〔2015〕697号）

违章表现	规程规定	规程依据
施工单位未根据合格分包商名录中资质能力，分包类别选择分包队伍	加强分包计划管理。施工企业必须依据相关法律法规和施工合同，在工程开工前制定完整的项目分包计划。业主项目部、监理项目部应加强对分包计划的审批管理，防范转包、对主体或关键性工程进行专业分包、未经发包人同意擅自分包、分包队伍超能力承揽任务等问题发生	《国家电网公司关于印发进一步规范和加强施工分包管理工作指导意见的通知》（国家电网基建〔2015〕697号）
（1）政府部门网站未复核查询到统一社会信用代码（组织机构代码）或查询结果显示异常。 （2）政府部门网站未复核查询到分包单位住建部资质或查询结果显示异常。 （3）政府部门网站未复核查询到分包单位电监会承装修试资质或查询结果显示异常。 （4）政府部门网站未复核查询到分包单位安全生产许可证或查询结果显示异常	（1）利用政府部门网上信息和名录公布的分包商法人、资质、资信、账号等信息，核对分包商授权书和相关文件，防止资质冒用和挂靠，确保分包合法合规。 （2）分包授权委托书必须附有授权人和被授权人的身份证明、社保证明，充分利用政府网上公示的企业信息和人员社保信息，并采用视频、电话、短信、公证等方式进行真实性复核并留存复核记录	《国家电网公司关于印发进一步规范和加强施工分包管理工作指导意见的通知》（国家电网基建〔2015〕697号）
（1）施工项目部未提供分包被授权委托人社保缴纳证明。 （2）施工项目部未提供专业分包项目经理社保缴纳证明。 （3）施工项目部未提供专业分包安全负责人社保缴纳证明。 （4）施工项目部未提供专业分包质量负责人社保缴纳证明。 （5）施工项目部未提供专业分包技术负责人社保缴纳证明。 （6）施工项目部未提供劳务分包现场负责人社保缴纳证明。 （7）施工项目部未提供分包被授权委托人劳动合同。 （8）施工项目部未提供专业分包项目经理劳动合同。 （9）施工项目部未提供专业分包安全负责人劳动合同。 （10）施工项目部未提供专业分包质量负责人劳动合同。 （11）施工项目部未提供专业分包技术负责人劳动合同。 （12）施工项目部未提供劳务分包现场负责人劳动合同。 （13）施工项目部未提供分包被授权委托人工资发放记录。	（1）利用政府部门网上信息和名录公布的分包商法人、资质、资信、账号等信息，核对分包商授权书和相关文件，防止资质冒用和挂靠，确保分包合法合规。 （2）分包授权委托书必须附有授权人和被授权人的身份证明、社保证明，充分利用政府网上公示的企业信息和人员社保信息，并采用视频、电话、短信、公证等方式进行真实性复核并留存复核记录	《国家电网公司关于印发进一步规范和加强施工分包管理工作指导意见的通知》（国家电网基建〔2015〕697号）

违章表现	规程规定	规程依据
（14）施工项目部未提供专业分包项目经理工资发放记录。 （15）施工项目部未提供专业分包安全负责人工资发放记录。 （16）施工项目部未提供专业分包质量负责人工资发放记录。 （17）施工项目部未提供专业分包技术负责人工资发放记录。 （18）施工项目部未提供劳务分包现场负责人工资发放记录		
（1）跨区作业的安装分包队伍未进行承装修试许可跨区备案。 （2）政府部门网站未复核查询到跨区作业的安装分包队伍备案手续或查询结果显示异常	跨区作业的安装分包队伍进行承装修试许可跨区备案	《国家电网公司关于印发进一步规范和加强施工分包管理工作指导意见的通知》（国家电网基建〔2015〕697号）

16.5.3 分包合同管理

违章表现	规程规定	规程依据
2015年10月1日以后开工工程的分包合同未在基建管理系统中生成	分包合同必须按照各省级公司合同范本，合同文本必须通过公司基建信息系统生成	《国家电网公司关于印发进一步规范和加强施工分包管理工作指导意见的通知》（国家电网基建〔2015〕697号）
（1）分包合同施工单位法人或授权委托人未签字。 （2）分包合同分包单位法人或授权委托人未签字。 （3）分包合同施工单位法人或授权委托人存在代签嫌疑。 （4）分包合同分包单位法人或授权委托人存在代签嫌疑。 （5）分包合同施工单位法人章存在伪造嫌疑。 （6）分包合同分包单位法人章存在伪造嫌疑。 （7）分包合同无合同签订的具体日期。 （8）分包合同中未明确分包性质。 （9）分包合同未明确开户银行及账号。 （10）分包合同开户银行及账号非分包单位企业基本账号。 （11）合同中未明确计划开竣工日期。 （12）分包合同签订日期早于分包计划申请。 （13）分包合同签订日期早于施工分包申请。 （14）分包作业进场日期早于分包合同签订日期	施工承包商在工程分包项目开工前必须规范签订分包合同，分包合同应明确工程分包性质（专业分包或劳务分包）	《国家电网公司关于印发进一步规范和加强施工分包管理工作指导意见的通知》（国家电网基建〔2015〕697号）

违章表现	规程规定	规程依据
（1）分包合同、安全协议滞后施工开工日期。 （2）安全协议签订时间与分包合同未能同步	施工承包商在工程分包项目开工前必须规范签订分包合同，分包合同应明确工程分包性质（专业分包或劳务分包）	《国家电网公司关于印发进一步规范和加强施工分包管理工作指导意见的通知》（国家电网基建〔2015〕697号）
（1）分包合同中未明确描述具体分包作业内容。 （2）专业分包合同中未明确分包项目经理。 （3）专业分包合同中未填写分包项目经理社保账号。 （4）劳务分包合同中未明确分包现场负责人。 （5）劳务分包合同中未填写分包现场负责人社保账号。 （6）专业分包合同中未明确质检员。 （7）专业分包合同中未填写质检员社保账号。 （8）专业分包合同中未明确安全员。 （9）专业分包合同中未填写安全员社保账号。 （10）专业分包合同中未明确技术员。 （11）专业分包合同中未填写技术员社保账号。 （12）分包企业未按合同要求配备分包管理人员	投标和签订合同时，应写明与分包工作内容、安全风险匹配的分包管理人员名单，明确"同进同出"的具体方式和要求。施工企业组建施工项目部时，必须按合同要求配备分包管理人员，确保分包管理人员与分包队伍同进同出作业现场，对分包作业全过程进行有效管控	《国家电网公司关于印发进一步规范和加强施工分包管理工作指导意见的通知》（国家电网基建〔2015〕697号）
（1）分包合同中的发包方非独立法人单位。 （2）分包合同中的承包方非独立法人单位。 （3）非法人签字未见授权委托书	签订分包合同、安全协议的发、承包双方必须是具备相应资质等级的独立法人单位，签字人必须是法定代表人或其授权委托人（附法定代表人授权委托书）	《国家电网公司关于印发进一步规范和加强施工分包管理工作指导意见的通知》（国家电网基建〔2015〕697号）
专业分包合同中未明确安全生产费用	专业分包合同范围内的安全生产费用，由施工承包商将安全费用按比例直接支付分包商，并监督分包商严格按规定使用	《国家电网公司关于印发进一步规范和加强施工分包管理工作指导意见的通知》（国家电网基建〔2015〕697号）
（1）劳务分包费用存在计取主要建筑材料费现象。 （2）劳务分包费用存在计取周转材料费现象。 （3）劳务分包费用存在计取大中型施工机械设备费用现象。 （4）劳务分包合同、安全协议存在专业分包的条款和内容现象	严格将劳务分包内容限定在劳务作业范围内，严格以人工费计价方式确定劳务分包费用，不得计取主要建筑材料费、周转材料费和大中型施工机械设备费用，杜绝在劳务分包合同、安全协议中出现专业分包的条款和内容	《国家电网公司关于印发进一步规范和加强施工分包管理工作指导意见的通知》（国家电网基建〔2015〕697号）

违章表现	规程规定	规程依据
分包单位授权人未由分包单位法人担任	规范分包合同授权与签署，分包单位授权人必须是分包单位法人，分包授权必须与分包合同配套"一事一授权"，不得进行定期授权、再授权，不得对非分包单位在职人员授权；	《国家电网公司关于印发进一步规范和加强施工分包管理工作指导意见的通知》（国家电网基建〔2015〕697号）

16.6　安全文明施工设施配置

违章表现	规程规定	规程依据
（1）公司所属施工企业未制定安全生产费用管理制度。 （2）公司所属施工企业施工企业制定的安全生产费用管理制度未明确安全生产费用的提取和使用程序。 （3）公司所属施工企业施工企业制定的安全生产费用管理制度未明确安全生产费用的使用范围。 （4）公司所属施工企业施工企业制定的安全生产费用管理制度未明确安全生产费用的职责及权限	安全生产费按照"企业提取、政府监管、确保需要、规范使用"的原则进行管理，公司所属施工企业应制定安全生产费用管理制度，明确安全生产费用的提取和使用程序、使用范围、职责及权限，制定满足各施工项目需要的安全生产费用使用计划，经审批后与施工计划同时下达实施	《国家电网公司关于进一步规范电力建设工程安全生产费用提取与使用管理工作的通知》（国家电网基建〔2013〕1286号）
（1）施工企业未制定满足各施工项目需要的安全生产费用使用计划。 （2）施工企业制定的安全生产费用使用计划未进行审批。 （3）经过审批的安全生产费用使用计划未与施工计划同时下达实施	安全生产费按照"企业提取、政府监管、确保需要、规范使用"的原则进行管理，公司所属施工企业应制定安全生产费用管理制度，明确安全生产费用的提取和使用程序、使用范围、职责及权限，制定满足各施工项目需要的安全生产费用使用计划，经审批后与施工计划同时下达实施	《国家电网公司关于进一步规范电力建设工程安全生产费用提取与使用管理工作的通知》（国家电网基建〔2013〕1286号）
（1）施工企业未向施工项目部拨付施工安全生产费用。 （2）施工企业未及时向施工项目部拨付施工安全生产费用。 （3）施工总承包单位未将工程项目安全生产费用按比例直接支付给专业分包单位。 （4）施工总承包单位未对专业分包单位使用安全文明生产费情况进行监督。 （5）专业分包单位重复提取安全文明生产费	施工企业要及时向施工项目部拨付施工安全生产费用，施工总承包单位应将工程项目安全生产费用按比例直接支付给专业分包单位并监督使用，专业分包单位不再重复提取；劳务分包安全生产费用，由总包单位统筹管理使用，确保相关费用全部用于分包人员和分包现场的安全生产	《国家电网公司关于进一步规范电力建设工程安全生产费用提取与使用管理工作的通知》（国家电网基建〔2013〕1286号）

16.7　安全检查管理

违章表现	规程规定	规程依据
施工企业未开展月、季度及春、秋季等例行检查活动	根据公司管理要求或季节性施工特点，开展月、季度及春、秋季等例行检查活动	《国家电网公司基建安全管理规定》〔国网（基建2）173—2015〕
施工企业未根据工程项目实际情况，对施工机械管理、分包管理、临近带电体作业等开展专项检查活动	根据工程项目实际情况，对施工机械管理、分包管理、临近带电体作业等开展专项检查活动	《国家电网公司基建安全管理规定》〔国网（基建2）173—2015〕
施工企业未根据管理需要和项目施工的具体情况，适时开展随机检查活动	根据工程施工进度，施工单位组织开展工程各阶段安全性评价自查工作	《国家电网公司基建安全管理规定》〔国网（基建2）173—2015〕
施工企业未能在每季度开展安全检查	施工企业每季度至少开展一次安全检查	《国家电网公司基建安全管理规定》〔国网（基建2）173—2015〕
施工企业承揽公司系统外工程项目，未能每季度应开展一次安全检查	施工企业承揽公司系统外工程项目，每季度应开展一次安全检查	《国家电网公司基建安全管理规定》〔国网（基建2）173—2015〕
承揽境外工程项目的施工企业未能每年或建设周期内应开展安全检查	承揽境外工程项目的单位每年或建设周期内应开展不少于一次的安全检查	《国家电网公司基建安全管理规定》〔国网（基建2）173—2015〕
（1）施工企业在各类检查中发现的安全隐患或安全文明施工、环境管理问题未下发整改通知单。 （2）施工企业未对整改通知单进行回复。 （3）施工企业未针对整改通知单内容进行回复。 （4）施工企业整改通知回复单中未添加整改照片或照片与整改通知单涵盖的内容无法对应。 （5）施工企业未对因故不能整改的问题采取临时措施	各类安全检查中发现的安全隐患和安全文明施工、环境管理问题，应下发整改通知，限期整改，并对整改结果进行确认，实行闭环管理；对因故不能立即整改的问题，责任单位应采取临时措施，并制定整改措施计划报上级批准，分阶段实施	《国家电网公司基建安全管理规定》〔国网（基建2）173—2015〕

17 通用施工机械器具（安全工器具）

违章表现	规程规定	规程依据
施工项目部未开展班组安全工器具培训，未严格执行操作规定，未正确使用安全工器具，使用不合格或超试验周期的安全工器具	（站、所、施工项目部）管理职责：组织开展班组安全工器具培训，严格执行操作规定，正确使用安全工器具，严禁使用不合格或超试验周期的安全工器具	《国家电网公司电力安全工器具管理规定》[国网（安监/4）289—2014]
安全工器具未进行预防性试验，或预防性试验周期不符合要求	安全工器具使用期间应按规定做好预防性试验	《国家电网公司电力安全工器具管理规定》[国网（安监/4）289—2014]
施工单位采购和使用无生产许可证、产品合格证、安全鉴定证及生产日期的安全工器具	无生产许可证、产品合格证、安全鉴定证及生产日期的安全工器具，禁止采购和使用	《国家电网公司电力安全工作规程（电网建设部分）（试行）》
施工单位未设置专人管理安全工器具，未保留收发登记台账，无收发验收手续，无安全工器具检查、报废记录，无试验报告；检查、使用、试验、存放和报废不符合有关规定和施工说明书	安全工器具应设专人管理；收发应严格履行验收手续，并按照相关规定和使用说明书检查、使用、试验、存放和报废	《国家电网公司电力安全工作规程（电网建设部分）（试行）》

18 建筑工程（构支架施工）

违章表现	规程规定	规程依据
施工企业与出租或分包单位未签订合同	施工企业与出租或分包单位签订合同时，必须明确各自的有关起重机械安全管理要求和技术状况要求及安拆、起重作业的安全责任等	《关于印发〈国家电网公司电力建设起重机械安全管理重点措施（试行）〉的通知》（国家电网基建〔2008〕696号）

19 改、扩建工程

违章表现	规程规定	规程依据
施工单位未向运行单位提交建设管理单位与施工单位签订的安全协议和技术交底	施工单位向运行单位提交建设管理单位与施工单位签订的安全协议和技术交底。运行单位必须对所有进站人员进行安全交底	《国家电网公司输变电工程施工安全风险识别、评估及预控措施管理办法》〔国网（基建 3）176—2015〕

20 杆 塔 工 程

20.1 一般规定

违章表现	规程规定	规程依据
组塔作业前未对现场进行清理平整	组塔作业前应遵守下列规定：应清除影响组塔的障碍物，如无法清除时应采取其他安全措施。应检查抱杆正直、焊接、铆固、连接螺栓紧固情况，判定合格后方可使用。吊件螺栓应全部紧固，吊点绳、承托绳、控制绳及内拉线等绑扎处受力部位，不得缺少构件。高度为 80m 以上铁塔组立前，应了解铁塔组立期间的当地气象条件，避开恶劣天气	《国家电网公司电力安全工作规程（电网建设部分）（试行）》
（1）杆塔上有人时，存在通过调整临时拉线来校正杆塔倾斜或弯曲的现象。 （2）组塔过程中，塔上塔下人员通信联络未保证畅通。 （3）钢丝绳直接绑扎于塔材上，未设置衬垫软物	禁止在杆塔上有人时，通过调整临时拉线来校正杆塔倾斜或弯曲；分解组塔过程中，塔上塔下人员通信联络应畅通；钢丝绳与金属构件绑扎处，应衬垫软物	《国家电网公司电力安全工作规程（电网建设部分）（试行）》
高空作业存在高空抛物现象	攀登高度 80m 以上铁塔宜沿有护笼的爬梯上下，如无爬梯护笼时，应采用绳索式安全自锁器沿脚钉上下'铁塔高度大于 100m 时，组立过程中抱杆顶端应设置航空警示灯或红色旗号	《国家电网公司电力安全工作规程（电网建设部分）（试行）》
（1）索道架设未经方案报审。 （2）索道所使用的工器具不符合相关规定。 （3）索道在使用过程中存在超荷载使用的现象	线路专用货运索道；索道的设计、按照、检验、运行、拆卸应严格遵守 GB 12141《货运架空索道安全规范》、GB 50127《架空索道工程技术规范》、DL 5009.2《电力建设安全工作规程 第 2 部分：电力线路》及有关技术规定	《国家电网公司电力安全工作规程（电网建设部分）（试行）》
（1）索道所使用的设备未进行相关鉴定。 （2）索道架设方案有关受力计算不准确	索道设备出厂时应按有关标准进行有关检验，并出具合格证书。索道架设应按索道设计运输能力、选用的承力索规格、支撑点高度和高差、跨越物高度、索道档距精确计算索道架设弛度，架设时严格控制弛度误差范围	《国家电网公司电力安全工作规程（电网建设部分）（试行）》

20.2 钢筋混凝土电杆排焊

违章表现	规程规定	规程依据
（1）滚动杆段时滚动前方有人。 （2）排杆处没有平整或支垫坚实。 （3）用棍、杠撬拨杆段时，未采取防止其滑脱伤人的措施。 （4）存在将铁撬棍插入预埋孔转动杆段	滚动杆段时滚动前方不应有人。杆段顺向移动时，应随时将支垫处应木楔掩牢；用棍、杠撬拨杆段时，应防止其滑脱伤人，不得应铁撬棍插入预埋孔转动杆段；排杆处地形不平或土质松软，应先平整或支垫坚实，必要时杆段应用绳索锚固；杆段应支垫两点，支垫处两侧应用木楔掩牢	《国家电网公司电力安全工作规程（电网建设部分）（试行）》
作业点周围 5m 内的易燃易爆物未清除干净；	作业点周围 5m 内的易燃易爆物应清除干净；对两端封闭的钢筋混凝土电杆，应先在其一端凿排气孔，然后焊接，焊接结束应及时采取防腐措施	《国家电网公司电力安全工作规程（电网建设部分）（试行）》
（1）运输、储存和使用过程中，未采取避免气瓶剧烈震动和碰撞措施或安全距离不满足规程规定。 （2）气瓶使用时未采取可靠的防倾倒措施。 （3）乙炔瓶、气瓶未采取避免阳光曝晒措施	（1）应按规定每 3 年定期进行技术检查，使用期满和送检未合格气瓶均不准使用。 （2）在运输、储存和使用过程中，避免气瓶剧烈震动和碰撞，防止脆裂爆炸，氧气瓶要有瓶帽和防震圈。 （3）禁止敲击和碰撞，气瓶使用时应采取可靠的防倾倒措施。 （4）乙炔瓶、气瓶应避免阳光曝晒，须远离明火或热源，乙炔瓶与明火距离不小于 10m。乙炔瓶、气瓶应储存在通风良好的库房，必须直立放置；周围设立防火防爆标志。 （5）使用气瓶时必须装有减压阀和回火防止器，开启时操作者应站在阀门的侧后方，动作要轻缓，不要超过一圈半。 （6）氧气与乙炔胶管不得互相混用和代用，不得用氧气吹除乙炔管内的堵塞物，同时应随时检查和消除割、焊炬的漏气或堵塞等缺陷，防止在胶管内形成氧气与乙炔的混合气体	《国家电网公司输变电工程施工安全风险识别、评估及预控措施管理办法》［国网（基建/3）176—2015）］

20.3 杆塔组装

违章表现	规程规定	规程依据
（1）在竖立的构件未连接牢固前未采取临时固定措施。 （2）吊片时所带辅材自由端朝上时未与相连构件临时捆绑固定	组装断面宽大的塔片，在竖立的构件未连接牢固前应采取临时固定措施；分片组装铁塔时，所带辅材应能自由活动，辅材挂点螺栓螺帽应露扣，辅材自由端朝上时应与相连构件临时捆绑固定	《国家电网公司电力安全工作规程（电网建设部分）（试行）》

违章表现	规程规定	规程依据
（1）使用不符合荷载计算的抱杆。 （2）连接螺栓存在以小带大或缺失现象	抱杆使用应遵守下列规定：抱杆规格应根据荷载计算确定，不得超负荷使用，搬运、使用中不得抛掷和碰撞；抱杆连接螺栓应按规定使用，不得以小带大	《国家电网公司电力安全工作规程（电网建设部分）（试行）》
（1）未按照现场指挥人员统一指挥施工。 （2）存在人员在未连接牢固的塔材上作业的现象	需要地面人员协助操作时，应经现场指挥人下达操作命令；塔片就位时应先低侧后高侧，主材与侧面大斜材未全部连接牢固前，不得在吊件上作业	《国家电网公司电力安全工作规程（电网建设部分）（试行）》

20.4 直升机组塔

违章表现	规程规定	规程依据
（1）地面指挥、控制观察、设备控制、救生人员组织机构不健全。 （2）参与施工人员未经过相关安全知识培训。 （3）作业前未采取勘查现场、掌握气候情况熟悉飞行周边地形、地貌等措施	根据任务性质不同应包括地面指挥、空中观察、设备控制、救生人员等，机组与作业人员之间应协同配合，地面人员应接受有关安全知识的培训。应根据作业环境、任务性质选择适合型号的直升机实施外载荷飞行，作业时机组应充分考虑机型升限、单发性能以及区域天气变化对直升机性能的影响。机组人员应事先到目的地区域进行实地考察，查看目的地周边障碍物（如山、高压线、栊状物、建筑物等）情况以及净空条件是否能满足直升机起降要求	《国家电网公司电力安全工作规程（电网建设部分）（试行）》
（1）直升机起落标志不清晰，存在未经授权的人员进入标识区的现象。 （2）现场施工记录未涵盖气候、海拔、温度等内容	直升机着落区及停机坪区应进行标识，应设立安全隔离区以限制未经授权的人员进入。起降点区域大小应满足直升机起降的尺寸要求，确保起降区域无易吹起的浮雪、扬尘及其他类似物体。确定降落场地的海拔、温度以及航线的最低安全高度以满足直升机的性能要求，准确掌握作业区域气象信息，确保飞行安全	《国家电网公司电力安全工作规程（电网建设部分）（试行）》
（1）作业前未进行明确分工。 （2）现场未采取警戒带隔离施工区域的措施，未进行标识警示及风险动态评估	实施作业前应明确分工，确定挂钩、脱钩等作业人员，确保参与作业人员清楚作业流程。应综合作业区域气象条件、直升机性能、紧急抛物处置时间、返场备份油料等因素，确定组塔外载荷最大重量并制定措施严格控制，避免超重。根据外载荷种类和所挂货物重量重新计算直升机重心，应确保重心不能超限。应在作业区域周边空旷地带，规划、选定抛物区，并设置隔离措施，满足直升机紧急情况时的抛物需求	《国家电网公司电力安全工作规程（电网建设部分）（试行）》

违章表现	规程规定	规程依据
作业实施过程中，没有人员在起降区域担任现场指挥	作业实施过程中，应有有经验的人员在起降区域担任现场指挥。在启动过程中，机外人员不得处于旋翼转面下，且应远离尾桨	《国家电网公司电力安全工作规程（电网建设部分）（试行）》
（1）作业前未检查通信设备、措施。 （2）未使用合适长度的钢索，作业时超速。 （3）作业期间，地面作业人员未做好防静电措施	现场监控人员应配备无线电耳机，保证监控人员和机组人员的交流畅通。应充分领用机载设备，保持合适的作业高度，防止作业期间刮碰障碍物。应使用合适长度的钢索减少摆动，作业时禁止超速，影响到飞行操作乃至安全时应选择合适时机刨除载荷。作业期间，地面作业人员应做好防静电措施	《国家电网公司电力安全工作规程（电网建设部分）（试行）》
（1）在直升机起吊过程中，导轨、限位装置不符合要求。 （2）吊件对接就位过程中，对接面作业人员未采取安全防护措施	对接塔材时，导轨系统应准确，水平、垂直限位装置应牢固可靠。就位塔段安装固定后，直升机上升过程应缓慢，防止控制绳与杆塔发生缠绕。吊件对接就位过程中，对接面作业人员应采取安全防护措施	《国家电网公司电力安全工作规程（电网建设部分）（试行）》
（1）夜间、恶劣天气未停止作业。 （2）个人安保防护佩戴不齐全	依据起降区域作业期间可能出现的季节性天气应做好特殊的防护准备，若遇雷雨、大风、霜冻、降雪、冰雹等恶劣天气应停止作业，夜间禁止作业。因作业区域常在高原山区、丛林戈壁，参与作业人员应做好个人防护措施，应根据作业区域配备氧气设备、护目镜、有毒蚊虫防护服等	《国家电网公司电力安全工作规程（电网建设部分）（试行）》

输变电建设 反违章
管理手册

第六篇

施工项目部

21 安全组织机构及资源配置

21.1 项目安委会活动

违章表现	规程规定	规程依据
安委会安全检查未进行闭环整改	工程项目安委会每季度至少组织开展一次安全检查	《国家电网公司基建安全管理规定》[国网（基建/2）173—2015]

21.2 施工项目部管理机制

违章表现	规程规定	规程依据
（1）施工项目部管理工作机制相关策划文件未履行编审批手续。 （2）施工项目部管理工作机制相关策划文件编制依据过期。 （3）施工项目部管理工作机制未全面覆盖施工项目安全管理工作	施工项目部按要求落实公司基建安全职责、安全标准化管理、施工分包安全管理、安全风险管理、施工安全方案管理、安全教育培训、安全检查工作、安全信息管理、例行会议、安全工作奖惩等机制	《国家电网公司输变电工程流动红旗竞赛管理办法》[国网（基建/3）189—2015]

21.3 上级来文学习

违章表现	规程规定	规程依据
（1）施工项目部未建立上级来文记录台账。 （2）施工项目部未及时组织贯宣学习上级文件。 （3）施工项目部上级来文学习未涵盖全部施工项目部主要管理人员	及时组织宣贯上级文件，来往文件记录清晰	《国家电网公司施工项目部标准化管理手册（2014 年版）》
（1）施工项目部未组织开展施工班组开展上级安全管理文件学习。 （2）施工班组对上级安全管理文件学习未涵盖全体班组人员	施工队长组织施工队（班组）人员进行安全学习，执行上级有关基建安全的规程、规定、制度及安全施工措施，纠正并查处违章违纪行为	《国家电网公司基建安全管理规定》[国网（基建/2）173—2015]

21.4 施工项目部管理人员资质

违章表现	规程规定	规程依据
（1）施工项目经理注册建造师资格证书未及时进行延续注册。 （2）施工项目经理未获得国家电网公司省级安全培训合格证书	施工项目部经理应取得工程建设类相应专业注册建造师资格证书（330kV 及以上项目取得一级注册建造师证书，220kV 及以下项目取得二级及以上注册建造师证书）	《国家电网公司施工项目部标准化管理手册（2014 年版）》
（1）施工项目部经理安全 B 证过期。 （2）施工项目部安全员安全 C 证过期	安全生产考核合格证书有效期为 3 年，证书在全国范围内有效，安全生产考核合格证书有效期届满需要延续的，"安管人员"应当在有效期届满前 3 个月内，由本人通过受聘企业向原考核机关申请证书延续	《建筑施工企业主要负责人、项目负责人和专职安全生产管理人员安全生产管理规定》（住房和城乡建设部中华人民共和国住房和城乡建设部令第 17 号）
项目总工未获得国家电网公司或省级公司颁发的安全培训合格证书	项目总工应持有国家电网公司或省级公司颁发的安全培训合格证书	《国家电网公司施工项目部标准化管理手册（2014 年版）》

21.5 特殊工种/特殊作业人员配置

违章表现	规程规定	规程依据
施工项目部未在相关工程开展前及时对特殊工种/特殊作业人员资格进行报审	施工项目部在进行工程开工或相关工程开展前，应将特殊工种/特殊作业人员名单及上岗资格证书报监理项目部查验	《国家电网公司施工项目部标准化管理手册（2014 年版）》
（1）特殊工种/特殊作业人员报审种类未能包括现场所有特殊工种/特殊作业人员。 （2）特殊工种/特殊作业人员报审数量未能满足施工需要。 （3）现场实际施工人员人证不符，与报审的特殊工种/特殊作业人员不对应	从事电工、焊接、高处作业等特殊作业人员和起重机械等特种设备作业人员应经专门的安全技术培训并考核合格，取得相应的特种作业操作证书后，方可上岗	DL 5009.3—2013《电力建设安全工作规程第 3 部分：变电站》
（1）特殊工种/特殊作业人员报审表证件有效期未填写证件下一次复核时间，未填写证件使用期"。 （2）特殊工种/特殊作业人员证件为伪造证件。 （3）特殊工种/特殊作业人员证件超过使用期。 （4）特殊工种/特殊作业人员未按期复审记录，超过有效期	特种作业人员、特种设备作业人员应按照国家有关规定，取得相应资格，并按期复审	《国家电网公司电力安全工作规程（电网建设部分）（试行）》
特殊工种/特殊作业人员证件复印件未注明原件存放处	施工项目部应对其报审的复印件进行确认，并注明原件存放处	《国家电网公司施工项目部标准化管理手册（2014 年版）》

违章表现	规程规定	规程依据
特殊工种/特殊作业人员证件报审采用黑白复印件或扫描件	施工项目部提供经审查合格的特殊工种人员证件彩色复印件或扫描件	《关于开展输变电工程施工现场安全通病防治工作的通知》（基建安全〔2010〕270号）
（1）施工项目部未能提供特殊工种/特殊作业人员近一年体检报告或记录。 （2）施工项目部未能提供其他作业施工人员近两年体检报告或记录	特殊工种人员体检周期不得超过一年，其他施工作业人员体检周期不得超过两年	DL 5009.3—2013《电力建设安全工作规程 第3部分：变电站》

21.6 施工项目部安全教育培训

违章表现	规程规定	规程依据
（1）施工项目部未编制施工项目部训练计划。 （2）施工月报中下月重点工作计划中无培训计划内容	技术员根据需要编制施工项目部的培训计划，项目总工负责组织实施施工项目部员工上岗前的培训	《国家电网公司施工项目部标准化管理手册（2014年版）》
（1）施工项目部管理人员未在工程开工前完成项目部级安全培训。 （2）施工项目部未能提供全体人员考试试卷，不能证明考试合格。 （3）施工项目部未建立成绩台账或台账与试卷不对应	组织施工项目部全体人员进行安全培训，经考试合格上岗	《国家电网公司施工项目部标准化管理手册（2014年版）》
（1）施工项目部未组织《国家电网公司输变电工程施工安全风险识别评估及预控措施管理办法》培训学习。 （2）《国家电网公司输变电工程施工安全风险识别评估及预控措施管理办法》培训学习未涵盖所有员工	工程开工前，组织本项目部所有员工学习《国家电网公司输变电工程施工安全风险识别评估及预控措施管理办法》，确保施工项目部管理人员、施工人员熟悉施工安全风险管理流程及相关工作	《国家电网公司施工项目部标准化管理手册（2014年版）》

21.7 施工项目部安全防护用品和安全工器具配置

违章表现	规程规定	规程依据
（1）施工项目部未编制安全工器具的需求计划。 （2）安全工器具需求计划未能满足施工需要。 （3）施工项目部未建立安全工器具登记台账。 （4）施工项目部未按规范要求配齐安全工器具。 （5）施工项目部未建立安全工器具检查试验登记台账。 （6）施工项目部未建立安全工器具及用品领用登记台账	编制安全防护用品和安全工器具的需求计划，建立项目安全管理台账	《国家电网公司施工项目部标准化管理手册（2014年版）》

违章表现	规程规定	规程依据
安全防护用品（用具）报审文件中未附安全防护用具生产许可证、产品合格证、安全鉴定证及生产日期和使用日期	无生产许可证、产品合格证、安全鉴定证及生产日期的安全工器具，禁止采购和使用	《国家电网公司电力安全工作规程（电网建设部分）（试行）》《国家电网公司电力安全工器具管理规定》[国网（安监/4)289—2014]
安全工器具未每次使用前进行可靠性检查	安全工器具每次使用前，应进行可靠性检查，尤其是带电作业工具使用前，仔细检查确认没有损坏、受潮、脏污、变形、失灵，否则禁止使用。超过有效使用期限，不能达到有效防护功能指标的应予以报废，禁止使用	《国家电网公司电力安全工作规程（电网建设部分）（试行）》《国家电网公司电力安全工器具管理规定》[国网（安监/4)289—2014]

22 安全策划管理

22.1 安全管理总体策划内容

违章表现	规程规定	规程依据
安全管理总体策划编制时间未在安全监理工作方案前、未在施工安全管理及风险控制方案之前	输变电工程安全管理总体策划框架要求：业主项目部安全管理专责编制、业主项目部经理审核、由建设管理单位分管领导/省级公司基建部主任批准	《国家电网公司基建安全管理规定》[国网（基建/2）173—2015]、《国家电网公司业主项目部标准化管理手册（2014 年版）》

22.2 安全管理及风险控制方案

违章表现	规程规定	规程依据
施工项目部未编制安全管理及风险控制方案	开工前，按照业主项目部编制的工程项目安全管理总体策划，并结合工程项目实际情况，项目总工组织编制项目施工安全管理及风险控制方案	《国家电网公司监理项目部标准化管理手册（2014 年版）》
（1）安全管理及风险控制方案未由项目总工组织编制。（2）安全管理及风险控制方案未由施工企业技术、安全两个部门人员共同审核。（3）施工企业对施工方案审核未体现出审核痕迹。（4）安全管理及风险控制方案未由施工企业分管安全的领导批准。（5）安全管理及风险控制方案封面未盖施工单位公章	该方案由施工单位项目部总工组织编制，经施工企业相关职能部门（技术、安全等）审核，分管领导审批，报监理项目部审查，业主项目部经理批准后组织实施	《国家电网公司监理项目部标准化管理手册（2014 年版）》
（1）编制依据缺少必不可少的内容。（2）编制依据过期、失效，或引用不相关的内容	引用依据所列文件对于本纲要是必不可少的，其最新版本适用于本纲要：《中华人民共和国安全生产法》《建设工程安全生产管理条例》《输变电工程建设标准强制性条文管理规程》《国家电网公司输变电工程安全文明施工标准化管理办法》《国家电网公司基建安全管理规定》《国家电网公司输变电工程施工安全风险识别、评估及预控措施管理办法》《国家电网公司电网建设工程安全管理评价办法》《国家电网公司输变电工程施工分包管理办法》《国家电网公司电力安全工作规程（电网建设部分）（试行）》	《国家电网公司基建部关于印发输变电工程施工安全管理及风险控制方案编制纲要（试行）的通知》（基安质〔2013〕42 号）

违章表现	规程规定	规程依据
（1）施工项目部级安全目标未与安全管理总体策划、安全监理工作方案目标一致。 （2）安全目标章节目标内容不完整	安全目标应包含工程施工安全管理目标、环境保护及水土保持目标和文明施工目标	《国家电网公司基建部关于印发输变电工程施工安全管理及风险控制方案编制纲要（试行）的通知》（基建安质〔2013〕42号）
（1）组织机构设置未做到分工明确。 （2）责任到人组织图未延伸到施工队（班组长）级别，职责缺少施工队（班组长）的安全职责。 （3）施工安理管理及风险控制方案中的人员组织机构与施工组织设计中安全管理组织机构人员不一致。 （4）安全管理机构及职责章节部分内容缺少	安全管理机构及职责应包含安全管理机构的组成，人员配置及安全职责。机构的设置应符合公司安全管理相关规定，分工明确，责任到人。同时根据相关规定要求，明确机构成员相应的安全职责	《国家电网公司基建部关于印发输变电工程施工安全管理及风险控制方案编制纲要（试行）的通知》（基建安质〔2013〕42号）
（1）施工安全管理措施中作业人员基本条件部分未对进场作业人员年龄、健康状况、安全专业技能、应知应会知识、应具备的资格等方面提出具体要求及采取的保证措施。 （2）施工安全管理措施中现场安全管理制度部分未根据公司相关文件要求，明确施工项目部及施工队应建立的安全管理制度和台账，制定落实措施。 （3）施工安全管理措施中施工安全管理部分未列出本工程需要编制的专项施工安全方案。 （4）施工安全管理措施中专项施工安全方案部分未明确编审批责任人和交底程序、制定明确的编制计划时间。 （5）施工安全管理措施中施工机械管理部分未明确施工机械管理责任人，未明确机械的领用、使用、维护等方面具体要求。 （6）施工安全管理措施中施工机械管理部分未明确起重机械（含租赁）的进出场、使用、检查等方面管理措施。	施工安全管理措施应包含作业人员基本条件、现场安全管理制度、施工安全方案管理、安全文明施工措施补助费管理措施、作业人员行为管理和应急管理六个部分	《国家电网公司基建部关于印发输变电工程施工安全管理及风险控制方案编制纲要（试行）的通知》（基建安质〔2013〕42号）

违章表现	规程规定	规程依据
（7）施工安全管理措施中安全费用管理措施部分未包括安全生产费用的使用计划、报审和使用的具体措施。 （8）施工安全管理措施中作业人员行为管理部未从防护用品正确使用、设备操作等方面对参建人员的作业行为提出要求及相关措施。 （9）施工安全管理措施中应急管理部分未落实应急救援物资和器具方面配置要求及管理措施		
（1）施工安全风险管理措施未明确项目施工安全风险管理流程和有关人员的责任。 （2）施工安全风险管理措施未制定开展施工安全风险识别、评估、控制工作的具体措施。 （3）重大施工安全风险控制措施未列出工程施工重大安全风险作业项目清单。 （4）变电工程未按施工准备、土建施工、电气安装、试验调试4个阶段开展风险分析重大施工安全风险控制措施；输电线路工程未按施工准备、基础施工、杆塔组立、架线施工4个阶段开展风险分析	施工安全风险管理应包含施工安全风险管理措施和重大施工安全风险控制措施	《国家电网公司基建部关于印发输变电工程施工安全管理及风险控制方案编制纲要（试行）的通知》（基建安质〔2013〕42号）
（1）安全文明施工管理未明确各阶段作业现场安全文明施工设施布置及实施的相关措施。 （2）变电工程未按施工准备、土建施工、电气安装、试验调试4个阶段进行编制。 （3）输电线路工程未按施工准备、基础施工、杆塔组立、架线施工等四个阶段进行编制。 （4）安全文明施工管理未明确安全文明施工费用的专款专用及各项控制措施	安全文明施工管理应明确各阶段作业现场安全文明施工设施布置及实施的相关措施	《国家电网公司基建部关于印发输变电工程施工安全管理及风险控制方案编制纲要（试行）的通知》（基建安质〔2013〕42号）
（1）环境保护及水土保持未包含防止大气污染、防止水土污染和水土保持、防止噪声污染三个部分，编制内容不完整。 （2）环境保护及水土保持未按照国家环境保护和"三废"排放相关规定，未结合地域特点和地方政府提出的环境保护要求制定相应防治措施	环境保护及水土保持应包含防止大气污染、防止水土污染和水土保持、防止噪声污染三个部分	《国家电网公司基建部关于印发输变电工程施工安全管理及风险控制方案编制纲要（试行）的通知》（基建安质〔2013〕42号）

违章表现	规程规定	规程依据
（1）安全检查及隐患排查未包含工程安全检查计划、实施、整改闭环及隐患排查等内容。 （2）安全检查及隐患排查未包含工程安全强条计划、过程检查等内容。 （3）安全检查及隐患排查未明确检查类型、检查周期、职责分工、闭环整改及防范措施	安全检查及隐患排查应包含工程安全检查计划、实施、整改闭环及隐患排查等内容	《国家电网公司基建部关于印发输变电工程施工安全管理及风险控制方案编制纲要（试行）的通知》（基建安质〔2013〕42号）
信息管理未明确信息资源配置、信息采集和传递	信息管理应包含施工日志、周报、月报信息、分包安全信息等数据录入和应急信息上报，明确信息资源配置、信息采集和传递	《国家电网公司基建部关于印发输变电工程施工安全管理及风险控制方案编制纲要（试行）的通知》（基建安质〔2013〕42号）
安全管理评价未根据业主项目安全管理总体策划要求列出活动开展的阶段、内容、流程及问题处理方面的具体内容	安全管理评价应明确在建设管理单位或业主项目部组织下，项目安全管理评价活动开展的阶段、内容、流程及问题处理等方面的具体内容	《国家电网公司基建部关于印发输变电工程施工安全管理及风险控制方案编制纲要（试行）的通知》（基建安质〔2013〕42号）
（1）施工企业分管安全的领导未组织开展安全管理及风险控制方案的公司级交底。 （2）安全管理及风险控制方案公司级交底施工项目部人员未全员参加	工程技术部门安全职责： 负责制定本企业技术管理标准、程序文件，审核施工方案中安全技术措施，负责公司安全技术交底工作	《国家电网公司基建安全管理规定》[国网（基建/2）173—2015]
（1）项目总工未组织开展安全管理及风险控制方案项目部级交底。 （2）安全管理及风险控制方案施工项目部交底记录时间未在业主审批时间之后。 （3）安全管理及风险控制方案施工项目部交底记录施工项目部人员、各班组长人员未全员参加，签字不全。 （4）安全管理及风险控制方案施工项目部交底记录施工项目部人员、各班组长人员签字字迹相同，或不同交底记录同一人员签字明显不同，有代签字嫌疑	项目总工的安全职责： 组织相关施工作业指导书、安全技术措施的编审工作；组织项目部安全、技术等专业交底工作	《国家电网公司基建部关于印发输变电工程施工安全管理及风险控制方案编制纲要（试行）的通知》（基建安质〔2013〕42号）

违章表现	规程规定	规程依据
（1）施工负责人（或专职技术人员）未开展安全管理及风险控制方案班组级的交底。 （2）施工负责人（或专职技术人员）对各班组交底未细化到班组专业级别，与施工项目部交底内容完全一致。 （3）安全管理及风险控制方案班组级交底各班组施工作业人员未全员参加，签字不全。 （4）安全管理及风险控制方案班组级交底记录各班组施工作业人员签字字迹相同，或不同交底记录同一人员签字明显不同，有代签字嫌疑	施工队（班组）长的安全职责：组织工程项目开工前的安全技术交底工作，对未参加交底或未在交底书上签字的人员，不得安排参加该项目的施工。安全技术交底：施工负责人在分派生产任务时，应对相关管理人员、施工作业人员进行书面安全技术交底	《国家电网公司基建部关于印发输变电工程施工安全管理及风险控制方案编制纲要（试行）的通知》（基建安质〔2013〕42 号）、JGJ 59—2011《建筑施工安全检查标准》
（1）安全管理及风险控制方案未上传基建管控系统。 （2）安全管理及风险控制数据录入不及时、不准确、不完整	开工前，按照业主项目部编制的工程项目安全管理总体策划，并结合工程项目实际情况，项目总工组织编制项目施工安全管理及风险控制方案报审表，履行编审批程序，报监理项目部审查，业主项目部批准后组织实施。同时上传施工基建管理信息系统	《国家电网公司施工项目部标准化管理手册（2014 年版）》

23 施 工 方 案 管 理

23.1 施工组织设计编制

违章表现	规程规定	规程依据
（1）项目部总工程师未组织编制施工组织设计。 （2）施工组织设计缺少安全技术措施和施工现场临时用电方案单独章节（临时用电方案单独编制的除外）	项目管理实施规划（施工组织设计）由施工项目部总工程师组织编制，分别用单独章节描述安全技术措施和施工现场临时用电方案	《国家电网公司基建安全管理规定》[国网（基建/2）173—2015]
各施工标段或土建、电气施工单位未各自编制施工组织设计	无总承包单位的工程，由建设单位负责协调工作，组织编制各施工标段接合部相关的施工组织设计。公司负责编制其承包范围的施工组织设计	《电力建设工程施工技术管理导则》的通知（国家电网工〔2003〕153号）

23.2 施工组织设计监理审查

违章表现	规程规定	规程依据
施工项目部未根据监理项目部审查意见对项目管理实施规划（施工组织设计）进行修改	总监理工程师审核	《国家电网公司基建安全管理规定》[国网（基建/2）173—2015]

23.3 一般施工方案编制

违章表现	规程规定	规程依据
施工项目部未在施工作业前完成施工方案编审批手续	施工项目部在分部工程动工前，应由施工项目部技术员编制该分部工程主要施工工序的施工方案（措施、作业指导书）	《国家电网公司基建安全管理规定》[国网（基建/2）173—2015]
（1）一般施工方案中缺少安全技术措施专篇。 （2）技术人员未在一般施工方案中准确、全面辨识风险	作业指导书（一般施工方案）中的安全技术措施部分应有独立的章节	《国家电网公司基建安全管理规定》[国网（基建/2）173—2015]
施工项目部未在方案中优先采用"典型施工方法"	编制施工方案应优先采用"典型施工方法"	《国家电网公司输变电工程优质工程评定管理办法》[国网（基建/3）182—2015]
（1）一般施工方案中的部分引用标准过期或引用不全面。 （2）一般施工方案未根据现场实际情况编制，施工方案中施工方法措施不具有针对性	施工方案（措施、作业指导书）制定的施工方法应得当且先进。有利于保证工程质量、安全、进度	《国家电网公司施工项目部标准化工作手册（2014年版）》

违章表现	规程规定	规程依据
（1）质检员、安全员和总工未共同审核一般施工方案。 （2）监理项目部对一般施工方案的审核未体现出审核痕迹。 （3）施工项目部对一般施工方案的审核未体现出审核痕迹。 （4）项目部组织机构人员未在一般施工方案审核栏签字	施工项目部安全、质量管理人员和项目总工程师审核	《国家电网公司基建安全管理规定》［国网（基建/2）173—2015］

23.4 一般施工方案监理审批

违章表现	规程规定	规程依据
施工项目部未根据监理项目部审查意见对一般施工方案进行修改	一般施工方案报专业监理工程师审查，总监理工程师批准	《国家电网公司基建安全管理规定》［国网（基建/2）173—2015］

23.5 专项施工方案编制

违章表现	规程规定	规程依据
项目总工未针对危险性较大的分部分项工程编制专项施工方案	危险性较大的分部分项工程，项目总工组织编写专项施工方案	《国家电网公司基建安全管理规定》［国网（基建/2）173—2015］
（1）专项施工方案中缺少安全技术措施专篇。 （2）技术人员未在专项施工方案中准确、全面辨识风险	专项施工方案中的安全技术措施部分应有独立的章节	《国家电网公司基建安全管理规定》［国网（基建/2）173—2015］
施工项目部在专项施工方案中未优先采用"典型施工方法"	编制施工方案应优先采用"典型施工方法"	《国家电网公司输变电工程优质工程评定管理办法》［国网（基建/3）182—2015］
（1）专项施工方案的部分引用标准过期、引用不全面或引用错误。 （2）专项施工方案未根据现场实际情况编制	施工方案（措施、作业指导书）制定的施工方法得当且先进。有利于保证工程质量、安全、进度	《国家电网公司施工项目部标准化工作手册（2014年版）》

23.6 专项施工方案监理审查

违章表现	规程规定	规程依据
施工项目部未根据监理项目部审查意见对专项施工方案进行修改	专项施工方案由总监理工程师审核	《国家电网公司基建安全管理规定》［国网（基建/2）173—2015］

23.7 专业分包施工方案编制

违章表现	规程规定	规程依据
施工总承包单位安全技术交底滞后	对于危险性较大的专业分包施工作业，施工承包商应事先进行安全技术交底	《国家电网公司基建安全管理规定》〔国网（基建/2）173—2015〕

23.8 专业分包施工方案总承包商审查

违章表现	规程规定	规程依据
施工总承包单位未审查专业分包单位编制的施工方案	施工承包商严格审查专业分包商的施工组织设计、作业指导书、施工安全方案等，报监理项目部审批	《国家电网公司输变电工程施工分包管理办法》〔国网（基建/3）181—2015〕

23.9 项目部级技术交底

违章表现	规程规定	规程依据
（1）施工项目部未在项目工程开工前及时开展项目部级技术交底。 （2）项目总工程师未组织交底。 （3）技术交底提纲中交底内容未涵盖施工组织总设计、工程设计文件、施工合同和设备说明书等内容。 （4）项目部职能部门、工地技术负责人和主要施工负责人及分包单位有关人员未在交底记录中签字或签字人员不全	在项目工程开工前，项目部总工程师应组织有关技术管理部门依据施工组织总设计、工程设计文件、施工合同和设备说明书等资料制定技术交底提纲，对项目部职能部门、工地技术负责人和主要施工负责人及分包单位有关人员进行交底	《电力建设工程施工技术管理导则》（国家电网工〔2003〕153号）

23.10 班组级技术交底

违章表现	规程规定	规程依据
（1）项目部未在施工作业前及时开展班组级技术交底。 （2）交底内容未涵盖施工图纸、设备说明书、已批准的施工组织专业设计和作业指导书及上级交底相关内容	施工项目作业前根据施工图纸、设备说明书、已批准的施工组织专业设计和作业指导书及上级交底相关内容等资料拟定技术交底提纲，并对班组施工人员进行交底	《电力建设工程施工技术管理导则》（国家电网工〔2003〕153号）
（1）施工方案交底人不是编制人。 （2）施工项目部未对全体施工人员进行安全技术交底	遵循谁编写谁交底的原则，全体作业人员应参加施工方案、作业指导书或安全技术措施交底，并按规定在交底书上全员签字确认	《国家电网公司基建安全管理规定》〔国网（基建/2）173—2015〕

违章表现	规程规定	规程依据
（1）施工项目部未对周期超过一个月的施工项目未重新交底。 （2）施工项目部未对超过周期的重复施工的施工项目重新进行技术交底	施工周期超过一个月或重复施工的施工项目，应重新组织方案交底	《国家电网公司基建安全管理规定》[国网（基建/2）173—2015]
总承包商未参与专业分包商安全技术交底	开工前由施工承包商组织或者督促专业分包商对全体分包作业人员进行安全技术交底，形成书面交底记录，参与交底人员签字	《国家电网公司输变电工程施工分包管理办法》[国网（基建/3）181—2015]
施工项目部未对劳务分包人员进行"无差别"的安全技术交底	施工承包商负责在作业前对全体劳务分包作业人员进行安全技术交底	《国家电网公司输变电工程施工分包管理办法》[国网（基建/3）181—2015]

23.11 施工方案变更

违章表现	规程规定	规程依据
（1）施工过程中施工方法发生改变，未对施工方案进行修编。 （2）施工项目部未对审核批准后的施工方案重新交底。 （3）参加交底的人员不全	施工过程需变更施工方案、作业指导书或安全技术措施，应经措施审批人同意，监理项目部审核确认后重新交底	《国家电网公司基建安全管理规定》[国网（基建/2）173—2015]

24　安　全　管　理　台　账

违章表现	规程规定	规程依据
（1）施工项目部未建立安全法律、法规、标准、制度等有效文件清单台账。 （2）施工项目部建立的安全法律、法规、标准、制度等有效文件清单存在过期规范。 （3）施工项目部建立的安全法律、法规、标准、制度等有效文件清单不完整，有少数法律、法规、标准、制度内容缺失。 （4）施工项目部未建立安全管理文件收发、学习记录台账。 （5）施工项目部建立的安全管理文件收发、学习记录台账内容不完整。 （6）施工项目部未形成安全教育、培训、考试台账。 （7）施工项目部安全教育、培训、考试记录台账不完整。 （8）施工项目部未建立安全例会及安全活动台账。 （9）施工项目部安全例会及安全活动记录台账不完整。 （10）施工项目部未建立安全检查记录及整改单台账。 （11）施工项目部安全检查记录及整改单台账不完整。 （12）施工项目部未建立安全施工作业票及安全技术措施交底记录台账。 （13）施工项目部安全施工作业票及安全技术措施交底记录台账不完整。 （14）施工项目部未建立特种作业人员及专、兼职安全人员登记档案，施工人员花名册台账。 （15）施工项目部建立的特种作业人员及专、兼职安全人员登记档案，施工人员花名册不完整。	施工项目部安全管理台账： （1）安全法律、法规、标准、制度等有效文件清单； （2）安全管理文件收发、学习记录； （3）安全教育、培训、考试记录； （4）安全例会及安全活动记录； （5）安全检查记录及整改单； （6）安全施工作业票及安全技术措施交底记录； （7）特种作业人员及专、兼职安全人员登记档案，施工人员花名册； （8）分包人员花名册，分包队伍特种作业人员证件档案； （9）重要临时设施验收记录； （10）特种设备安全检验合格证； （11）登高作业人员体检表； （12）分包商资质资料； （13）分包合同及安全协议； （14）安全工器具台账及检查试验记录； （15）安全用品台账及领用记录； （16）安全文明施工费使用审核记录； （17）现场应急处置方案及演练记录； （18）安全奖惩登记台账	《国家电网公司基建安全管理规定》[国网（基建/2）173—2015]

违章表现	规程规定	规程依据
（16）施工项目部未建立分包人员花名册，分包队伍特种作业人员证件档案台账。		
（17）施工项目部建立的分包人员花名册，分包队伍特种作业人员证件档案台账不完整。		
（18）施工项目部未建立重要临时设施验收记录台账。		
（19）施工项目部重要临时设施验收记录台账不完整。		
（20）施工项目部未建立安全检查、签证记录及整改闭环资料台账。		
（21）施工项目部安全检查、签证记录及整改闭环资料台账不完整。		
（22）施工项目部未形成特种设备安全检验合格证台账。		
（23）施工项目部特种设备安全检验合格证台账不完整。		
（24）施工项目部未建立登高作业人员体检表台账。		
（25）施工项目部登高作业人员体检表台账不完整。		
（26）施工项目部未建立分包商资质资料台账。		
（27）施工项目部分包商资质资料台账不完整。		
（28）施工项目部未建立分包合同及安全协议台账。		
（29）施工项目部分包合同及安全协议台账不完整。		
（30）施工项目部未建立安全工器具台账及检查试验记录台账。		
（31）施工项目部安全工器具台账及检查试验记录台账不完整。		
（32）施工项目部未建立安全用品台账及领用记录台账。		
（33）施工项目部安全用品台账及领用记录台账不完整。		
（34）施工项目部未建立安全文明施工费使用审核记录台账。		
（35）施工项目部安全文明施工费使用审核记录台账不完整。		
（36）施工项目部未建立现场应急处置方案及演练记录台账。		
（37）施工项目部现场应急处置方案及演练记录台账不完整。		
（38）施工项目部未建立安全奖惩登记台账。		
（39）施工项目部安全奖惩登记台账内容不完整		

25 安 全 风 险 管 理

25.1 工程开工前

违章表现	规程规定	规程依据
（1）施工未参加开工前作业风险交底。 （2）施工风险初勘台账未建立	工程开工前，业主项目组组织项目设计单位对施工、监理项目进行作业风险交底，内容包括项目环境（海拔、地质、边坡等）、工程主要特点（高支模、深基坑、线路工程重要跨越、临近电情况等），组织风险作业初勘工作	《国家电网公司输变电工程施工安全风险识别、评估及预控措施管理办法》[国网（基建/3）176—2015]
（1）施工项目部未编制施工安全管理及风险控制方案。 （2）施工安全管理及风险控制方案未结合工程实际编制或未按照大纲要求编制	施工项目部在工程开工前应编写施工安全管理及风险控制方案，该方案由施工单位项目部总工组织编制，经施工企业相关职能部门（技术、安全等）审核，分管领导审批，报监理项目部审查，业主项目部批准后组织实施。文件封面的落款为施工单位名称，盖施工单位章	《国家电网公司施工项目部标准化管理手册（2014 年版）》、《国家电网公司基建安全管理规定》[国网（基建/2）173—2015]
（1）施工项目部未正确选择工序风险等级。 （2）施工项目部未建立固有风险汇总清册	施工项目部根据项目交底及风险初勘结果，根据"输变电工程固有风险汇总清册"，按照"输变电工程施工安全风险识别、评估及控制措施记录统一表式"筛选、识别、评估与本工程相关的固有风险作业，报监理项目部审核	《国家电网公司输变电工程施工安全风险识别、评估及预控措施管理办法》[国网（基建/3）176—2015]
（1）施工项目部未建立三级及以上固有风险清册。 （2）三级及以上固有风险清册与实际不符。 （3）三级及以上固有风险清册未报监理审核。 （4）三级及以上固有风险清册未报业主项目经理批准	施工项目部筛选本工程三级及以上固有风险工序，建立"三级及以上施工安全固有风险识别、评估和预控措施清册"，经本单位审核后报监理项目部审查、业主项目部批准	《国家电网公司输变电工程施工安全风险识别、评估及预控措施管理办法》[国网（基建/3）176—2015]

25.2 施工作业前（风险识别）

违章表现	规程规定	规程依据
（1）施工项目部未开展作业风险动态评估。 （2）施工项目部未建立施工安全风险动态识别、评估及预控措施动态管理台账或风险内容与工程实际不符。	对二级及以下固有风险，作业前复核各工序动态因素风险值计算动态风险等级，若不小于 3 级，按照 3 级及以上风险进行控制，结合现场需要开展复测。若小于 3 级，办理安全施工作业票 A	《国家电网公司输变电工程施工安全风险识别、评估及预控措施管理办法》[国网（基建/3）176—2015]

违章表现	规程规定	规程依据
（3）施工项目部未在作业前从人、机、环境、管理 4 个影响因素的实际情况计算确定作业动态风险等级。 （4）动态风险等级不小于 3 级时，未按照三级及以上风险控制要求填写风险复测单。 （5）动态风险等级不小于 3 级时，未按照三级及以上风险控制要求填写控制卡。 （6）动态风险等级不小于 3 级时，未按照三级及以上风险控制要求办理安全施工作业票 B。 （7）动态风险等级小于 3 级时，未办理安全施工作业票 A		
（1）施工项目部未对固有三级及以上作业风险开展复测。 （2）施工项目部未填写作业风险现场复测单。 （3）作业风险现场复测单未体现现场实际作业环境。 （4）作业风险现场复测单无照片或简易图。 （5）施工项目部未根据固有三级及以上作业风险清单编制专项施工方案。 （6）作业风险现场复测单未报监理审核	作业前，施工项目部组织对固有三级及以上风险作业实地复测，编写专项施工方案，填写作业风险现场复测单，报监理审核	《国家电网公司输变电工程施工安全风险识别、评估及预控措施管理办法》[国网（基建/3）176—2015]
（1）施工项目部未根据"人、机、环、管理" 4 个维度进行作业风险动态评估。 （2）施工项目部未按照"LEC 安全风险评价方法"进行作业风险动态评估。 （3）风险动态计算书计算过程错误。 （4）风险动态计算书未报监理审核	在符合施工作业必备条件的前提下，施工项目部在每项作业开始前，根据人、机、环境、管理四个维度影响因素，按照"LEC 安全风险评价方法定义及计算方法"，计算确定该项作业的动态风险等级。施工项目部依据作业风险动态评估计算结果，针对风险影响因素，补充风险预控措施，在"固有风险清册"基础上，更新建立"施工安全风险动态识别、评估及预控措施动态管理台账"，报监理项目审核	《国家电网公司输变电工程施工安全风险识别、评估及预控措施管理办法》[国网（基建/3）176—2015]

25.3 施工作业前（风险预警）

违章表现	规程规定	规程依据
（1）未及时反馈预警措施。 （2）预警措施明显不符合要求	接收预警通知的单位（部门），应根据预警通知单，组织落实预警管控措施要求，并在实施阶段向工程项目建设管理单位逐条反馈落实情况	《国家电网公司输变电工程施工安全风险预警管控工作规范（试行）》（国家电网安质〔2015〕972 号）

25.4 施工作业前（作业票选用）

违章表现	规程规定	规程依据
（1）二级及以下风险作业未填写输变电工程安全施工作业票A。 （2）三级及以上风险作业未填写输变电工程安全施工作业票B	施工作业前，二级及以下风险的施工作业填写输变电工程安全施工作业票A，三级及以上风险施工作业填写输变电工程安全施工作业票B	《国家电网公司电力安全工作规程（电网建设部分）（试行）》

25.5 施工作业前（作业票填写）

违章表现	规程规定	规程依据
（1）安全施工作业票未由作业负责人填写，填写不全或内容有误。 （2）安全施工作业票未由安全、技术人员审核。 （3）安全施工作业票A未由施工队长签发。 （4）安全施工作业票B未由施工项目经理签发。 （5）安全施工作业票B未经监理签字审核。 （6）安全施工作业票B（四级及以上风险）未经业主签字确认。 （7）对于办理输变电工程安全施工作业票B的作业，未配套制定"输变电工程施工作业风险控制卡"。 （8）施工项目部未及时填写安全风险控制卡或填写不规范和完整（未结合工程实际情况填写"补充控制措施"的内容）	安全施工作业票由作业负责人填写，安全、技术人员审核，作业票A由施工队长签发，作业票B由施工项目经理签发，作业票B及风险控制卡报监理审核，业主确认	《国家电网公司输变电工程施工安全风险识别、评估及预控措施管理办法》[国网（基建/3）176—2015]《国家电网公司电力安全工作规程（电网建设部分）（试行）》
（1）作业票签发人担任作业负责人。 （2）作业负责人签发作业票	一张作业票中，作业负责人、签发人不得为同一人	《国家电网公司电力安全工作规程（电网建设部分）（试行）》
作业负责人在同一时间持有两张不同作业内容的作业票	一个作业负责人同一时间只能使用一张作业票	《国家电网公司电力安全工作规程（电网建设部分）（试行）》
（1）作业票上的时间有涂改痕迹。 （2）作业票上的工作地点有涂改痕迹。 （3）作业票上的主要内容有涂改痕迹。 （4）作业票上的主要风险有涂改痕迹	作业票采用手工方式填写时，作业票上的时间、工作地点、主要内容、主要风险等关键字不得涂改	《国家电网公司电力安全工作规程（电网建设部分）（试行）》

违章表现	规程规定	规程依据
（1）计算机生成或打印的作业票未使用统一的票面格式。 （2）机打作业票未经作业票签发人手工或电子签名	用计算机生成或打印的作业票应使用统一的票面格式，由作业票签发人审核，手工或电子签发后方可执行	《国家电网公司电力安全工作规程（电网建设部分）（试行）》
（1）作业现场使用破损、字迹模糊的作业票。 （2）重新办理的作业票未履行签发手续	作业票有破损不能继续使用时，应补填新的作业票，并重新履行签发手续	《国家电网公司电力安全工作规程（电网建设部分）（试行）》

25.6 施工作业前（人员要求）

违章表现	规程规定	规程依据
作业负责人未经施工项目部考核、批准	作业负责人应由有专业工作经验、熟悉现场作业环境和流程、工作范围的人员担任，名单经施工项目部考核、批准并公布	《国家电网公司电力安全工作规程（电网建设部分）（试行）》
（1）专责监护人未具备相关专业工作经验。 （2）专责监护人未在作业前熟悉现场作业环境。 （3）专责监护人未在作业前熟悉安全工作规程	专责监护人应由具有相关专业工作经验，熟悉现场作业情况和本规程的人员担任	《国家电网公司电力安全工作规程（电网建设部分）（试行）》

25.7 施工作业前（人员责任落实）

违章表现	规程规定	规程依据
（1）作业票签发人未确认施工作业是否安全。 （2）作业票签发人未确认作业风险识别是否准确。 （3）作业票签发人未确认作业票所列安全措施是否正确完备。 （4）作业票签发人未确认作业负责人和作业人员是否合适	作业票签发人确认施工作业的安全性。确认作业风险识别准确性。确认作业票所列安全措施正确完备。确认所派作业负责人和作业人员适当、充足	《国家电网公司电力安全工作规程（电网建设部分）（试行）》
（1）作业票审核人未对风险识别准确性进行审核。 （2）作业票审核人未对作业安全措施及危险点控制措施进行审核。 （3）作业票审核人未督促协助施工负责人进行安全技术交底	作业票审核人审核作业风险识别准确性。审核作业安全措施及危险点控制措施是否正确、完备。审核施工作业的方法和步骤是否正确、完备。督促并协助施工负责人进行安全技术交底	《国家电网公司电力安全工作规程（电网建设部分）（试行）》
作业票所列安全措施未经作业负责人检查	施工作业前，作业负责人检查作业票所列安全措施是否正确完备，是否符合现场实际条件，必要时予以补充完善	《国家电网公司电力安全工作规程（电网建设部分）（试行）》

违章表现	规程规定	规程依据
（1）作业负责人未在作业前对全体作业人员进行安全交底。 （2）作业负责人未在作业前对全体作业人员进行风险告知。 （3）作业负责人未在作业前交待安全措施和技术措施	施工作业前，作业负责人应对全体作业人员进行安全交底及危险点告知，交待安全措施和技术措施	《国家电网公司电力安全工作规程（电网建设部分）（试行）》
（1）作业负责人未向作业人员交代作业任务。 （2）作业负责人未向全体作业人员交待作业分工。 （3）作业负责人未向全体作业人员交待安全措施和注意事项。 （4）作业负责人未向全体作业人员告知风险因素。 （5）作业负责人、全体作业人员未规范签名	作业票签发后，作业负责人应向全体作业人员交待作业任务、作业分工、安全措施和注意事项，告知风险因素，并履行签名确认手续后，方可下达开始作业的命令；作业负责人、专责监护人应始终在工作现场。其中作业票 B 由监理人员现场确认安全措施，并履行签名许可手续	《国家电网公司电力安全工作规程（电网建设部分）（试行）》
（1）专责监护人不明确被监护人员。 （2）专责监护人不明确监护范围。 （3）专责监护人未对被监护人员交待监护范围内的安全措施、危险点和安全注意事项	专责监护人应明确被监护人员和监护范围。作业前，对被监护人员交待监护范围内的安全措施、告知危险点和安全注意事项	《国家电网公司电力安全工作规程（电网建设部分）（试行）》
（1）作业人员未在作业前熟悉作业范围。 （2）作业人员未在作业前熟悉作业内容及流程。 （3）作业人员未参加作业前的安全交底。 （4）作业人员未在作业前清楚作业中的危险点。 （5）作业人员未在作业票上签字	作业人员应熟悉作业范围、内容及流程，参加作业前的安全交底，掌握并落实安全措施，明确作业中的危险点，并在作业票上签字	《国家电网公司电力安全工作规程（电网建设部分）（试行）》
风险控制卡中预控措施执行情况未经监理签字	监理项目部对"输变电工程安全施工作业票 B"及风险控制卡中预控措施执行情况进行签字确认	《国家电网公司输变电工程施工安全风险识别、评估及预控措施管理办法》[国网（基建/3）176—2015]
风险控制卡中预控措施执行情况未经业主项目经理签字	四级风险等级作业时，业主项目部对"输变电工程安全施工作业票 B"及风险控制卡中预控措施执行情况进行签字确认	《国家电网公司输变电工程施工安全风险识别、评估及预控措施管理办法》[国网（基建/3）176—2015]

违章表现	规程规定	规程依据
（1）作业负责人未在每日开工前开展安全检查。 （2）作业负责人未在每日开工前告知作业人员安全注意事项	多日作业，作业负责人应坚持每天检查、确认安全措施，告知作业人员安全注意事项，方可开工	《国家电网公司电力安全工作规程（电网建设部分）（试行）》
作业负责人未组织执行作业票中安全措施	作业负责人组织执行作业票所列由其负责的安全措施	《国家电网公司电力安全工作规程（电网建设部分）（试行）》
（1）作业负责人未监督作业人员遵守安全工作规程。 （2）作业负责人未监督作业人员正确使用劳动防护用品。 （3）作业负责人未监督作业人员正确使用安全工器具。 （4）作业负责人未监督作业人员执行现场安全措施。 （5）作业负责人未对作业人员的不安全行为及时纠正	作业负责人监督作业人员遵守本规程、正确使用劳动防护用品和安全工器具以及执行现场安全措施，及时纠正不安全行为	《国家电网公司电力安全工作规程（电网建设部分）（试行）》
作业负责人未关注作业人员身体状况和精神状态的异常现象	作业负责人应关注作业人员身体状况和精神状态是否出现异常迹象，人员变动是否合适	《国家电网公司电力安全工作规程（电网建设部分）（试行）》
（1）专责监护人未监督作业人员遵守安全工作规程。 （2）专责监护人未监督作业人员执行现场安全措施。 （3）专责监护人未对作业人员的不安全行为及时纠正	专责监护人应监督被监护人员遵守本规程和执行现场安全措施，及时纠正被监护人员的不安全行为	《国家电网公司电力安全工作规程（电网建设部分）（试行）》
（1）专责监护人同时兼做其他工作。 （2）专责监护人临时离开时未通知作业人员停止作业。 （3）专责监护人临时离开时未通知作业人员离开作业现场	专责监护人不得兼做其他工作，临时离开时，应通知作业人员停止作业或离开作业现场。专责监护人需长时间离开作业现场时，应由作业负责人变更专责监护人，履行变更手续，告知全体被监护人员	《国家电网公司电力安全工作规程（电网建设部分）（试行）》
（1）作业人员未按指挥作业。 （2）作业人员未严格遵守安全工作规程和劳动纪律。 （3）作业人员未在指定作业范围内工作。 （4）作业人员未在作业过程中互保	作业人员应服从作业负责人、专责监护人的指挥，严格遵守本规程和劳动纪律，在指定的作业范围内工作，对自己在工作中的行为负责，互相关心工作安全	《国家电网公司电力安全工作规程（电网建设部分）（试行）》

违章表现	规程规定	规程依据
（1）作业人员未正确使用施工机具。 （2）作业人员未正确使用安全工器具。 （3）作业人员未正确使用劳动防护用品。 （4）作业人员使用施工机具前未进行外观完好性检查。 （5）作业人员使用安全工器具前未进行外观完好性检查。 （6）作业人员使用劳动防护用品前未进行外观完好性检查	作业人员应正确使用施工机具、安全工器具和劳动防护用品，并在使用前进行外观完好性检查	《国家电网公司电力安全工作规程（电网建设部分）（试行）》
（1）施工项目部未张挂"施工现场风险管控公示牌"。 （2）施工现场风险管控公示牌未使用正确颜色标注。 （3）施工项目部未正确填写施工现场风险管控公示牌	监理、施工项目部应张挂"施工现场风险管控公示牌"，将三级及以上风险作业地点、作业内容、风险等级、工作负责人、现场监理人员、计划作业时间进行公示，并根据实际情况及时更新，确保各级人员对作业风险心中有数。为突出区别风险等级，三级、四级和动态评估曾达五级的作业风险应分别以黄、橙、红色和具体数字标注	《国家电网公司输变电工程施工安全风险识别、评估及预控措施管理办法》[国网（基建/3）176—2015]

25.8 施工作业间断、转移、终结

违章表现	规程规定	规程依据
作业负责人或专责监护人未在恶劣天气条件下下令停止作业	雷、雨、大风等情况威胁到人员、设备安全时，作业负责人或专责监护人应下令停止作业	《国家电网公司电力安全工作规程（电网建设部分）（试行）》
（1）每天收工或作业间断，作业人员未做好安全防护措施。 （2）恢复作业前，作业人员未检查确认安全保护措施	每天收工或作业间断，作业人员离开作业地点前，应做好安全防护措施，必要时派人看守，防止人、畜接近挖好的基坑等危险场所，恢复作业前应检查确认安全保护措施完好	《国家电网公司电力安全工作规程（电网建设部分）（试行）》
（1）使用同一张作业票依次在不同作业地点转移作业时，未重新识别评估风险。 （2）使用同一张作业票依次在不同作业地点转移作业时，未完善安全措施。 （3）使用同一张作业票依次在不同作业地点转移作业时，未重新组织安全交底	使用同一张作业票依次在不同作业地点转移作业时，应重新识别评估风险，完善安全措施，重新交底	《国家电网公司电力安全工作规程（电网建设部分）（试行）》

违章表现	规程规定	规程依据
（1）施工周期超过一个月未重新审查安全措施。 （2）施工周期超过一个月未重新组织安全交底。 （3）一项施工作业工序已完成、重新开始同一类型其他地点的作业时，未重新审查安全措施。 （4）一项施工作业工序已完成、重新开始同一类型其他地点的作业时，未重新组织安全交底	施工周期超过一个月或一项施工作业工序已完成、重新开始同一类型其他地点的作业，应重新审查安全措施和交底	《国家电网公司电力安全工作规程（电网建设部分）（试行）》

25.9　基建管控系统

违章表现	规程规定	规程依据
监理月报中监理项目部未认真审核当前作业风险内容、计划开始和结束时间，3级及以上风险未在系统中履行"到岗到位"手续	监理项目部通过基建管理信息系统，审核风险清册、动态评估结果和预控措施，按时上报风险等级评估复核意见，监督施工项目部按时填报风险作业动态信息	《国家电网公司输变电工程施工安全风险识别、评估及预控措施管理办法》[国网（基建/3）176—2015]
（1）施工项目部未通过基建管理信息系统，建立输变电工程施工安全风险识别、评估及控制措施记录及台账。 （2）施工项目部未通过基建管理信息系统及时上报已开展的作业风险及控制情况信息	施工项目部通过基建管理信息系统，建立输变电工程施工安全风险识别、评估及控制措施记录及台账。及时上报已开展的作业风险及控制情况信息	《国家电网公司输变电工程施工安全风险识别、评估及预控措施管理办法》[国网（基建/3）176—2015]
"输变电工程安全施工作业票B"及其风险控制卡未通过基建管理信息系统报监理项目部审查、业主项目部确认	"输变电工程安全施工作业票B"及其风险控制卡优先采用通过基建管理信息系统报监理项目部审查、业主项目部确认	《国家电网公司输变电工程施工安全风险识别、评估及预控措施管理办法》[国网（基建/3）176—2015]

26 施 工 分 包 管 理

26.1 分包合同管理

违章表现	规程规定	规程依据
（1）分包单位被授权人未由分包单位在职人员担任。 （2）分包授权委托书与分包合同未配套"一事一授权"。 （3）授权委托书超时限未及时重新办理。 （4）授权委托书委托时间晚于分包合同签订时间。 （5）授权委托书授权人和被授权委托人未手写签名	规范分包合同授权与签署，分包单位授权人必须是分包单位法人，分包授权必须与分包合同配套"一事一授权"，不得进行定期授权、再授权，不得对非分包单位在职人员授权	《国家电网公司关于印发进一步规范和加强施工分包管理工作指导意见的通知》（国家电网基建〔2015〕697号）
现场分包作业内容未根据分包合同内容作业	业主项目部、监理项目部应加强对分包计划的审批管理，防范转包、对主体或关键性工程进行专业分包、未经发包人同意擅自分包、分包队伍超能力承揽任务等问题发生	《国家电网公司关于印发进一步规范和加强施工分包管理工作指导意见的通知》（国家电网基建〔2015〕697号）
（1）专业分包项目经理身份证未与报审资料一致。 （2）专业分包质检员身份证未与报审资料一致。 （3）专业分包安全员身份证未与报审资料一致。 （4）专业分包技术员身份证未与报审资料一致。 （5）专业分包项目经理签字笔迹未与报审资料一致。 （6）专业分包质检员签字笔迹未与报审资料一致。 （7）专业分包安全员签字笔迹未与报审资料一致。 （8）专业分包技术员签字笔迹未与报审资料一致。 （9）现场分包作业人员与分包人员花名册人员数量不一致。 （10）现场分包作业人员与分包人员花名册人员资料不一致。 （11）分包作业人员中存在未成年人或超龄人员。	规范分包作业人员入场管理。分包人员入场前，分包商应提供入场人员的基本信息、职业资格、健康情况等信息。分包人员报到后，施工承包商应严格执行分包商入场检查流程，对进场人员结合上报信息进行核对，在开展培训、进行身体健康检查、人身意外伤害保险办理情况检查，发放工作服、证卡、个人安全防护用品后，分包人员方可正式入场作业。施工承包商应对实际进场分包队伍的资质以及进场分包人员的数量及能力、特种作业人员资格进行认真审核，禁止未成年人、超龄、职业病禁忌人员进入现场	《国家电网公司关于印发进一步规范和加强施工分包管理工作指导意见的通知》（国家电网基建〔2015〕697号）

违章表现	规程规定	规程依据
（12）分包特殊工种人员与分包人员现场花名册中报审情况不一致。 （13）施工项目部未报审分包特殊工种人员（或报审数量不足）。 （14）分包特殊工种人员证件未进行复审。 （15）施工项目部未提供分包单位人员的体检报告。 （16）进场分包人员体检不合格		
（1）安全施工作业票上签字分包人员与现场实际作业人员不一致。 （2）安全施工作业票上交底内容与现场实际作业不一致	在分包工程作业前，组织分包人员参与风险管理工作，根据施工方法、作业人员、机械设备和材料、环境特点等风险影响因素的实际情况，对作业安全风险进行动态评估。对已经明确的风险防控措施，组织对分包人员进行培训交底，确保分包人员了解风险防控要求	《国家电网公司关于印发进一步规范和加强施工分包管理工作指导意见的通知》（国家电网基建〔2015〕697号）
施工承包商未配备熟悉该民族语言的分包管理人员	使用少数民族分包人员的，施工承包商必须配备熟悉该民族语言的分包管理人员	《国家电网公司关于印发进一步规范和加强施工分包管理工作指导意见的通知》（国家电网基建〔2015〕697号）
（1）专业分包单位未按分包合同要求提供相应的方案。 （2）技术方案修改后未重新报审。 （3）分包作业现场未根据施工方案施工	严格按规定编制审批施工安全管理与风险控制方案、施工作业指导书、专项安全措施等作业指导文件。强化分包作业现场安全技术文件的执行，审定后的施工方案、安全技术措施必须在分包作业现场刚性执行，需要调整方案时必须重新履行审查程序	《国家电网公司关于印发进一步规范和加强施工分包管理工作指导意见的通知》（国家电网基建〔2015〕697号）
（1）专业分包单位未能提供机械工器具的维护保养记录。 （2）专业分包现场使用的施工机械未与报审资料一致	劳务分包作业所用的施工机械机具由发包单位提供，专业分包作业分包单位自带机械、工机具，发包单位须严格进行进场检查，确保质量规格符合要求	《国家电网公司关于印发进一步规范和加强施工分包管理工作指导意见的通知》（国家电网基建〔2015〕697号）
（1）分包人员入场未通过安全教育考试。 （2）专业分包商未及时开展三级安全教育培训。 （3）现场作业人员未掌握入场安全教育考试的基本要求	施工企业应完善分包队伍教育培训体系，充分保障培训资金投入，对每一位进场分包人员进行培训考核，不合格者不得进场。注重教育培训效果，施工企业对不同工种的分包人员提供统一的培训大纲和教材，开展安全施工常识、工器具使用、安全质量通病防治、施工技术与方法、事故应急处置等方面的培训并进行考试和考核	《国家电网公司关于印发进一步规范和加强施工分包管理工作指导意见的通知》（国家电网基建〔2015〕697号）

违章表现	规程规定	规程依据
劳务分包人员参与的其他二级及以下风险作业，施工班组的关键岗位（现场负责人、现场指挥、安全监护）不是施工承包商人员，而是由劳务分包商人员担任，劳务分包商人员未由施工承包商（公司级）培训发证，未由监理项目部审核认可后持证上岗	劳务分包人员参与的其他二级及以下风险作业，施工班组的关键岗位（现场负责人、现场指挥、安全监护）原则上应为施工承包商人员，由劳务分包商人员担任时必须经施工承包商（公司级）培训发证，并由监理项目部审核认可后持证上岗	《国家电网公司输变电工程施工分包管理办法》[国网（基建/3）181—2015]
（1）劳务分包人员在现场进行拆除工程时，施工承包商未配备单位人员指挥作业。 （2）劳务分包人员在现场进行土石方爆破时，施工承包商未配备单位人员指挥作业。 （3）劳务分包人员在现场进行起重吊装作业时，施工承包商未配备单位人员指挥作业。 （4）劳务分包人员在现场进行高处作业时，施工承包商未配备单位人员指挥作业。 （5）劳务分包人员在现场进行临近带电体作业时，施工承包商未配备单位人员指挥作业 （6）劳务分包人员在现场进行大型基坑支护与降水工程时，施工承包商未配备单位人员指挥作业。 （7）劳务分包人员在现场进行围堰工程时，施工承包商未配备单位人员指挥作业。 （8）劳务分包人员在现场进行隧道工程时，施工承包商未配备单位人员指挥作业。 （9）劳务分包人员在现场进行沉井工程时，施工承包商未配备单位人员指挥作业。 （10）劳务分包人员在现场进行大型模板工程与脚手架（跨越架）工程时，施工承包商未配备单位人员指挥作业。 （11）劳务分包人员在现场进行铁塔组立时，施工承包商未配备单位人员指挥作业。 （12）劳务分包人员在现场进行大体积混凝土浇筑时，施工承包商未配备单位人员指挥作业。 （13）劳务分包人员在现场进行起重机具安装拆卸时，施工承包商未配备单位人员指挥作业	劳务分包人员参与以下施工作业时，必须在施工承包单位人员的组织指挥下进行：拆除工程、土石方爆破、起重吊装作业、高处作业、临近带电体作业、大型基坑支护与降水工程、围堰工程、隧道工程、沉井工程、大型模板工程与脚手架（跨越架）程、大体积混凝土浇筑、铁塔组立、起重机具安装拆卸等危险性大、专业性强的施工作业	《国家电网公司输变电工程施工分包管理办法》[国网（基建/3）181—2015]

违章表现	规程规定	规程依据
（1）施工项目部未在现场配备劳务分包同进同出管理人员。 （2）现场分包管理带班人员或分包单位的兼职人员未与施工单位提供的同进同出管理人员名单一致。 （3）同进同出管理人员进场前未经过培训交底。 （4）同进同出管理人员未了解现场作业的基本要求	施工企业是输变电工程分包管理的责任主体，确保施工现场分包管理力量投入，确保分包管理人员与分包队伍同进同出作业现场，负责对分包施工全过程进行有效控制	《国家电网公司输变电工程施工分包管理办法》[国网（基建/3）181—2015]
（1）施工项目部未提供分包人员动态信息一览表。 （2）分包人员动态信息一览表中人员信息未与花名册一致。 （3）增补或更换作业人员未及时在分包人员动态信息一览表中体现。 （4）分包人员动态信息一览表未逐月填报。 （5）施工项目部未提供分包人员动态信息汇总表。 （6）未见分包人员动态信息汇总表未逐月填报	施工项目部掌握施工现场分包人员基本情况、出勤、进出现场时间，每月将"分包人员动态信息一览表"报业主项目部，业主项目部汇总"分包人员动态信息汇总表"	《国家电网公司输变电工程施工分包管理办法》[国网（基建/3）181—2015]
施工项目部未收集备案分包人员信息采集表	信息上报：由分包单位统一上报分包人员信息采集表，施工项目部对信息进行核实无误后，在基建管理系统中录入信息	《国网基建部关于对输变电工程作业现场施工分包人员全面实施"二维码"管理的通知》（基建安质〔2016〕88号）
（1）施工项目部未对及时对分包人员信息进行核验。 （2）未见分包人员"二维码标识"。 （3）分包人员"二维码标识"信息与分包人员身份信息不一致	由施工单位对分包人员履行培训考试、体检等程序，各方在分包人员信息采集表上签字（同时录入相关信息到基建管理系统），为分包人员制作、发放"二维码标识"后，分包人员即可进场（同时向劳务分包人员发放个人安全防护用品）	《国网基建部关于对输变电工程作业现场施工分包人员全面实施"二维码"管理的通知》（基建安质〔2016〕88号）
（1）分包单位项目负责人未在人员信息采集表内签字。 （2）分包人员本人退场前未在人员信息采集表内签字	分包人员退场前，由分包单位申请，分包单位项目负责人、分包人员本人在分包人员信息采集表签字，并在基建管理系统中记录后，分包人员即可退场。其中，劳务分包人员需交还个人安全防护用品	《国网基建部关于对输变电工程作业现场施工分包人员全面实施"二维码"管理的通知》（基建安质〔2016〕88号）

26.2 分包考核评价

违章表现	规程规定	规程依据
施工项目部未开展分包项目经理月度考核评价	项目过程管理评分按照三个项目部对分包单位的月度考核评分情况进行计算；分包队伍过程考核评价按照分包管理办法进行	《国网基建部关于组织开展分包商评价的通知》（基建安质〔2015〕96号）
施工项目部未及时对已完分包单位开展分包评价	业主、施工、监理项目部在工程建设期间定期对分包商进行包括安全、质量、进度、费用、文明施工、标准工艺应用、施工机具、分包人员等考核评价，并纳入对施工承包商的资信评价	《国家电网公司输变电工程施工分包管理办法》[国网（基建/3）181—2015]

27 安全文明施工

27.1 安全施工设施

违章表现	规程规定	规程依据
（1）施工项目部未编制"安全文明施工设施配置计划申报单"。 （2）施工项目部未分阶段编制"安全文明施工设施配置计划申报单"。 （3）施工项目部开工前未向监理项目部报送"安全文明施工设施配置计划申报单"。 （4）安全文明施工标准化设施报审计划中未明确安全设施种类。 （5）安全文明施工标准化设施报审计划中未明确安全设施数量。 （6）安全文明施工标准化设施报审计划中未明确安全设施使用区域。 （7）安全文明施工标准化设施报审计划中未明确安全设施计划费用。 （8）安全文明施工标准化设施报审计划中未明确安全防护用品的种类。 （9）安全文明施工标准化设施报审计划中未明确安全防护用品的数量。 （10）安全文明施工标准化设施报审计划中缺少灭火器（消防桶、消防铲）。 （11）安全文明施工标准化设施报审计划中缺少电源配电箱。 （12）安全文明施工标准化设施报审计划中缺少标志牌（警示牌）。 （13）安全文明施工标准化设施报审计划中未明确安全防护用品的使用区域。	施工项目部分阶段编制安全文明施工标准化设施报审计划，明确安全设施、安全防护用品和文明施工设施的种类、数量、使用区域和计划费用，报监理项目部审核、业主项目部批准	《输变电工程安全文明标准化管理制度》[国网（基建/3）187—2015]

违章表现	规程规定	规程依据
（14）安全文明施工标准化设施报审计划中未明确安全防护用品的计划费用。 （15）安全文明施工标准化设施报审计划中未明确文明施工设施的种类。 （16）安全文明施工标准化设施报审计划中未明确文明施工设施的数量。 （17）安全文明施工标准化设施报审计划中未明确文明施工设施的使用区域。 （18）安全文明施工标准化设施报审计划中未明确文明施工设施的计划费用		
（1）施工项目部在安全文明施工设施进场时，未向监理报审。 （2）安全文明施工标准化设施进场前，未提供性能检查报告。 （3）安全文明施工标准化设施进场前，未提供试验报告。 （4）安全带式型式检验报告期限超过一年。 （5）塑料安全帽合格证上日期超过两年半。 （6）重新充气换粉的灭火器未重新报审	安全文明施工标准化设施进场前，应经过性能检查、试验。施工项目部应将进场的标准化设施报监理项目部和业主项目部审查验收	《输变电工程安全文明标准化管理制度》[国网（基建/3）187—2015]、《国家电网公司电力安全工作规程（电网建设部分）（试行）》

27.2 现场办公区布置

违章表现	规程规定	规程依据
施工项目经理办公室与施工区、生活区未分开隔离、围护	办公区和生活区应相对独立，变电站工程施工项目经理部办公临建房屋，宜设置在站区围墙外，并与施工区域分开隔离、围护，全站临时建筑设施主色调与现场环境相协调	《输变电工程安全文明标准化管理制度》[国网（基建/3）187—2015]
（1）施工项目部未在办公室入口设立项目部铭牌。 （2）项目部铭牌尺寸不满足400mm×600mm 要求	业主、监理、施工项目部办公室入口应设立项目部铭牌	《输变电工程安全文明标准化管理制度》[国网（基建/3）187—2015]
施工项目部未设置会议室	施工项目部应设置会议室，办公室布置应规范整齐，办公设施齐全	《输变电工程安全文明标准化管理制度》[国网（基建/3）187—2015]

违章表现	规程规定	规程依据
（1）会议室未悬挂组织机构图。 （2）会议室未悬挂工程项目安全目标图。 （3）会议室未悬挂工程进度横道图。 （4）会议室未悬挂施工现场应急联络牌	会议室应将安全文明施工组织机构图、安全文明施工管理目标、工程施工进度横道图、应急联络牌等设置上墙	《输变电工程安全文明标准化管理制度》[国网（基建/3）187—2015]
（1）施工项目部未悬挂"施工现场风险管控公示牌"。 （2）施工项目部未公示三级及以上风险作业地点。 （3）施工项目部未公示三级及以上风险作业内容。 （4）施工项目部未公示三级及以上风险等级。 （5）施工项目部未公示三级及以上风险工作负责人。 （6）施工项目部未公示三级及以上风险计划作业时间。 （7）施工项目部未根据实际情况及时更新三级及以上风险作业内容。 （8）施工项目部未采用黄、橙、红彩色色块贴于图中与三、四、五级风险对应。 （9）三级及以上风险工作负责人与作业票负责人不一致。 （10）未采用国家电网绿色C100M5Y50K40，尺寸不满足1000mm×800mm要求	监理、施工项目部应悬挂"施工现场风险管控公示牌"，将三级及以上风险作业地点、作业内容、风险等级、工作负责人、现场监理人员、计划作业时间进行公示，并根据实际情况及时更新，确保各级人员对作业风险心中有数。三、四、五级风险分别对应颜色为黄、橙、红，用彩色色块贴于图中	《输变电工程安全文明标准化管理制度》[国网（基建/3）187—2015]、《国家电网公司输变电工程施工安全风险识别、评估及预控措施管理办法》[国网（基建/3）176—2015]
（1）生活区、办公区未设置宣传栏。 （2）宣传栏尺寸不满足1800mm×1200mm、总高度2200mm要求	包含宣传栏、标语等。宣传栏用于生活、办公区公告宣传，尺寸为1800mm×1200mm，总高度为2200mm	《输变电工程安全文明标准化管理制度》[国网（基建/3）187—2015]、《国家电网公司输变电工程施工安全风险识别、评估及预控措施管理办法》[国网（基建/3）176—2015]

27.3 现场生活区布置

违章表现	规程规定	规程依据
（1）宿舍内个人物品未摆放整齐。 （2）宿舍内随意拉设电线，使用电炉等大功率用电器。 （3）施工项目部未编制宿舍专项管理办法	宿舍实行单人单床，禁止睡通铺，宿舍内个人物品应摆放整齐，保持卫生整洁。宿舍不得随意拉设电线，严禁使用电炉等大功率用电器取暖、做饭。宿舍应有良好的居住条件，通风良好、整洁卫生、室温适宜，并有专项管理办法	《输变电工程安全文明标准化管理制度》[国网（基建/3）187—2015]

违章表现	规程规定	规程依据
（1）食堂环境不符合卫生防疫及环保要求。 （2）炊事人员未取得健康证。 （3）炊事人员工作时未穿戴工作服、工作帽	员工食堂应配备不锈钢厨具、冰柜、消毒柜、餐桌椅等设施。食堂做到干净整洁，符合卫生防疫及环保要求；炊事人员应按规定体检，并取得健康证，工作时应穿戴工作服、工作帽	《输变电工程安全文明标准化管理制度》[国网（基建/3）187—2015]
（1）生活区未为员工提供洗浴、盥洗设施。 （2）生活区未设置垃圾箱。 （3）生活区未提供文化娱乐设施。 （4）项目部和施工班组未配备急救器材、常用药品箱。 （5）常用药品过期	现场生活区应为员工提供洗浴、盥洗设施。卫生间洁净，无明显异味。为员工提供必要的文化娱乐设施。保障各种形式外协工的住宿卫生及健康条件。生活区应设置垃圾箱，垃圾及时清运。项目部和施工班组应配备急救器材、常用药品箱	《输变电工程安全文明标准化管理制度》[国网（基建/3）187—2015]
（1）大门未设置警卫室。 （2）门卫岗亭未建立门卫值守管理制度。 （3）进站大门未设置车辆冲洗设施。 （4）大门未设置人员考勤设施	施工单位应修筑变电站（换流站）大门，要求简洁明快，大门一般由灯箱、围栏、人员通行侧门组成，旁边设警卫室、人员考勤设施等	《输变电工程安全文明标准化管理制度》[国网（基建/3）187—2015]
（1）作业人员上岗的必经之路旁，未设置个人防护用品正确佩戴示意图。 （2）上岗前安全管理人员未督促作业人员正确佩戴个人安全防护用品	在作业人员上岗的必经之路旁，应设置个人防护用品正确佩戴示意图，可增设安全文化宣传牌。上岗前安全管理人员在此检查、督促作业人员正确佩戴个人安全防护用品	《输变电工程安全文明标准化管理制度》[国网（基建/3）187—2015]
（1）主干道两侧未设置国家标准式样的路标。 （2）主干道两侧未设置国家标准式样的限高标志。 （3）主干道两侧未设置国家标准式样的限速标志。 （4）主干道两侧未设置国家标准式样的减速坎	进变电站（换流站）的主干道两侧应设置国家标准式样的路标、交通标志、限速标志和减速坎等设施	《输变电工程安全文明标准化管理制度》[国网（基建/3）187—2015]
变电站（换流站）内道路未设置施工区域指示标志	变电站（换流站）内道路应设置施工区域指示标志	《输变电工程安全文明标准化管理制度》[国网（基建/3）187—2015]
变电站（换流站）内存在施工队工具间、库房、临时工棚及机具防雨棚以外临时建筑物	变电站（换流站）内只允许存在施工队工具间、库房、临时工棚及机具防雨棚临时建筑物	《输变电工程安全文明标准化管理制度》[国网（基建/3）187—2015]
施工队工具间、库房搭设未采用轻钢龙骨活动房或砖石砌体房、集装箱式房屋	施工队工具间、库房等应为轻钢龙骨活动房或砖石砌体房、集装箱式房屋	《输变电工程安全文明标准化管理制度》[国网（基建/3）187—2015]

违章表现	规程规定	规程依据
临时工棚及机具防雨棚未采用装配式构架、上铺瓦楞板形式搭设，而采用石棉瓦、脚手板、模板、彩条布、油毛毡、竹笆等材料搭建工棚	临时工棚及机具防雨棚等应为装配式构架、上铺瓦楞板。施工现场禁用石棉瓦、脚手板、模板、彩条布、油毛毡、竹笆等材料搭建工棚	《输变电工程安全文明标准化管理制度》[国网（基建/3）187—2015]
（1）材料未按定置区域堆（摆）放。 （2）工具未按定置区域堆（摆）放。 （3）设备未按定置区域堆（摆）放。 （4）材料未设置材料标识牌。 （5）工具未设置工具标识牌。 （6）机械设备未设置设备状态牌。 （7）机械设备未设置机械操作规程牌。 （8）材料加工区未按黄红蓝绿设置警示标牌	材料、工具、设备应按定置区域堆（摆）放，设置材料、工具标识牌、设备状态牌和机械操作规程牌	《输变电工程安全文明标准化管理制度》[国网（基建/3）187—2015]、JGJ 59—2011《建筑施工安全检查标准》
混凝土搅拌区未设置两级沉淀池	混凝土搅拌区应设置沉淀池	《输变电工程安全文明标准化管理制度》[国网（基建/3）187—2015]、JGJ 59—2011《建筑施工安全检查标准》
（1）料斗未设置安全挂钩或止挡装置。 （2）传动部位未设置防护罩	料斗应设置安全挂钩或止挡装置，传动部位应设置防护罩	《输变电工程安全文明标准化管理制度》[国网（基建/3）187—2015]、JGJ 59—2011《建筑施工安全检查标准》
（1）搅拌机未设置作业棚。 （2）搅拌机作业棚未具备防雨、防晒功能	搅拌机应按规定设置作业棚，并应具有防雨、防晒等功能	《输变电工程安全文明标准化管理制度》[国网（基建/3）187—2015]、JGJ 59—2011《建筑施工安全检查标准》
（1）作业区未进行围护、隔离。 （2）作业区未设置施工现场风险管控公示牌	作业区应进行围护、隔离，设置施工现场风险管控公示牌等内容	《输变电工程安全文明标准化管理制度》[国网（基建/3）187—2015]、JGJ 59—2011《建筑施工安全检查标准》
（1）施工现场未配备急救箱（包）。 （2）急救药品过期。 （3）施工现场未在适宜区域设置饮水点	施工现场应配备急救箱（包）及消防器材，在适宜区域设置饮水点、吸烟室	《输变电工程安全文明标准化管理制度》[国网（基建/3）187—2015]、JGJ 59—2011《建筑施工安全检查标准》

27.4 输电线路工程施工区布置

违章表现	规程规定	规程依据
（1）施工区域未设置施工友情提示牌。 （2）施工区域未设置施工现场风险管控公示牌。 （3）施工现场风险管控公示牌未按照三、四级风险作业程序及时增加内容。 （4）施工区域未设置应急联络牌	施工区域应设置施工友情提示牌、施工现场风险管控公示牌、应急联络牌等，配备急救箱（包）及消防器材	《输变电工程安全文明标准化管理制度》[国网(基建/3)187—2015]、《国家电网公司电力安全工作规程（电网建设部分）（试行）》
（1）土石方未按要求定置区域堆（摆）放。 （2）砂石未按要求定置区域堆（摆）放。 （3）混凝土未按要求定置区域堆（摆）放。 （4）混凝土堆放高度超过10包。 （5）混凝土堆放底部未设置30cm垫高。 （6）机械设备等未按定置区域堆（摆）放。 （7）材料堆放未铺垫隔离，标识清晰	土石方、沙石、混凝土、机械设备等应按定置区域堆（摆）放，材料堆放应铺垫隔离，标识清晰，主要机械设备应设置设备状态牌和操作规程牌	《输变电工程安全文明标准化管理制度》[国网(基建/3)187—2015]、《国家电网公司电力安全工作规程（电网建设部分）（试行）》
（1）基础施工场地未采用安全围栏进行围护、隔离。 （2）现场采用钢管及扣件组装的安全围栏立杆间距大于2.5m，高度小于1.05m，中间距地超过0.6m。 （3）外来人员流动频繁的杆塔组立现场未实行封闭管理。 （4）外来人员流动频繁的张力场未实行封闭管理。 （5）外来人员流动频繁的牵引场未实行封闭管理。 （6）牵引场未布置休息室。 （7）牵引场未布置工具房。 （8）牵引场未布置指挥台。 （9）牵引场未设置临时厕所。 （10）张力场未布置休息室。 （11）张力场未布置工具房。 （12）张力场未布置指挥台。 （13）张力场未设置临时厕所	基础施工场地采用安全围栏进行围护、隔离。外来人员流动频繁的杆塔组立现场、张力场、牵引场等，应采用提示遮栏进行维护、隔离，实行封闭管理。牵、张场应布置休息室、工具房和指挥台，设置临时厕所	《输变电工程安全文明标准化管理制度》[国网(基建/3)187—2015]、《国家电网公司电力安全工作规程（电网建设部分）（试行）》

违章表现	规程规定	规程依据
施工现场人员未穿戴工作鞋和工作服	作业人员进入施工现场人员应正确佩戴安全帽，穿工作鞋和工作服	《输变电工程安全文明标准化管理制度》[国网（基建/3）187—2015]
施工现场人员未配备胸卡（含临时进入现场参观、检查等人员）	所有现场人员均应佩戴胸卡，临时进入现场的参观、检查等人员需要佩带临时出入证	《输变电工程安全文明标准化管理制度》[国网（基建/3）187—2015]

27.5 安全防护设施

违章表现	规程规定	规程依据
（1）危险区域与人员活动区域间未使用安全围栏实施有效的隔离。 （2）危险品库房未设置在办公区、生活区、加工区25m之外。 （3）带电设备区域与施工区域间未使用安全围栏实施有效的隔离。 （4）施工作业区域与非施工作业区域间未使用安全围栏实施有效的隔离。 （5）地下穿越入口和出口区域未使用安全围栏实施有效的隔离。 （6）设备材料堆放区域与施工区域间未使用安全围栏实施有效的隔离	危险区域与人员活动区域间、带电设备区域与施工区域间、施工作业区域与非施工作业区域间、地下穿越入口和出口区域、设备材料堆放区域与施工区域间应使用安全围栏实施有效的隔离。安全围栏设置相应的安全警示标志，形式可根据实际情况选取	《输变电工程安全文明标准化管理制度》[国网（基建/3）187—2015]、《国家电网公司电力安全工作规程（电网建设部分）（试行）》
（1）高处作业面等有人员坠落危险的区域未设置可靠安全围栏。 （2）高处作业面等有人员坠落危险的区域安全围栏未具备一定的抗冲击强度	高处作业面（包括高差2m及以上的基坑，直径大于1m的无盖板坑、洞）等有人员坠落危险的区域，安全围栏应稳定可靠，并具有一定的抗冲击强度	《输变电工程安全文明标准化管理制度》[国网（基建/3）187—2015]、《国家电网公司电力安全工作规程（电网建设部分）（试行）》
（1）变电工程滤油作业区未采用钢管扣件组装式安全围栏或门形组装式安全围栏进行隔离。 （2）油罐存放区未采用钢管扣件组装式安全围栏或门形组装式安全围栏进行隔离	变电工程滤油作业区和油罐存放区等危险区域、相对固定的安全通道两侧应采用钢管扣件组装式安全围栏或门形组装式安全围栏进行隔离	《输变电工程安全文明标准化管理制度》[国网（基建/3）187—2015]、《国家电网公司电力安全工作规程（电网建设部分）（试行）》

违章表现	规程规定	规程依据
（1）交叉施工作业区未合理布置安全隔离设施。 （2）交叉施工作业区未合理布置安全警示标志	交叉施工作业区应合理布置安全隔离设施和安全警示标志	《输变电工程安全文明标准化管理制度》[国网（基建/3）187—2015]、《国家电网公司电力安全工作规程（电网建设部分）（试行）》
钢管扣件组装式安全围栏人员可接近部位水平杆突出部分超出100mm	钢管扣件组装式安全围栏应与警告、提示标志配合使用，固定方式应稳定可靠，人员可接近部位水平杆突出部分不得超出100mm	《输变电工程安全文明标准化管理制度》[国网（基建/3）187—2015]《国家电网公司电力安全工作规程（电网建设部分）（试行）》
同一方向上，门形组装式安全围栏警告标志未20m设置一块	门形组装式安全围栏应与警告标志配合使用、在同一方向上警告标志每20m至少设一块。安全围栏应立于水平面上，平稳可靠。当安全围栏出现构件焊缝开裂、破损、明显变形、严重锈蚀、油漆脱落等现象时，应经修整后方可使用	《输变电工程安全文明标准化管理制度》[国网（基建/3）187—2015]、《国家电网公司电力安全工作规程（电网建设部分）（试行）》
（1）盖板未满足人或车辆通过的强度要求。 （2）盖板上表面未有安全警示标志。 （3）盖板采用废旧模板制作	盖板应满足人或车辆通过的强度要求，盖板上表面应有安全警示标志	《输变电工程安全文明标准化管理制度》[国网（基建/3）187—2015]、《国家电网公司电力安全工作规程（电网建设部分）（试行）》
（1）直径大于1m的孔洞，四周未设置安全围栏。 （2）直径大于1m的孔洞，四周未设置安全警示标志牌。 （3）盖板临时揭开的孔洞，四周未设置安全围栏。 （4）盖板临时揭开的孔洞，四周未设置安全警示标志牌。 （5）道路附近的孔洞，四周未设置安全围栏。 （6）道路附近的孔洞，四周未设置安全警示标志牌。 （7）无盖板的孔洞，四周未设置安全围栏。 （8）无盖板的孔洞，四周未设置安全警示标志牌。 （9）孔洞盖板未设置有效的限位措施	直径大于1m、道路附近、无盖板及盖板临时揭开的孔洞，四周应设置安全围栏和安全警示标志牌	《输变电工程安全文明标准化管理制度》[国网（基建/3）187—2015]、《国家电网公司电力安全工作规程（电网建设部分）（试行）》

违章表现	规程规定	规程依据
（1）构架安装未设置临时攀登用保护绳索或永久轨道。 （2）攀登人员未正确使用攀登自锁器。 （3）铁塔组立时未设置临时攀登用保护绳索或永久轨道	构架安装和铁塔组立时应设置临时攀登用保护绳索或永久轨道，攀登人员应正确使用攀登自锁器	《输变电工程安全文明标准化管理制度》[国网（基建/3）187—2015]、《国家电网公司电力安全工作规程（电网建设部分）（试行）》
（1）变电工程高处作业未使用相应登高工器具。 （2）梯子底部无防滑措施。 （3）人字梯无坚固的铰链和限制开度的拉链。 （4）作业人员踩踏在梯子顶部往下1m范围内作业。 （5）在运行的变电站及高压配电室搬动梯子未采用放倒两人搬运方式搬运。 （6）在带电设备区域内或邻近带电母线处，使用金属梯子。 （7）变电工程高处作业未使用高处作业平台	变电工程高处作业应使用梯子、高处作业平台，推荐使用高空作业车	《输变电工程安全文明标准化管理制度》[国网（基建/3）187—2015]、《国家电网公司电力安全工作规程（电网建设部分）（试行）》
线路工程平衡挂线出线临锚、导地线不能落地压接时，未使用高处作业平台	线路工程平衡挂线出线临锚、导地线不能落地压接时，应使用高处作业平台	《输变电工程安全文明标准化管理制度》[国网（基建/3）187—2015]、《国家电网公司电力安全工作规程（电网建设部分）（试行）》
（1）塔上作业上下悬垂瓷瓶串未使用下线爬梯。 （2）塔上作业上下复合绝缘子串未使用下线爬梯。 （3）塔上作业安装附件时，未使用下线爬梯。 （4）高处作业区附近有带电体时，未使用绝缘梯或绝缘平台	塔上作业上下悬垂瓷瓶串、上下复合绝缘子串和安装附件时，应使用下线爬梯。高处作业区附近有带电体时，应使用绝缘梯或绝缘平台	《输变电工程安全文明标准化管理制度》[国网（基建/3）187—2015]、《国家电网公司电力安全工作规程（电网建设部分）（试行）》
（1）易燃易爆物品附近，未按规定配备灭火器、砂箱、水桶、斧、锹等消防器材，或未放在明显、易取处。 （2）仓库附近未按规定配备灭火器、砂箱、水桶、斧、锹等消防器材，或未放在明显、易取处。	易燃易爆物品、仓库、宿舍、加工区、配电箱及重要机械设备附近，应按规定配备灭火器、砂箱、水桶、斧、锹等消防器材，并放在明显、易取处	《输变电工程安全文明标准化管理制度》[国网（基建/3）187—2015]、《国家电网公司电力安全工作规程（电网建设部分）（试行）》

违章表现	规程规定	规程依据
（3）宿舍附近，未按规定配备灭火器、砂箱、水桶、斧、锹等消防器材，或未放在明显、易取处。 （4）加工区附近未按规定配备灭火器、砂箱、水桶、斧、锹等消防器材，或未放在明显、易取处。 （5）配电箱附近按规定配备灭火器、砂箱、水桶、斧、锹等消防器材，或未放在明显、易取处。 （6）灭火器、砂箱、水桶、斧、锹等消防器材，或未存放在明显、易取处。 （7）重要机械设备附近未按规定配备灭火器、砂箱、水桶、斧、锹等消防器材，或未放在明显、易取处		
（1）易燃、易爆液体未存放在专用仓库或实施有效隔离。 （2）易燃、易爆液体未施工作业区、办公区、生活区、临时休息棚保持安全距离。 （3）危险品存放处未有明显的安全警示标志。 （4）危险品库房下方未设置通风口。 （5）危险品库房未进行安全检查签证	易燃、易爆液体或气体（油料、氧气瓶、乙炔气瓶、六氟化硫气瓶等）等危险品应存放在专用仓库或实施有效隔离，并与施工作业区、办公区、生活区、临时休息棚保持安全距离，危险品存放处应有明显的安全警示标志	《输变电工程安全文明标准化管理制度》[国网（基建/3）187—2015]、《国家电网公司电力安全工作规程（电网建设部分）（试行）》
（1）施工现场未建立消防安全责任制度。 （2）施工现场未确定消防安全责任人。 （3）消防器材未使用标准的架、箱。 （4）消防器材未有防雨、防晒措施。 （5）消防器材未有每月检查记录。 （6）消防器材每月检查记录的未有检查结果。 （7）灭火器指针未在绿色安全区域，超压或欠压。 （8）灭火器的类型未与配备场所可能发生的火灾的类型相匹配	消防器材应使用标准的架、箱，应有防雨、防晒措施，每月检查并记录检查结果，定期检验，保证处于合格状态	《输变电工程安全文明标准化管理制度》[国网（基建/3）187—2015]、《国家电网公司电力安全工作规程（电网建设部分）（试行）》

违章表现	规程规定	规程依据
（1）在存在有害气体的室内或容器内工作，深基坑、地下隧道和洞室等，未装设和使用强制通风装置。 （2）在存在有害气体的室内或容器内工作，深基坑、地下隧道和洞室等，未配备必要的气体监测装置。 （3）在存在有害气体的室内或容器内工作，深基坑、地下隧道和洞室等，人员进入前进行检测，未正确佩戴和使用防毒、防尘面具	在存在有害气体的室内或容器内工作，深基坑、地下隧道和洞室等，应装设和使用强制通风装置，配备必要的气体监测装置。人员进入前进行检测，并正确佩戴和使用防毒、防尘面具	《输变电工程安全文明标准化管理制度》[国网（基建/3）187—2015]、《国家电网公司电力安全工作规程（电网建设部分）（试行）》
（1）地下穿越作业未设置爬梯。 （2）地下穿越作业未设置通风设施。 （3）地下穿越作业未设置排水设施。 （4）地下穿越作业未设置照明设施。 （5）地下穿越作业未设置消防设施。 （6）地下穿越作业设置的爬梯、通风、排水、照明、消防设施未与作业进展同步布设。 （7）施工用电未采用铠装线缆，或采用普通线缆架空布设	地下穿越作业应设置爬梯，通风、排水、照明、消防设施应与作业进展同步布设。施工用电应采用铠装线缆，或采用普通线缆架空布设	《输变电工程安全文明标准化管理制度》[国网（基建/3）187—2015]、《国家电网公司电力安全工作规程（电网建设部分）（试行）》

27.6 安全生产费范围

违章表现	规程规定	规程依据
（1）安全生产费未用于安全隔离设施购置、租赁、运转费用。 （2）安全生产费未用于防护设施购置、租赁、运转费用。 （3）安全生产费未用于提高安全防护等级的施工用电配电箱、便携式电源卷线盘等设施购置、租赁、运转费用。 （4）安全生产费未用于危险品专用仓库建设费用，防碰撞、倾倒设施购置、租赁、运转费用。	电力建设工程施工企业安全生产费使用要立足满足工程现场安全防护和环境改善需要，优先用于保证工程建设过程达到安全生产标准化要求所需的支出	《国家电网公司关于进一步规范电力建设工程安全生产费用提取与使用管理工作的通知》（国家电网基建〔2013〕1286号）

违章表现	规程规定	规程依据
（5）安全生产费未用于高处作业平台临边防护、绝缘梯子等防护设施购置、租赁、运转、检测、维护保养费用。 （6）安全生产费未用于消防器材（含架箱）购置、租赁、运转、检测、维护保养费用。 （7）安全生产费未用于绝缘安全网和绝缘绳购置、租赁、运转、检测、维护保养费用。 （8）安全生产费未用于验电器、绝缘棒、工作接地线和保安接地线等预防雷击和近电作业防护设施购置、租赁、运转、检测、护保养费用。 （9）安全生产费未用于有害气室内或地下工程装设的强制通风装置或有害气体监测装置购置、租赁、运转、检测、维护保养费用。 （10）安全生产费未用于施工机械上的各种保护及保险装置购置、检测、维护保养费用。 （11）安全生产费未用于施工作业配备的防风、防腐、防尘、防水浸、防雷击等设施、设备购置、运转费用，防治边帮滑坡的设施及与之相关的配合费用。 （12）安全生产费未用于配备、维护、保养应急救援器材、设备、物资支出和应急演练支出。 （13）安全生产费未用于开展重大危险源和事故隐患评估、监控和整改费用。 （14）安全生产费未用于安全标志牌、限速指示牌、设施设备状态标示牌、操作规程牌、施工现场风险管控公示牌、应急救援路线公示牌等为满足施工安全标准化建设所投入设施购置、租赁、运转费用。 （15）安全生产费未用于提醒警示和人员的考勤等进出施工现场管理设施物品采购、租赁费用。		

违章表现	规程规定	规程依据
（16）安全生产费未用于施工现场依托数字通信网传输的单兵移动视频监控器材购置、租赁、运转费用。 （17）安全生产费未用于施工人员食堂用于卫生防疫设施购置费用。 （18）安全生产费未用于高海拔地区防高原病、疫区防传染等配套设施、措施及运转费用。 （19）安全生产费未用于工程施工高峰期，委托第三方对安全管理工作进行阶段性评价费用。 （20）安全生产费未用于参加国家优质工程评选项目的竣工安全性评价等专项评价费用。 （21）安全生产费未用于施工企业、施工项目部组织开展安全生产检查、咨询、评比、安全施工方案专家论证、配合职业健康体系认证所发生的相关费用。 （22）安全生产费未用于配备和更新现场作业人员（含劳务分包人员）安全防护用品支出。 （23）安全生产费未用于安全生产宣传、教育、培训支出。 （24）安全生产费未用于安全生产适用的新技术、新标准、新工艺、新装备的推广应用费用。 （25）安全生产费未用于安全设施及特种设备检测检验支出		

28 安 全 检 查 管 理

28.1 工程项目安全检查问题及时闭环

违章表现	规程规定	规程依据
（1）各项目部安全专职未组织人员对问题进行整改回复。 （2）各项目部项目部未针对整改通知单内容进行回复。 （3）各项目部整改通知回复单中未添加整改照片或照片与整改通知单涵盖的内容无法对应。 （4）各项目部未对因故不能整改的问题采取临时措施	业主、监理和施工项目部的安全专责按要求组织问题整改，对因故不能整改的问题，责任单位采取临时措施，制订整改措施计划报业主项目经理批准，分阶段实施	《国家电网公司基建安全管理规定》[国网（基建2）173—2015]
（1）施工项目部安全专职在各类检查中未留存数码照片等影像资料。 （2）施工项目部整改后照片内容仍有其他违章情况存在	施工项目部安全专责在各类检查中，按要求分别留存数码照片等影像资料，包括安全问题照片、违章照片及整改后照片	《国家电网公司基建安全管理规定》[国网（基建2）173—2015]

28.2 工程项目专项、季节性安全检查

违章表现	规程规定	规程依据
安全检查方案中未明确检查人员或检查的重点	工程项目安全检查前，检查组织单位负责制定检查方案、大纲（或检查表），确定检查人员，明确检查重点和要求	《国家电网公司基建安全管理规定》[国网（基建2）173—2015]
工程项目安委会未每季度组织开展一次安全检查	工程项目安委会每季度至少组织开展一次安全检查	《国家电网公司基建安全管理规定》[国网（基建2）173—2015]
施工项目部未对暂停令所列问题进行整改而擅自施工"	对各类检查、签证发现的安全问题，情节严重的，应签发工程暂停令，并及时报告业主项目部；施工项目部拒不整改或不停止施工的，及时向主管部门报告，并填写监理报告	《国家电网公司基建安全管理规定》[国网（基建2）173—2015]
（1）各项目部未对整改通知单进行回复。 （2）各项目部未针对整改通知单内容进行回复。 （3）各项目部整改通知回复单中未添加整改照片或照片与整改通知单涵盖的内容无法对应	业主项目部安全专责根据工程项目实施情况，开展现场随机安全检查，按要求组织强制性条文执行、安全通病防治等各类安全专项检查，及时通报检查情况，督促闭环整改	《国家电网公司基建安全管理规定》[国网（基建2）173—2015]
各项目部未开展阶段性安全管理评价	参加或受委托组织开展项目的安全管理评价工作	《国家电网公司基建安全管理规定》[国网（基建2）173—2015]

28.3 业主项目部定期组织安全检查

违章表现	规程规定	规程依据
（1）各项目部未对整改通知单进行回复。 （2）各项目部未针对整改通知单内容进行回复。 （3）各项目部整改回复单中未添加整改照片或照片与整改通知单涵盖的内容无法对应	业主项目部项目经理按计划组织监理和施工项目部，定期开展现场安全检查工作，分别下发安全检查问题整改通知单，要求责任单位进行整改	《国家电网公司基建安全管理规定》［国网（基建2）173—2015］

28.4 监理项目部定期组织安全检查

违章表现	规程规定	规程依据
（1）施工项目部未对监理通知单进行回复。 （2）施工项目部未针对监理通知单内容进行回复。 （3）施工项目部的监理回复单中未添加整改照片或照片与监理通知单涵盖的内容无法对应	安全监理工程师定期组织安全检查，进行日常的安全巡视检查	《国家电网公司基建安全管理规定》［国网（基建2）173—2015］

28.5 施工项目部定期组织安全检查

违章表现	规程规定	规程依据
（1）施工项目部未建立违章及处罚登记台账。 （2）施工项目经理未组织施工管理人员开展每月安全大检查。 （3）施工项目经理未按要求每月组织施工管理人员进行安全大检查。 （4）施工项目部对检查出的问题未下发整改通知单。 （5）施工项目部未对整改通知单进行回复。 （6）施工项目部未针对整改通知单内容进行回复。 （7）施工项目部整改通知回复单中未添加整改照片或照片与整改通知单涵盖的内容无法对应。 （8）施工项目部未及时更新安全问题台账	施工项目经理每月至少组织一次安全质量大检查，下发安全检查整改通知单，督促责任单位（分包商）、部门或施工队（班组）落实整改要求，通报检查及整改结果	《国家电网公司基建安全管理规定》［国网（基建2）173—2015］

违章表现	规程规定	规程依据
（1）施工项目部未对查出的安全隐患和问题进行分析或总结。 （2）施工项目经理未按要求每月组织管理人员进行安全工作例会。 （3）施工项目经理未对施工现场存在的问题制定针对性的措施	施工项目经理在每月召开的安全工作例会上，针对项目施工过程中和安全检查中发现的安全隐患和问题进行安全管理专题分析和总结；掌握现场安全施工动态，制定针对性措施，保证现场安全受控	《国家电网公司基建安全管理规定》[国网（基建2）173—2015]
施工项目部未每周对施工队（班组）开展的安全活动进行检查	施工队（班组）每周开展一次安全活动	《国家电网公司基建安全管理规定》[国网（基建2）173—2015]

29 项目应急管理

29.1 应急物资准备

违章表现	规程规定	规程依据
（1）施工项目部未按规定要求在醒目位置设立施工现场应急联络牌。 （2）施工项目部未张贴宣传应急急救知识类图文	在办公区、施工区、生活区、材料站（仓库）等场所的醒目处，应设立施工现场应急联络牌，并张贴宣传应急急救知识类图文	《国家电网公司施工项目部标准化管理手册（2014年版）》
（1）应急联络牌中未设置医疗救护急救路线图。 （2）应急联络牌中未设置应急联络人员及通讯方式	施工现场应急联络牌实例图	《国家电网公司输变电工程安全文明施工标准化管理办法》［国网（基建3)187—2015]
应急处置方案中未涵盖应急救援队伍相关内容	在项目应急工作组的统一领导下，组建现场应急救援队伍	《施工项目部综合评价表》
（1）应急救援物资和工器具未配备。 （2）施工项目部未落实应急救援物资和工器具的管理责任	配备应急救援物资和工器具，落实管理人员及责任	《施工项目部综合评价表》
应急救援物资和工器具配备不全	应急救援物资和工器具配备齐全	《施工项目部综合评价表》

29.2 应急处置方案编制

违章表现	规程规定	规程依据
现场应急处置方案未体现施工项目经理/总监理工程师/业主项目经理审查的痕迹	项目应急工作组组织编制现场应急处置方案，经施工项目经理、总监理工程师、业主项目部经理审查签字，报建设管理单位批准后发布实施	《国家电网公司业主项目部标准化管理手册（2014年版）》

29.3 应急救援知识培训和应急演练

违章表现	规程规定	规程依据
施工项目部未填写现场应急处置方案演练记录	填写现场应急处置方案演练记录	《国家电网公司施工项目部标准化管理手册（2014年版）》

30 施工现场（一般规定）

30.1 施工总平图

违章表现	规程规定	规程依据
《项目管理实施规划》中未见施工总平面布置图，或不符合国家消防、环境保护、职业健康等有关规定	施工总平面布置应符合国家消防、环境保护、职业健康等有关规定	《国家电网公司电力安全工作规程（电网建设部分）（试行）》

30.2 施工现场管网保护

违章表现	规程规定	规程依据
施工人员存在随意切割和移动施工现场敷设的力能管线，或切割或移动前未完成审批手续的现象	施工现场敷设的力能管线不得随意切割或移动。如需切割或移动，应事先办理审批手续	《国家电网公司电力安全工作规程（电网建设部分）（试行）》

30.3 施工现场排水

违章表现	规程规定	规程依据
（1）施工方案中未制定排水措施。 （2）承载荷重的排水沟存在未设盖板或敷设涵管的现象。 （3）排水沟及涵管存在堵塞的现象	施工现场的排水设施应全面规划。排水沟的截面积及坡度应经计算确定，其设置位置不得妨碍交通。凡有可能承载荷重的排水沟均应设盖板或敷设涵管，盖板的厚度或涵管的大小和埋设的深度应经计算确定。排水沟及涵管应保持畅通	DL 5009.3—2013《电力建设安全工作规程 第3部分：变电站》

30.4 施工现场防火要求

违章表现	规程规定	规程依据
林区、草地施工现场，存在吸烟及使用明火的现象	林区、草地施工现场，严禁吸烟及使用明火	DL 5009.2—2013《电力建设安全工作规程 第2部分：电力线路》

30.5 施工现场人员安全要求

违章表现	规程规定	规程依据
（1）施工人员存在未正确佩戴安全防护用品的现象，或安全防护用品破损仍佩戴。 （2）施工人员存在穿拖鞋、凉鞋、高跟鞋，以及短裤、裙子进入施工现场的现象。 （3）施工人员存在酒后进入施工现场的现象。 （4）现场存在非施工人员未经允许进入施工现场的现象	进入施工现场的人员应正确佩戴安全帽，根据作业工种或场所需要选配个人防护装备。禁止施工作业人员穿拖鞋、凉鞋、高跟鞋，以及短裤、裙子等进入施工现场。禁止酒后进入施工现场。与施工无关的人员未经允许不得进入施工现场	《国家电网公司电力安全工作规程（电网建设部分）（试行）》
现在存在无二维码登记人员进场施工的现象	未进行二维码登记的人员不得进入施工现场	《国网基建部关于对输变电工程作业现场施工分包人员全面实施"二维码"管理的通知》（基建安质〔2016〕88号）
（1）未经知识教育进场参加工作。 （2）单独进行工作	进入现场的其他人员（供应商、实习人员等）应经过安全生产知识教育后，方可进入现场参加指定的工作，并且不得单独工作	《国家电网公司电力安全工作规程（电网建设部分）（试行）》
除焊工等有特殊着装要求的工种外，同一单位在同一施工现场的员工应统一着装	除焊工等有特殊着装要求的工种外，同一单位在同一施工现场的员工应统一着装	《国家电网公司输变电工程安全文明施工标准化管理办法》[国网（基建/3）187—2015]

30.6 施工安全设施要求

违章表现	规程规定	规程依据
（1）施工项目部存在未足额使用安措费和未在施工作业前完成安措费审批手续的现象。 （2）施工现场存在安全设施配备与报审内容不符的现象。 （3）施工现场存在安全设施无方案被擅自拆、挪或移作他用的现象	施工现场应按规定配置和使用施工安全设施。设置的各种安全设施不得擅自拆、挪或移作他用。如确因施工需要，应征得该设施管理单位同意，并办理相关手续，采取相应的临时安全措施，事后应及时恢复	《国家电网公司电力安全工作规程（电网建设部分）（试行）》

30.7 施工现场安全防护

违章表现	规程规定	规程依据
（1）《施工安全管理及风险控制方案》中未明确在危险场所设置安全防护设施及安全标志的要求。 （2）施工场及周围的悬崖、陡坎、深坑、高压带电区等危险场所未设可靠的防护设施及安全标志；坑、沟、孔洞等未铺设符合安全要求的盖板或设可靠的围栏、挡板及安全标志。 （3）危险场所夜间未设警示灯或警示标志，未制定危险场所夜间施工的安全措施	施工现场及周围的悬崖、陡坎、深坑、高压带电区等危险场所均应设可靠的防护设施及安全标志；坑、沟、孔洞等均应铺设符合安全要求的盖板或设可靠的围栏、挡板及安全标志。危险场所夜间应设警示灯	《国家电网公司电力安全工作规程（电网建设部分）（试行）》

30.8 现场应急处置要求

违章表现	规程规定	规程依据
（1）工作场所存在未配备有效应急医疗用品和器材的现象。 （2）施工现场未配备医药箱，或医药箱中的药品存在过期的现象	施工现场应编织应急现场处置方案，配备应急医疗用品和器材等，施工车辆宜配备医药箱，并定期检查其有效期限，即使更换补充	《国家电网公司电力安全工作规程（电网建设部分）（试行）》
（1）项目部未编制应急处置方案，或应急处置方案不齐全，或内容实际操作性不强。 （2）现场的机械设备存在破损的现象，安全防护罩缺失，或机械设备上无安全操作规程，未建立机械设备台账。 （3）施工便道存在堆放杂物、工器具的现象，或施工便道凹凸不平。 （4）悬崖险坡等临边设施未设置安全围栏或未采取安全措施。 （5）送电施工现场存在安全设施不齐全或未正确使用安全设施的现象，或安全设施未定期进行检查，未建立安全设施台账	施工现场应制定现场应急处置方案。现场的机械设备应完好、整洁，安全操作规程齐全。施工便道应保持畅通、安全、可靠。遇悬崖险坡应设置安全可靠的临时围栏。应按规定配置和使用送电施工安全设施	DL 5009.2—2013《电力建设安全工作规程第2部分：电力线路》

违章表现	规程规定	规程依据
（1）未编制应急处置方案，或编制不齐全，或操作性不强，无针对性。 （2）未开展应急演练	根据现场需要，现场应急处置方案中一般应包括（但不限于）： （1）人身事件现场应急处置； （2）垮（坍）塌事故现场应急处置； （3）火灾、爆炸事故现场应急处置； （4）触电事故现场应急处置； （5）机械设备事件现场应急处置； （6）食物中毒事件施工现场应急处置； （7）环境污染事件现场应急处置； （8）自然灾害现场应急处置； （9）急性传染病现场应急处置； （10）群体突发事件现场应急处置。 现场应急处置方案报建设管理单位审核批准后开展演练，并在必要时实施	《国家电网公司基建安全管理规定》[国网（基建/2）173—2015]

30.9　施工现场施工项目部责任

违章表现	规程规定	规程依据
（1）项目部未组织学习本办法。 （2）未建立项目风险初勘台账，或台账填写有误。 （3）未建立输变电工程施工安全风险识别、评估及控制措施记录及台账，包括施工安全固有风险识别、评估及预控措施总清册，三级及以上施工安全固有风险识别、评估及预控措施清册，施工安全风险动态识别、评估及预控措施动态管理台账，施工作业风险现场复测单。 （4）未通过基建管理信息系统上报已开展的作业风险及控制情况信息。 （5）存在未办理安全施工作业A票和B票的现象，或作业票填写不符合要求，人员签字不齐全，未建立风险作业卡。 （6）未执行输变电工程三级及以上施工安全风险管理人员到岗到位要求。 （7）每月未开展安全例会总结风险控制工作，或未开展作业风险管理检查	（1）组织所有参建人员学习掌握本办法，熟悉施工安全风险管理流程及相关工作，按要求开展施工安全风险管理工作。 （2）开展现场初勘，建立本工程项目风险初勘台账，检查落实施工作业必备条件是否满足要求。 （3）通过基建管理信息系统，建立输变电工程施工安全风险识别、评估及控制措施记录及台账。及时上报已开展的作业风险及控制情况信息。 （4）组织分层办理安全施工作业A票和B票，执行输变电工程三级及以上施工安全风险管理人员到岗到位要求。 （5）每月组织分析总结风险控制工作，开展作业风险管理常态化检查，确保作业现场风险控制措施落实	《国家电网公司输变电工程施工安全风险识别、评估及预控措施管理办法》[国网（基建/3）176—2015]

30.10 施工现场施工单位责任

违章表现	规程规定	规程依据
（1）施工现场未配备相应的安全设施，施工人员未配备合格的个人防护用品。 （2）每月未对个人防护用品进行检查。 （3）《施工安全管理及风险控制方案》中未明确办公区、生活区和作业现场的布置要求，或办公区、生活区和作业现场未按标准化要求布置。 （4）未对施工人员进行日常安全教育培训，未开展月度安全检查，未建立施工人员安全奖惩台账。 （5）《施工安全管理及风险控制方案》中未明确环境保护和水土保持措施，文明施工、绿色施工的要求，或现场未落实环境保护和水土保持措施，文明施工、绿色施工的要求。 （6）《施工安全管理及风险控制方案》中未明确安全文明施工设施配置标准要求，或施工现场安全文明施工设施配置不齐全、不符合标准要求	工单位（施工项目部）应结合实际情况，按标准化要求为工程现场配置相应的安全设施，为施工人员配备合格的个人防护用品，并做好日常检查、保养等管理工作。按标准化要求布置办公区、生活区和作业现场，教育、培训、检查、考核施工人员按规范化要求开展作业，落实环境保护和水土保持措施，文明施工、绿色施工	《国家电网公司输变电工程安全文明施工标准化管理办法》［国网（基建/3）187—2015］

31 施工现场（道路）

31.1 道路设计施工要求

违章表现	规程规定	规程依据
（1）施工现场临时道路存在未初步硬化的现象。 （2）线路施工便道存在有碎石滑落的现象	施工现场的道路应坚实、平坦，车道宽度和转弯半径应结合施工现场道路或变电站进站和站内道路设计，并兼顾施工和大件设备运输要求。线路施工便道应保持畅通、安全、可靠	《国家电网公司电力安全工作规程（电网建设部分）（试行）》
（1）施工现场存在未征得现场负责人同意而任意破坏现场道路的现象。 （2）施工现场临时道路开挖期间未采取铺设过道板或架设便桥等安全措施，便桥两侧未设置安全警示标志	现场道路不得任意挖掘或截断，确需开挖时，应事先征得现场负责人的同意并限期修复。开挖期间应采取铺设过道板或架设便桥等保证安全通行的措施	《国家电网公司电力安全工作规程（电网建设部分）（试行）》
（1）现场道路跨越沟槽时未搭设牢固的便桥，或未采取防止人员、车辆坠落的安全措施。 （2）现场道路便桥存在未经验收就投入使用的现象。 （3）便桥两侧未设置栏杆或安全警示标志。 （4）人行便桥宽度小于1m。 （5）手推车便桥的宽度小于1.5m。 （6）汽车便桥的宽度小于3.5m	现场道路跨越沟槽时应搭设牢固的便桥，经验收合格后方可使用。人形便桥的宽度不得小于1m，手推车便桥的宽度不得小于1.5m，汽车便桥的宽度不得小于3.5m。便桥的两侧应设有可靠的栏杆，并设置安全警示标志	《国家电网公司电力安全工作规程（电网建设部分）（试行）》

31.2 道路交通要求

违章表现	规程规定	规程依据
（1）进入施工现场的车辆存在超速行驶的现象。 （2）在特殊路段行车的车辆存在超速的现象，显著位置未设置限速标志	现场的机动车辆应限速行驶，行驶速度一般不得超过15km/h；机动车在特殊地点、路段或遇到特护情况时的行驶速度不得超过5km/h；并应在显著位置设置限速标志	《国家电网公司电力安全工作规程（电网建设部分）（试行）》

违章表现	规程规定	规程依据
（1）施工现场机动车辆行驶沿途未设交通指挥标志，危险区段未设"危险"或"禁止通行"等安全标志。 （2）危险路段夜间未设警示灯，未制定危险路段夜间通行的安全措施。 （3）场地狭小、运输繁忙的地点未设临时交通指挥	机动车辆行驶沿途应设交通指挥标志，危险区段应设"危险"或"禁止通行"等安全标志，夜间应设警示灯。场地狭小、运输繁忙的地点应设临时交通指挥	《国家电网公司电力安全工作规程（电网建设部分）（试行）》

32 施工现场（临时建筑）

32.1 建造及使用要求

违章表现	规程规定	规程依据
施工项目部未编制临时建筑物的方案，临时建筑物的设计、安装、验收、使用与维护、拆除与回收未执行 JGJ/T 188《施工现场临时建筑物技术规范》的有关规定	施工现场使用的办公用房、生活用房、围挡等临时建筑物的设计、安装、验收、使用与维护、拆除与回收按 JGJ/T 188《施工现场临时建筑物技术规范》的有关规定执行	《国家电网公司电力安全工作规程（电网建设部分）（试行）》
临时建筑物工程竣工后，未对临时建筑进行验收及登记，未建立临时建筑验收阶段检查记录	临时建筑物工程竣工后应经验收合格方可使用	《国家电网公司电力安全工作规程（电网建设部分）（试行）》
（1）未根据当地气象条件编制抵御风、雪、雨、雷电等自然灾害的应急方案。 （2）使用过程中未开展定期检查及维护	临时建筑物应根据当地气象条件，采取抵御风、雪、雨、雷电等自然灾害的措施，使用过程中应定期进行检查维护	《国家电网公司电力安全工作规程（电网建设部分）（试行）》
施工现场采用彩条布搭建临时工棚	线路工程现场严禁使用塔材、石棉瓦、脚手板、模板、彩条布、油毛毡、竹笆等材料搭建工棚	《国家电网公司输变电工程安全文明施工标准化管理办法》[国网（基建/3）187—2015]

32.2 临时用电布置要求

违章表现	规程规定	规程依据
金属房外壳（皮）存在未接地现象	金属房外壳（皮）应可靠接地	《国家电网公司电力安全工作规程（电网建设部分）（试行）》
（1）未编制临时电源使用方案。电源箱未按《国家电网公司电力安全工作规程（电网建设部分）（试行）》进行配置。 （2）电源箱进房线孔存在未加防磨线措施的现象	电源箱应装设在房外，箱内应装配有电源开关、剩余电流动作保护装置（漏电保护器）、熔断器，进房线孔应加防磨线措施	《国家电网公司电力安全工作规程（电网建设部分）（试行）》
屋内配线及灯具未按临时电源使用方案执行	房内配线应采用橡胶线且用瓷件固定。照明用灯采用防水瓷灯具	《国家电网公司电力安全工作规程（电网建设部分）（试行）》

违章表现	规程规定	规程依据
房内动力电与照明用电未分别设熔断器和剩余电流动作保护装置（漏电保护器）	房内需动力电源的，动力电与照明用电应分别装设熔断器和剩余电流动作保护装置（漏电保护器）	《国家电网公司电力安全工作规程（电网建设部分）（试行）》
房内配电设备前端地面存在未铺设绝缘橡胶板现象	房内配电设备前端地面应铺设绝缘橡胶板	《国家电网公司电力安全工作规程（电网建设部分）（试行）》
金属房的出入口门外存在未铺设绝缘橡胶板现象	金属房的出入口门外应铺设绝缘橡胶板	《国家电网公司电力安全工作规程（电网建设部分）（试行）》

33 施工现场材料、设备堆（存）放管理

33.1 材料站选址要求

违章表现	规程规定	规程依据
（1）材料站地面未硬化，存在凹凸不平的现象。 （2）材料站场地未按使用性质分区，存在各种材料混放的现象	材料站应选择交通便利、安全可靠、满足放置材料和机械设备等要求的场地，并按使用性质分区明确。材料、设备应按平面布置的规定存放，并应符合消防及防汛等防灾害的有关规定	DL 5009.2—2013《电力建设安全工作规程第2部分：电力线路》
材料堆放时未设置支垫，未制定防潮、防火措施	堆放场地应平坦、不积水，地基应坚实。应设置支垫，并做好防潮、防火措施	《国家电网公司电力安全工作规程（电网建设部分）（试行）》

33.2 施工总平图要求

违章表现	规程规定	规程依据
（1）《施工组织设计》中的施工总平面布置图未见材料定置化要求，或不符合消防及搬运的要求。 （2）《施工安全管理及风险控制方案》未涵盖材料站总体平面布置的内容，且不符合消防及防汛等防灾害的有关规定	材料、设备应按施工总平面布置规定的地点进行定置化管理，并符合消防及搬运的要求	《国家电网公司电力安全工作规程（电网建设部分）（试行）》

33.3 受力工器具及防护用品存放要求

违章表现	规程规定	规程依据
（1）各类抱杆、钢丝绳、跨越架、脚手杆（管）、脚手板、紧固件等受力工器具以及防护用具等未存放在干燥、通风处，未制定防腐、防火措施。 （2）工程开工或间歇性复工前未对各类抱杆、钢丝绳、跨越架、脚手杆（管）、脚手板、紧固件等受力工器具及防护用具进行检查，或使用不合适的受力工器具及防护用具	各类抱杆、钢丝绳、跨越架、脚手杆（管）、脚手板、紧固件等受力工器具以及防护用具等均应存放在干燥、通风处，并符合防腐、防火等要求。工程开工或间歇性复工前应进行检查，合格方可使用	《国家电网公司电力安全工作规程（电网建设部分）（试行）》

33.4 危险品仓库管理要求

违章表现	规程规定	规程依据
（1）木材、废料堆放场与正在施工中的永久性建筑物、易燃材料库房、锅炉房、厨房及其他固定性用火场所、土建筑物之间的距离小于25m。 （2）木材、废料堆放场与办公室及生活性临时建筑、材料库房及露天堆场、一般性临时建筑之间的距离小于15m。 （3）木材、废料堆放场与易燃物（稻草、芦席等）之间的距离小于30m。 （4）易燃材料（氧气、乙炔、汽油等）仓库与正在施工的永久性建筑物、办公室及生活性临时建筑、锅炉房、厨房及其他固定性用火场所之间的距离小于20m。 （5）易燃材料（氧气、乙炔、汽油等）仓库与木材、废料堆场、主建筑物之间的距离小于25m。 （6）易燃材料（氧气、乙炔、汽油等）仓库与材料仓库及露天堆场之间的距离小于15m。 （7）易燃材料（氧气、乙炔、汽油等）仓库与易燃物（稻草、芦席等）之间的距离小于30m	易燃材料、废料的堆放场所与建筑物及动火作业区的距离应符合本规程 3.6.2 的有关规定	《国家电网公司电力安全工作规程（电网建设部分）（试行）》
（1）容器存在未密封的现象。 （2）库房空气混浊，未设置专人管理。 （3）库房醒目处未设置警告标志	有毒有害物品的存放和保管遵守下列规定：容器必须密封；库房空气应流通，并有专人管理；醒目处应设置"有毒有害"标志	DL 5009.2—2013《电力建设安全工作规程 第2部分：电力线路》
（1）未存放在专用区域，容器存在未密封的现象。 （2）容器附件有易燃易爆物品。 （3）存放在阳光可直射的区域，或容器周围有明火。 （4）醒目处未设置警示标志，或容器附近有人吸烟	汽油、柴油等挥发性物品的存放和保管遵守下列规定：应存放在专用区域内，容器应密封；附近严禁有易燃易爆物品；严禁靠近火源或在烈日下暴晒；醒目处应设置"严禁烟火"的标志	DL 5009.2—2013《电力建设安全工作规程 第2部分：电力线路》

违章表现	规程规定	规程依据
（1）易燃、易爆及有毒有害物品未单独存放，或危险品仓库与普通仓库之间的距离小于15m。 （2）危险品仓库的库门存在向内开的现象。 （3）盛有汽油、酒精、油漆及稀释剂等挥发性易燃材料的容器未密封存放，容器旁未配消防器材，未悬挂相应的安全标志	易燃、易爆及有毒有害物品等应分别存放在与普通仓库隔离的危险品仓库内，危险品仓库的库门应向外开，按有关规定严格管理。汽油、酒精、油漆及稀释剂等挥发性易燃材料应密封存放，配消防器材，悬挂相应的安全标志	《国家电网公司电力安全工作规程（电网建设部分）（试行）》
危险口库房内开关装在室内	在有爆炸危险的场所及危险品仓库内，应采用防爆型电气设备，开关应装在室外	《国家电网公司电力安全工作规程（电网建设部分）（试行）》

33.5　一般材料堆放要求

违章表现	规程规定	规程依据
材料、设备放置在围栏或建筑物的墙壁附近时，未留间距或间距小于0.5m	材料、设备放置在围栏或建筑物的墙壁附近时，应留有0.5m以上间距	《国家电网公司电力安全工作规程（电网建设部分）（试行）》
（1）器材堆放混乱，长、大件器材堆放未设置防倾倒措施，或器材距铁路轨道最小距离小于2.5m。 （2）钢筋混凝土电杆堆放场地未硬化，杆段下方未设支垫，两侧未掩牢，堆放高度超过3层。 （3）钢管堆放的两侧未设立柱，堆放高度超过1m，层间未加垫。 （4）袋装混凝土堆放的地面未硬化，架空垫起小于0.3m，或堆放高度超过10包；临时露天堆放时，未采取防潮、防雨等措施。 （5）线盘放置的地面未硬化，滚动方向前后未掩牢。 （6）绝缘子存在包装破损的现象，且堆放高度超过2m。 （7）材料箱、筒横卧超过3层，或立放超过2层，层间未加垫，两边未设立柱。 （8）袋装材料堆高超过1.5m，或存在堆放凌乱、不稳固的现象。 （9）圆木和毛竹堆放的两侧未设立柱，堆放高度超过2m，且未采取防止滚落的措施	器材堆放应遵守下列规定： （1）器材堆放整齐稳固。长、大件器材的堆放有防倾倒的措施。 （2）器材距铁路轨道最小距离不得小于2.5m。 （3）钢筋混凝土电杆堆放的地面应平整、坚实，杆段下方应设支垫，两侧应掩牢，堆放高度不得超过3层。 （4）钢管堆放的两侧应设立柱，堆放高度不宜超过1m，层间可加垫。 （5）袋装水泥堆放的地面应垫平，架空垫起不小于0.3m，堆放高度不宜超过10包；临时露天堆放时，应用防雨篷布遮盖。 （6）线盘放置的地面应平整、坚实，滚动方向前后均应掩牢。 （7）绝缘子应包装完好，堆放高度不宜超过2m。 （8）材料箱、筒横卧不超过3层、立放不超过2层，层间应加垫，两边设立柱。 （9）袋装材料堆高不超过1.5m，堆放整齐、稳固。 （10）圆木和毛竹堆放的两侧应设立柱，堆放高度不宜超过2m，并有防止滚落的措施	《国家电网公司电力安全工作规程（电网建设部分）（试行）》

33.6　电气设备保管与堆放

违章表现	规程规定	规程依据
（1）瓷质材料拆箱后，存在多层堆放的现象，未采取防碰措施。 （2）绝缘材料存放的库房内未制定防火、防潮措施。 （3）电气设备存在未分类存放，且放置混乱的现象。对特殊的电气设备未制定防倾倒、防潮的措施	电气设备的保管与堆放应符合下列要求： （1）瓷质材料拆箱后，应单层排列整齐，不得堆放，并采取防碰措施。 （2）绝缘材料应存放在有防火、防潮措施的库房内。 （3）电气设备应分类存放，放置应稳固、整齐，不得堆放。重心较高的电气设备在存放时应有防止倾倒的措施。有防潮标志的电气设备应做好防潮措施	《国家电网公司电力安全工作规程（电网建设部分）（试行）》

154

34 施工现场（施工用电）

34.1 临时施工用电设计

违章表现	规程规定	规程依据
（1）施工现场临时用电设备在 5 台及以上或设备总容量在 50kW 及以上未编制临时用电方案。 （2）临时用电方案未涵盖临时电源及电缆走向平面布置图的内容。 （3）临时用电方案计算用电设备缺少宿舍区大功率空调设备。 （4）临时用电方案计算内容错误	施工现场临时用电设备在 5 台及以上或设备总容量在 50kW 及以上者，应编制用电组织设计	JGJ 46—2005《施工现场临时用电安全技术规范》

34.2 临时施工用电方案

违章表现	规程规定	规程依据
（1）项目管理实施规划中未涵盖临时用电方案的内容，且未编制专项的施工用电方案。 （2）临时用电方案线路布设明显违反规范规定要求	施工用电方案应编入项目管理实施规划或编制专项方案，其布设要求应符合国家行业有关规定	《国家电网公司电力安全工作规程（电网建设部分）（试行）》
施工用电设施未按方案施工，用电设施未经验收合格就投入使用	施工用电设施应按批准的方案进行施工，竣工后应经验收合格方可投入使用	《国家电网公司电力安全工作规程（电网建设部分）（试行）》
（1）电工无电工证，或电工证过期未复审。 （2）未建立安装、运行、维护、拆除作业记录台账，或台账未每月填写	施工用电设施安装、运行、维护应由专业电工负责，并应建立安装、运行、维护、拆除作业记录台账	《国家电网公司电力安全工作规程（电网建设部分）（试行）》
施工用电设施检查记录未每月填写，或每月对查出的问题未进行整改闭环	施工用电工程应定期检查，对安全隐患应及时处理，并履行复查验收手续	《国家电网公司电力安全工作规程（电网建设部分）（试行）》

34.3 临时用电变压器设备

违章表现	规程规定	规程依据
（1）容量在 400kVA 及以下的 10kV 变压器采用支柱上安装时，支柱上的变压器底部距离地面的高度小于 2.5m。 （2）容量在 400kVA 及以下的 10kV 变压器采用支柱上安装时，组立后的支柱未采取防止倾斜、下沉或支柱基础积水等现象的措施	10kV/400kVA 及以下的变压器宜采用支柱上安装，支柱上变压器的底部距离地面的高度不得小于 2.5m。组立后的支柱不应有倾斜、下沉及支柱基础积水等现象	《国家电网公司电力安全工作规程（电网建设部分）（试行）》
（1）35kV 及 10kV/400kVA 以上的变压器如采用地面平台安装，装设变压器的平台低于地面 0.5m，或其四周装设围栏高度低于 1.7m。 （2）围栏与 10kV 及以下变压器外廓的距离小于 1m，或围栏各侧的明显部位未悬挂"止步、高压危险！"的安全标志 （3）围栏与 35kV 变压器外廓的距离小于 1.2m，或围栏各侧的明显部位未悬挂"止步、高压危险！"的安全标志	35kV 及 10kV/400kVA 以上的变压器如采用地面平台安装，装设变压器的平台应高出地面 0.5m，其四周应装设高度不低于 1.7m 的围栏。围栏与变压器外廓的距离：10kV 及以下应不小于 1m，35kV 应不小于 1.2m，并应在围栏各侧的明显部位悬挂"止步、高压危险！"的安全标志	《国家电网公司电力安全工作规程（电网建设部分）（试行）》
（1）变压器中性点及外壳存在未接地的现象。 （2）变压器工作接地电阻存在大于 4Ω 的现象。 （3）总容量为 100kVA 以下的系统，工作接地电阻大于 10Ω。 （4）在土壤电阻率大于 1000Ω·m 的地区，工作接地电阻大于 30Ω	变压器中性点及外壳接地应接触良好，连接牢固可靠，工作接地电阻不得大于 4Ω。总容量为 100kVA 以下的系统，工作接地电阻不得大于 10Ω。在土壤电阻率大于 1000Ω·m 的地区，当达到上述接地电阻值有困难时，工作接地电阻不得大于 30Ω	《国家电网公司电力安全工作规程（电网建设部分）（试行）》
变压器引线与外壳之间的距离小于 0.7m	变压器引线与电缆连接时，电缆及其终端头均不得与变压器外壳直接接触	《国家电网公司电力安全工作规程（电网建设部分）（试行）》
（1）采用箱式变电站供电时，其外壳接地使用螺纹钢。 （2）采用箱式变电站供电时，其外壳接地顶面埋设深度小于 0.6m。 （3）有仪表和继电器的箱门未与壳体连接	采用箱式变电站供电时，其外壳应有可靠的保护接地，接地系统应符合产品技术要求，装有仪表和继电器的箱门应与壳体可靠连接	《国家电网公司电力安全工作规程（电网建设部分）（试行）》
箱式变电站安装完毕或检修后投入运行前，未对其内部的电气设备进行检查，或未进行电气性能试验	箱式变电站安装完毕或检修后投入运行前，应对其内部的电气设备进行检查，电气性能试验合格后方可投入运行	《国家电网公司电力安全工作规程（电网建设部分）（试行）》

34.4 发电机

违章表现	规程规定	规程依据
（1）供电系统接地型式和接地电阻存在与施工现场原有供用电系统不一致的现象。 （2）发电机组未设置短路保护、过负荷保护的措施。 （3）当两台或两台以上发电机组并列运行时，未采取限制中性点环流的措施。 （4）发电机组周围存在有明火，存放易燃、易爆物的现象。 （5）发电场所未配备适用的消防设施	发电机组的安装和使用应符合下列规定： （1）供电系统接地型式和接地电阻应与施工现场原有供用电系统保持一致。 （2）发电机组应设置短路保护、过负荷保护。 （3）当两台或两台以上发电机组并列运行时，应采取限制中性点环流的措施。 （4）发电机组周围不得有明火，不得存放易燃、易爆物。发电场所应设置可在带电场所使用的消防设施，并应标识清晰、醒目，便于取用	GB 50194—2014《建设施工现场供用电安全规范》
（1）发电机停放地点不稳固，底部距地面小于0.3m。 （2）发电机金属外壳和拖车未采取可靠的接地措施。 （3）发电机未采取稳固固体的措施。 （4）发电机未配备消防灭火器材。 （5）发电机上部未设牢固、可靠的防雨棚，未采取任何防雨、防潮措施	移动式发电机的使用应符合下列规定： （1）发电机停放的地点应平坦，发电机底部距地面不应小于0.3m。 （2）发电机金属外壳和拖车应有可靠的接地措施。 （3）发电机应固体牢固。 （4）发电机应随车配备消防灭火器材。 （5）发电机上部应设防雨棚，防雨棚应牢固、可靠	GB 50194—2014《建设施工现场供用电安全规范》
发电机组电源未与其他电源互相闭锁，存在可能造成并列运行的安全隐患	发电机组电源必须与其他电源互相闭锁，严禁并列运行	GB 50194—2014《建设施工现场供用电安全规范》
发电机设在低洼处，或未制定防水措施	发电机组禁止设在基坑里	《国家电网公司电力安全工作规程（电网建设部分）（试行）》
（1）发电机周围未制定灭火措施，未配备专用灭火器。 （2）发电机周围存在堆放易燃易爆物品的现象	发电机组应配置可用于扑灭电气火灾的灭火器，禁止存放易燃易爆物品	《国家电网公司电力安全工作规程（电网建设部分）（试行）》
（1）发电机组存在未使用三相五线制的现象。 （2）工作接地电阻大于4Ω。 （3）总容量为100kVA以下的系统，工作接地电阻大于10Ω。 （4）在土壤电阻率大于1000Ω·m的地区，工作接地电阻大于30Ω	发电机组应采用电源中性点直接接地的三相五线制供电系统，即TN-S接零保护系统，其工作接地电阻值应符合本规程3.5.2.3的要求	《国家电网公司电力安全工作规程（电网建设部分）（试行）》
（1）发电机供电系统存在未设置可视断路器或电源隔离开关及短路、过载保护的现象。 （2）电源隔离开关分断时无明显可见分断点	发电机供电系统应设置可视断路器或电源隔离开关及短路、过载保护。电源隔离开关分段时应有明显可见分断点	《国家电网公司电力安全工作规程（电网建设部分）（试行）》

34.5 配电箱

违章表现	规程规定	规程依据
（1）配电系统未设置配电柜或总配电箱、分配电箱、末级配电箱。 （2）配电箱未根据负荷状态装设短路、过载保护电器和剩余电流动作保护装置（漏电保护器）。 （3）未开展每月一次的检查。 （4）配电箱内无电气接线图	配电系统应设置总配电箱、分配电箱、末级配电箱，实行三级配电。配电箱应根据用电负荷状态装设短路、过载保护电器和剩余电流动作保护装置（漏电保护器），并定期检查和试验	《国家电网公司电力安全工作规程（电网建设部分）（试行）》
各级配电箱采用相同额定动作电流的剩余电流动作保护装置（漏电保护器）或总开关剩余电流动作保护装置（漏电保护器）额定动作电流小于分开关剩余电流动作保护装置（漏电保护器）额定动作电流	剩余电流动作保护装置（漏电保护器）的额定动作电流应逐级递减	《国家电网公司电力安全工作规程（电网建设部分）（试行）》
（1）高压配电装置未设隔离开关。 （2）隔离开关分断时未见明显断开点	高压配电装置应装设隔离开关，隔离开关分断时应有明显断开点	《国家电网公司电力安全工作规程（电网建设部分）（试行）》
（1）低压配电箱存在 N 线端子板和 PE 线端子板共用一个接地线的现象。 （2）低压配电箱电器安装板上存在未设 N 线端子板和 PE 线端子板的现象。 （3）低压配电箱 N 线端子板未与金属电器安装板绝缘，或 PE 线端子板未与金属电器安装板做电气连接。 （4）低压配电箱存在 N 线未通过 N 线端子板连接的现象。 （5）低压配电箱存在 PE 线未通过 PE 线端子板连接的现象	低压配电箱的电器安装板上应分设 N 线端子板和 PE 线端子板。N 线端子板应与金属电器安装板绝缘；PE 线端子板应与金属电器安装板做电气连接。进出线中的 N 线应通过 N 线端子板连接；PE 线应通过 PE 线端子板连接	《国家电网公司电力安全工作规程（电网建设部分）（试行）》
（1）配电箱设在低洼处，且未采取防水、防尘、防碰撞、防物体打击措施。 （2）配电箱周围未配备防火器材。 （3）配电箱周围存在堆放杂物的现象	配电箱设置地点应平整，不得被水淹或土埋，并应防止碰撞和被物体打击。配电箱内及附近不得堆放杂物	《国家电网公司电力安全工作规程（电网建设部分）（试行）》

违章表现	规程规定	规程依据
（1）配电箱金属外壳未接地或未接零。 （2）配电箱金属外壳采用螺纹钢接地。 （3）配电箱未采取防雨措施。 （4）配电箱未采取防火措施。 （5）配电箱内配线未采用黄绿红相色配线，或配线有裂纹，或配线芯裸露。 （6）导线端头无压接接头，且导线进出配电箱连接松散。操作处存在有带电体裸露的现象	配电箱应坚固，金属外壳接地或接零良好，其结构应具备防火、防雨的功能，箱内的配线应采取相色配线且绝缘良好，导线进出配电柜或配电箱的线段应采取固定措施，导线端头制作规范，连接应牢固。操作部位不得有带电体裸露	《国家电网公司电力安全工作规程（电网建设部分）（试行）》
（1）支架上装设配电箱存在安装不牢固，不便于操作和维修的现象。 （2）配电箱引下线未穿管敷设，或未做防水弯	支架上装设的配电箱，应安装牢固并便于操作和维修；引下线应穿管敷设并做防水弯	《国家电网公司电力安全工作规程（电网建设部分）（试行）》
（1）多路电源配电箱存在未采用密封式的现象；电源配电箱开关及熔断器下口接电源，上口接负荷，形成倒接。 （2）电源配电箱负荷出线电缆未标明名称，单相开关未标明电压	多路电源配电箱宜采用密封式；开关及熔断器应上口接电源，下口接负荷，禁止倒接；负荷应标明名称，单相开关应标明电压	《国家电网公司电力安全工作规程（电网建设部分）（试行）》
配电箱内断路器相间绝缘隔板配置不齐全，防电击护板不阻燃或安装不牢固	配电箱内断路器相间绝缘隔板应配置齐全；防电击护板应阻燃且安装牢固	GB 50194—2014《建设施工现场供用电安全规范》
（1）配电箱内的连线存在未采取铜排或铜芯绝缘导线的现象。 （2）采用铜排时，未采取安全防护措施。连接导线存在有接头、线芯损伤及断股现象	配电箱内的连接线应采用铜排或铜芯绝缘导线，当采用铜排时应有防护措施；连接导线不应有接头、线芯损伤及断股	GB 50194—2014《建设施工现场供用电安全规范》
移动式配电箱的进线和出线存在未采用橡套软电缆的现象	移动式配电箱的进线和出线应采用橡套软电缆	GB 50194—2014《建设施工现场供用电安全规范》

34.6 低压架空线路

违章表现	规程规定	规程依据
（1）低压架空线路存在采用裸线的现象。 （2）低压架空线路导线截面积小于 16mm²。 （3）低压架空线路架设高度低于 2.5m。 （4）交通要道及车辆通行处，低压架空线路架设高度低于 5m	低压架空线路不得采用裸线，导线截面积不得小于 16mm²，架设高度不得低于 2.5m；交通要道及车辆通行处，架设高度不得低于 5m	《国家电网公司电力安全工作规程（电网建设部分）（试行）》

34.7 电缆线路

违章表现	规程规定	规程依据
（1）电缆线路存在沿地面明设的现象。 （2）电缆通过道路时未采用套管保护，或套管强度不够。现场电缆有机械损伤或介质腐蚀的痕迹	电缆线路应采用埋地或架空敷设，禁止沿地面明设，并应避免机械损伤和介质腐蚀	《国家电网公司电力安全工作规程（电网建设部分）（试行）》
（1）沿主道路或固定建筑等边缘的直埋电缆，埋设深度小于0.7m，且未在电缆紧邻四周均匀敷设不小于50mm厚的细砂，并未覆盖砖或混凝土板等硬质保护层。 （2）转弯处和大于等于50m直线段处，存在在地面上未设明显标志的现象。 （3）直埋电缆通过道路时存在未采用保护套管的现象	现场直埋电缆的走向应按施工总平面布置图的规定，沿主道路或固定建筑物等的边缘直线埋设，埋深不得小于0.7m，并应在电缆紧邻四周均匀敷设不小于50mm厚的细砂，然后覆盖砖或混凝土板等硬质保护层；转弯处和大于等于50m直线段处，在地面上设明显的标志；通过道路时应采用保护套管	《国家电网公司电力安全工作规程（电网建设部分）（试行）》
电缆接头未用绝缘胶布绑扎或未采取其他防水、防触电措施	电缆接头处应有防水和防触电的措施	《国家电网公司电力安全工作规程（电网建设部分）（试行）》
（1）需要三相四线制配电的电缆线路存在未使用五芯电缆的现象。 （2）五芯电缆存在未包含淡蓝、绿/黄两种颜色绝缘芯线的现象。 （3）五芯电缆存在淡蓝色芯线用作保护零线（PE线）或绿/黄双色芯线用作工作零线（N线）的现象	低压电力电缆中应包含全部工作芯线和用作工作零线、保护零线的芯线。需要三相四线制配电的电缆线路应采用五芯电缆。五芯电缆应包含淡蓝、绿/黄两种颜色绝缘芯线。淡蓝色芯线用作工作零线（N线）；绿/黄双色芯线用作保护零线（PE线），禁止混用	《国家电网公司电力安全工作规程（电网建设部分）（试行）》
（1）用电线路及电气设备存在布线凌乱的现象，设备的裸露带电部分未采用绝缘胶布绑扎或采取其他防护措施。 （2）架空线路的路径选在易撞、易碰或易腐蚀场所	用电线路及电气设备的绝缘应良好，布线应整齐，设备的裸露带电部分应加防护措施。架空线路的路径应合理选择，避开易撞、易碰以及易腐蚀场所	《国家电网公司电力安全工作规程（电网建设部分）（试行）》

34.8 用电设备电源引线

违章表现	规程规定	规程依据
（1）用电设备的电源引线长度大于5m。 （2）长度大于5m的电源引线存在未使用移动开关箱的现象。 （3）移动开关箱至固定式配电箱之间的引线长度超过40m，或存在未使用绝缘护套软电缆的现象	用电设备的电源引线长度不得大于5m，长度大于5m时，应设移动开关箱。移动开关箱至固定式配电箱之间的引线长度不得大于40m，且只能用绝缘护套软电缆	《国家电网公司电力安全工作规程（电网建设部分）（试行）》

34.9 电气设备

违章表现	规程规定	规程依据
（1）电器设备存在超额定电流或超额定电压使用的现象。 （2）隔离型电源总开关存在带负荷拉闸的现象	电器设备不得超铭牌使用，隔离型电源总开关禁止带负荷拉闸	《国家电网公司电力安全工作规程（电网建设部分）（试行）》

34.10 照明灯具开关

违章表现	规程规定	规程依据
（1）开关和熔断器的容量存在不满足被保护设备要求的现象。 （2）闸刀开关存在无保护罩的现象。 （3）熔断器用铜丝、铝丝、铁丝等其他金属丝代替熔丝	开关和熔断器的容量应满足被保护设备的要求。闸刀开关应有保护罩。禁止用其他金属丝代替熔丝	《国家电网公司电力安全工作规程（电网建设部分）（试行）》
（1）熔丝熔断后存在未查明原因就进行更换的现象。 （2）更换熔丝后存在未装好保护罩就送电的现象	熔丝熔断后，应查明原因，排除故障后方可更换。更换熔丝后应装好保护罩方可送电	《国家电网公司电力安全工作规程（电网建设部分）（试行）》
（1）插座与插销存在电压等级、结构不匹配的现象。 （2）存在用单相三孔插座代替三相插座的现象。 （3）单相插座存在未标明电压等级的现象	不同电压等级的插座与插销应选用相应的结构，禁止用单相三孔插座代替三相插座。单相插座应标明电压等级	《国家电网公司电力安全工作规程（电网建设部分）（试行）》
电源线端口无接线端子或无插销直接插入插座中使用	禁止将电源线直接钩挂在闸刀上或直接插入插座内使用	《国家电网公司电力安全工作规程（电网建设部分）（试行）》
（1）电动机械或电动工具未做到"一机一闸一保护"。 （2）移动式电动机械未使用绝缘护套软电缆	电动机械或电动工具应做到"一机一闸一保护"。移动式电动机械应使用绝缘护套软电缆	《国家电网公司电力安全工作规程（电网建设部分）（试行）》
（1）照明线路敷设未采用绝缘槽板、穿管或未固定在绝缘子上，存在接近热源或直接绑挂在金属构件上的现象。 （2）照明线路穿墙时未套绝缘套管，管、槽内的电源线有接头，未建立检查、维修台账	照明线路敷设应采用绝缘槽板、穿管或固定在绝缘子上，不得接近热源或直接绑挂在金属构件上；穿墙时应套绝缘套管，管、槽内的电源线不得有接头，并经常检查、维修	《国家电网公司电力安全工作规程（电网建设部分）（试行）》
（1）照明灯具的悬挂高度存在低于2.5m，且未固定的现象，低于2.5m时未制定安全措施。 （2）照明灯具开关存在未控制相线的现象	照明灯具的悬挂高度不应低于2.5m，并不得任意挪动，低于2.5m时应设保护罩。照明灯具开关应控制相线	《国家电网公司电力安全工作规程（电网建设部分）（试行）》

违章表现	规程规定	规程依据
光线不足的作业场所或夜间作业存在照明不足的现象	在光线不足的作业场所及夜间作业的场所均应有足够的照明	《国家电网公司电力安全工作规程（电网建设部分）（试行）》
（1）在有爆炸危险的场所及危险品仓库内，未采用防爆型电气设备，或开关装在室内。 （2）在散发大量蒸汽、气体或粉尘的场所，未采用密闭型电气设备。 （3）在坑井、沟道、沉箱内及独立高层建筑物上，未备有符合安全电压要求独立的照明电源	在有爆炸危险的场所及危险品仓库内，应采用防爆型电气设备，开关应装在室外。在散发大量蒸汽、气体或粉尘的场所，应采用密闭型电气设备。在坑井、沟道、沉箱内及独立高层建筑物上，应备有独立的照明电源，并符合安全电压要求	《国家电网公司电力安全工作规程（电网建设部分）（试行）》
照明装置采用金属支架时，支架未采取固定措施，且未采取接地或接零保护措施	照明装置采用金属支架时，支架应稳固，并采取接地或接零保护	《国家电网公司电力安全工作规程（电网建设部分）（试行）》

34.11 行灯及行灯变电器

违章表现	规程规定	规程依据
（1）行灯的电压超过36V。 （2）潮湿场所、金属容器或管道内的行灯电压超过12V。 （3）行灯无保护罩，或行灯电源线存在未使用绝缘护套软电缆的现象	行灯的电压不得超过36V，潮湿场所、金属容器或管道内的行灯电压不得超过12V。行灯应有保护罩，行灯电源线应使用绝缘护套软电缆	《国家电网公司电力安全工作规程（电网建设部分）（试行）》
行灯照明变压器存在使用自耦变压器的现象	行灯照明变压器应使用双绕组型安全隔离变压器，禁止使用自耦变压器	《国家电网公司电力安全工作规程（电网建设部分）（试行）》

34.12 施工用电作业现场

违章表现	规程规定	规程依据
配电系统未设置配电柜或总配电箱、分配电箱、末级配电箱三级配电，或在配电柜或总配电箱、开关箱中未见漏电保护器实现两级保护	施工用电工程的380V/220V低压系统，应采用三级配电、二级剩余电流动作保护系统（漏电保护系统），末端应装剩余电流动作保护装置（漏电保护器）；专用变压器中性点直接接地的低压系统宜采用TN-S接零保护系统	《国家电网公司电力安全工作规程（电网建设部分）（试行）》
电动机械及照明设备拆除后，仍存在带电的部分	电动机械及照明设备拆除后，不得留有可能带电的部分	《国家电网公司电力安全工作规程（电网建设部分）（试行）》

违章表现	规程规定	规程依据
高压配电设备、线路和低压配电线路停电检修时,未装设临时接地线,未悬挂"禁止合闸、有人工作!"或"禁止合闸、线路有人工作!"的安全标志牌	高压配电设备、线路和低压配电线路停电检修时,应装设临时接地线,并应悬挂"禁止合闸、有人工作!"或"禁止合闸、线路有人工作!"的安全标志牌	《国家电网公司电力安全工作规程(电网建设部分)(试行)》
(1)施工用电电源采用中性点直接接地的专用变压器供电时,其低压配电系统的接地型式存在未采用 TN-S 接零保护系统现象。 (2)工作零线(N 线)未通过剩余电流动作保护装置(漏电保护器),保护零线(PE 线)未由电源进线零线重复接地处或剩余电流动作保护装置(漏电保护器)电源侧零线处引出。 (3)保护零线(PE 线)上存在装设开关或熔断器、未采取防止断线的措施的现象	施工用电电源采用中性点直接接地的专用变压器供电时,其低压配电系统的接地型式宜采用 TN-S 接零保护系统。采用 TN-S 系统做保护接零时,工作零线(N 线)应通过剩余电流动作保护装置(漏电保护器),保护零线(PE 线)应由电源进线零线重复接地处或剩余电流动作保护装置(漏电保护器)电源侧零线处引出,即不通过剩余电流动作保护装置(漏电保护器)。保护零线(PE 线)上禁止装设开关或熔断器,并且采取防止断线的措施	《国家电网公司电力安全工作规程(电网建设部分)(试行)》
(1)当施工现场利用原有供电系统的电气设备时,存在与原供电系统保护接地要求不一致的现象。 (2)同一供电系统存在部分设备做保护接零,另一部分设备做保护接地的现象	当施工现场利用原有供电系统的电气设备时,应根据原系统要求做保护接零或保护接地。同一供电系统不得一部分设备做保护接零,另一部分设备做保护接地	《国家电网公司电力安全工作规程(电网建设部分)(试行)》
(1)保护零线(PE 线)存在未采用绝缘多股软铜绞线的现象。 (2)电动机械与保护零线(PE 线)的连接线截面积小于相线截面积的 1/3 或小于 2.5mm²。 (3)移动式或手提式电动机具与保护零线(PE 线)的连接线截面积小于相线截面积的 1/3 或小于 1.5mm²	保护零线(PE 线)应采用绝缘多股软铜绞线。电动机械与保护零线(PE 线)的连接线截面积一般不得小于相线截面积的 1/3 且不得小于 2.5mm²;移动式或手提式电动机具与保护零线(PE 线)的连接线截面积一般不得小于相线截面积的 1/3 且不得小于 1.5mm²	《国家电网公司电力安全工作规程(电网建设部分)(试行)》
电源线、保护接零线、保护接地线存在采用绑扎、缠绕法方法连接的现象	电源线、保护接零线、保护接地线应采用焊接、压接、螺栓连接或其他可靠方法连接	《国家电网公司电力安全工作规程(电网建设部分)(试行)》
保护零线(PE 线)存在未在配电系统的始端、中间和末端处做重复接地的现象	保护零线(PE 线)应在配电系统的始端、中间和末端处做重复接地	《国家电网公司电力安全工作规程(电网建设部分)(试行)》

违章表现	规程规定	规程依据
对地电压在 127V 及以上的电气设备及设施，存在未装设接地或接零保护的现象	对地电压在 127V 及以上的下列电气设备及设施，均应装设接地或接零保护： （1）发电机、电动机、电焊机及变压器的金属外壳。 （2）开关及其传动装置的金属底座或外壳。 （3）电流互感器的二次绕组。 （4）配电盘、控制盘的外壳。 （5）配电装置的金属构架、带电设备周围的金属围栏。 （6）高压绝缘子及套管的金属底座。 （7）电缆接头盒的外壳及电缆的金属外皮。 （8）吊车的轨道及焊工等的工作平台。 （9）架空线路的杆塔（木杆除外）。 （10）室内外配线的金属管道。 （11）金属制的集装箱式办公室、休息室及工具、材料间、卫生间等	《国家电网公司电力安全工作规程（电网建设部分）（试行）》
存在利用易燃、易爆气体或液体管道作为接地装置的自然接地体的现象	禁止利用易燃、易爆气体或液体管道作为接地装置的自然接地体	《国家电网公司电力安全工作规程（电网建设部分）（试行）》
（1）人工接地体的顶面埋设深度小于 0.6m。 （2）人工垂直接地体未采用热浸镀锌圆钢、角钢、钢管，长度不符合规程要求。人工水平接地体未采用热浸镀锌的扁钢或圆钢。圆钢直径小于 12mm；扁钢、角钢等型钢的截面积小于 90mm²，其厚度小于 3mm；钢管壁厚小于 2mm。人工接地体存在采用螺纹钢的现象	接地装置的敷设应符合 GB 50194《建设工程施工现场供用电安全规范》的规定并应符合下列基本要求： （1）人工接地体的顶面埋设深度不宜小于 0.6m。 （2）人工垂直接地体宜采用热浸镀锌圆钢、角钢、钢管，长度宜为 2.5m。人工水平接地体宜采用热浸镀锌的扁钢或圆钢。圆钢直径不应小于 12mm；扁钢、角钢等型钢的截面积不应小于 90mm²，其厚度不应小于 3mm；钢管壁厚不应小于 2mm。人工接地体不得采用螺纹钢	《国家电网公司电力安全工作规程（电网建设部分）（试行）》
用电单位未建立施工用电安全岗位责任制，未明确各级用电安全责任人	用电单位应建立施工用电安全岗位责任制，明确各级用电安全责任人	《国家电网公司电力安全工作规程（电网建设部分）（试行）》
用电安全负责人及施工作业人员违反施工用电安全施工技术措施，不熟悉施工现场配电系统	用电安全负责人及施工作业人员应严格执行施工用电安全施工技术措施，熟悉施工现场配电系统	《国家电网公司电力安全工作规程（电网建设部分）（试行）》
配电室和现场的配电柜或总配电箱、分配电箱未配锁具	配电室和现场的配电柜或总配电箱、分配电箱应配锁具	《国家电网公司电力安全工作规程（电网建设部分）（试行）》
电气设备明显部位未设禁止靠近以防触电的安全标志牌，或未采取防触电的安全措施	电气设备明显部位应设禁止靠近以防触电的安全标志牌	《国家电网公司电力安全工作规程（电网建设部分）（试行）》

违章表现	规程规定	规程依据
未定期开展施工用电设施检查且未建立检查台账。未定期开展用电设施的绝缘电阻及接地电阻检测且未建立检查台账	施工用电设施应定期检查并记录。对用电设施的绝缘电阻及接地电阻应进行定期检测并记录	《国家电网公司电力安全工作规程（电网建设部分）（试行）》
施工现场用电设备等无专人进行维护和管理，或未建立用电设备维修台账	施工现场用电设备等应有专人进行维护和管理	《国家电网公司电力安全工作规程（电网建设部分）（试行）》
多台用电设备用同一个开关直接控制两台及以上用电设备（含插座）	每台用电设备应有各自专用的开关，禁止用同一个开关直接控制两台及以上用电设备（含插座）	《国家电网公司电力安全工作规程（电网建设部分）（试行）》
（1）末级配电箱中剩余电流动作保护装置（漏电保护器）的额定动作电流大于 30mA，额定漏电动作时间大于 0.1s。使用于潮湿或有腐蚀介质场所的剩余电流动作保护装置（漏电保护器）未采用防溅型产品，其额定动作电流大于 15mA，额定动作时间大于 0.1s。 （2）总配电箱中剩余电流动作保护装置（漏电保护器）的额定漏电动作电流小于 30mA，额定漏电动作时间应小于 0.1s。或虽额定漏电动作电流大于 30mA，额定漏电动作时间应大于 0.1s，但其额定漏电动作电流与额定漏电动作时间的乘积大于 30mA·s	末级配电箱中剩余电流动作保护装置（漏电保护器）的额定动作电流不应大于 30mA，额定漏电动作时间不应大于 0.1s。使用于潮湿或有腐蚀介质场所的剩余电流动作保护装置（漏电保护器）应采用防溅型产品，其额定动作电流不应大于 15mA，额定动作时间不应大于 0.1s。总配电箱中剩余电流动作保护装置（漏电保护器）的额定漏电动作电流应大于 30mA，额定漏电动作时间应大于 0.1s，但其额定漏电动作电流与额定漏电动作时间的乘积不应大于 30mA·s	《国家电网公司电力安全工作规程（电网建设部分）（试行）》
当分配电箱直接供电给末级配电箱时，分配电箱存在未使用独立的保护电器的工业用插座的现象	当分配电箱直接供电给末级配电箱时，可采用分配电箱设置插座方式供电，并应采用工业用插座，且每个插座应有各自独立的保护电器	《国家电网公司电力安全工作规程（电网建设部分）（试行）》
（1）动力配电箱与照明配电箱未明确分别设置的要求，动力和照明未体现分路配电的痕迹。 （2）动力末级配电箱与照明末级配电箱有未采取分设的现象	动力配电箱与照明配电箱宜分别设置。当合并设置为同一配电箱时，动力和照明应分路配电；动力末级配电箱与照明末级配电箱应分设	《国家电网公司电力安全工作规程（电网建设部分）（试行）》
对配电箱、末级配电箱进行维修、检查时，未制定检修方案，且存在未悬挂安全标志牌的现象	对配电箱、末级配电箱进行维修、检查时，应将其相应的电源断开隔离，并悬挂"禁止合闸、有人工作！"安全标志牌	《国家电网公司电力安全工作规程（电网建设部分）（试行）》
未编制停电方案，未按停电方案执行	配电箱送电、停电应按照下列顺序进行操作： （1）送电操作顺序：总配电箱→分配电箱→末级配电箱。 （2）停电操作顺序：末级配电箱→分配电箱→总配电箱。但在配电系统故障的紧急情况下可以除外	《国家电网公司电力安全工作规程（电网建设部分）（试行）》

违章表现	规程规定	规程依据
（1）在对地电压 250V 以下的低压配电系统上不停电作业时，存在带负荷拆除或接入线路的现象。 （2）在对地电压 250V 以下的低压配电系统上不停电作业时，存在相间及相对地未留有有足够的距离的现象。 （3）在对地电压 250V 以下的低压配电系统上不停电作业时，未采取可靠的绝缘措施。 （4）在对地电压 250V 以下的低压配电系统上不停电作业时，存在未设专人监护的现象。 （5）在对地电压 250V 以下的低压配电系统上不停电作业时，存在剩余电流动作保护装置（漏电保护器）未投入的现象	在对地电压 250V 以下的低压配电系统上不停电作业时，应遵守下列规定： （1）被拆除或接入的线路，不得带任何负荷。 （2）相间及相对地应有足够的距离，避免施工作业人员及操作工具同时触及不同相导体。 （3）有可靠的绝缘措施。 （4）设专人监护。 （5）剩余电流动作保护装置（漏电保护器）应投入	《国家电网公司电力安全工作规程（电网建设部分）（试行）》

35 施工现场（消防）

违章表现	规程规定	规程依据
（1）电气设备附近未配备消防器材，或配备的消防器材不适用扑灭电气火灾。 （2）装过挥发性油剂及其他易燃物质的容器未经处理，直接进行焊接与切割。 （3）在林区、牧区进行施工，违反当地的防火规定，并未配备必要的消防器材。 （4）材料站、易燃物品存放地，工程用火、生活用火区等未配备消防器材或配备的数量不足。 （5）爆破施工及爆破器材的使用，违反 GB 6722《爆破安全规程》的规定	防火防爆： （1）电气设备附近应配备适用于扑灭电气火灾的消防器材。发生电气火灾时应首先切断电源。 （2）装过挥发性油剂及其他易燃物质的容器，未经处理，不得焊接与切割。 （3）在林区、牧区进行施工，应遵守当地的防火规定，并配备必要的消防器材。 （4）材料站、易燃物品存放地，工程用火、生活用火区等应按规定配备消防器材。 （5）爆破施工及爆破器材的使用，应遵守 GB 6722《爆破安全规程》的规定	DL 5009.2—2013《电力建设安全工作规程 第 2 部分：电力线路》
（1）施工现场、仓库及重要机械设备、配电箱旁，生活和办公区等未配备灭火器或数量不足。 （2）需要动火的施工作业前，未增设相应类型及数量的消防器材。在林区、牧区施工，存在违反当地防火规定的现象	施工现场、仓库及重要机械设备、配电箱旁，生活和办公区等应配置相应的消防器材。需要动火的施工作业前，应增设相应类型及数量的消防器材。在林区、牧区施工，应遵守当地的防火规定	《国家电网公司电力安全工作规程（电网建设部分）（试行）》
（1）在防火重点部位或易燃、易爆区周围动用明火或进行可能产生火花的作业时，未办理动火工作票或办理动火工作票，但未按要求履行审批手续。 （2）在防火重点部位或易燃、易爆区周围动用明火或进行可能产生火花的作业时，未采取相应措施且未增设相应类型及数量的消防器材就进行施工	在防火重点部位或易燃、易爆区周围动用明火或进行可能产生火花的作业时，应办理动火工作票，经有关部门批准后，采取相应措施并增设相应类型及数量的消防器材后方可进行	《国家电网公司电力安全工作规程（电网建设部分）（试行）》
扩建项目在室内动用动用电焊、气焊等明火时，未按规定办理动火工作票	扩建项目：在室内动用电焊、气焊等明火时，除按规定办理动火工作票外，还应制定完善的防火措施，设置专人监护，配备足够的消防器材，所用的隔板应是防火阻燃材料	《国家电网公司电力安全工作规程（电网建设部分）（试行）》
消防设施未采取防雨、防冻措施，且未定期进行检查、试验；砂桶（箱、袋）、斧、锹、钩子等消防器材未放置在明显、易取处，或存在任意移动或遮盖，挪作他用的现象	消防设施应有防雨、防冻措施，并定期进行检查、试验，确保有效；砂桶（箱、袋）、斧、锹、钩子等消防器材应放置在明显、易取处，不得任意移动或遮盖，禁止挪作他用	《国家电网公司电力安全工作规程（电网建设部分）（试行）》

続表

违章表现	规程规定	规程依据
施工人员在作业现场内吸烟（或施工现场地面有烟头）	作业现场禁止吸烟	《国家电网公司电力安全工作规程（电网建设部分）（试行）》
办公室、工具房、休息室、宿舍等房屋内存放易燃、易爆物品	禁止在办公室、工具房、休息室、宿舍等房屋内存放易燃、易爆物品	《国家电网公司电力安全工作规程（电网建设部分）（试行）》
（1）挥发性易燃材料存在装在敞口容器内或存放在普通仓库内的现象。（2）装过挥发性油剂及其他易燃物质的容器存在未及时退库的现象，且容器未单独隔离存放，或存在在距建筑物小于25m的单独隔离场所。（3）装过挥发性油剂及其他易燃物质的容器未与运行设备彻底隔离及未采取清洗置换等措施，存在使用电焊或火焊进行焊接或切割的现象	挥发性易燃材料不得装在敞口容器内或存放在普通仓库内。装过挥发性油剂及其他易燃物质的容器，应及时退库，并存放在距建筑物不小于25m的单独隔离场所；装过挥发性油剂及其他易燃物质的容器未与运行设备彻底隔离及采取清洗置换等措施，禁止用电焊或火焊进行焊接或切割	《国家电网公司电力安全工作规程（电网建设部分）（试行）》
储存易燃、易爆液体或气体仓库的保管人员未穿着棉、麻等不易产生静电的材料制成的服装入库	储存易燃、易爆液体或气体仓库的保管人员，应穿着棉、麻等不易产生静电的材料制成的服装入库	《国家电网公司电力安全工作规程（电网建设部分）（试行）》
运输易燃、易爆等危险物品，无易燃易爆化学物品准运证	运输易燃、易爆等危险物品，应按当地公安部门的有关规定申请，经批准后方可进行	《国家电网公司电力安全工作规程（电网建设部分）（试行）》
采用易燃材料包装或设备本身应防火的设备箱，存在用火焊切割的方法开箱的现象	采用易燃材料包装或设备本身应防火的设备箱，禁止用火焊切割的方法开箱	《国家电网公司电力安全工作规程（电网建设部分）（试行）》
电气设备附近未配备适用于扑灭电气火灾的消防器材。发生电气火灾时未先切断电源	电气设备附近应配备适用于扑灭电气火灾的消防器材。发生电气火灾时应首先切断电源	《国家电网公司电力安全工作规程（电网建设部分）（试行）》
烘燥间或烘箱的使用及管理无专人负责	烘燥间或烘箱的使用及管理应有专人负责	《国家电网公司电力安全工作规程（电网建设部分）（试行）》
熬制沥青或调制冷底子油时，存在在建筑物的上风方向进行的现象，或距易燃物小于10m，在室内进行	熬制沥青或调制冷底子油应在建筑物的下风方向进行，距易燃物不得小于10m，不应在室内进行	《国家电网公司电力安全工作规程（电网建设部分）（试行）》

违章表现	规程规定	规程依据
进行沥青或冷底子油作业时通风不良，作业时及施工完毕后的 24h 内，作业区周围 30m 内存在明火	进行沥青或冷底子油作业时应通风良好，作业时及施工完毕后的 24h 内，其作业区周围 30m 内禁止明火	《国家电网公司电力安全工作规程（电网建设部分）（试行）》
冬季采用火炉暖棚法施工，未制定相应的防火和防止一氧化碳中毒措施，且未设有值班人员或值班人员只有一人	冬季采用火炉暖棚法施工，应制定相应的防火和防止一氧化碳中毒措施，并设有不少于两人的值班人员	《国家电网公司电力安全工作规程（电网建设部分）（试行）》
（1）临时建筑及仓库的设计，不符合 GB 50016《建筑设计防火规范》的规定中的强制性条文要求。（2）临时建筑及仓库的设计，不符合 GB 50016《建筑设计防火规范》的规定中的其他要求	临时建筑及仓库的设计，应符合 GB 50016《建筑设计防火规范》的规定	《国家电网公司电力安全工作规程（电网建设部分）（试行）》
仓库未根据储存物品的性质采用相应耐火等级的材料建成。值班室与库房之间无防火隔离措施	仓库应根据储存物品的性质采用相应耐火等级的材料建成。值班室与库房之间应有防火隔离措施	《国家电网公司电力安全工作规程（电网建设部分）（试行）》
（1）临时建筑物内的火炉烟囱通过墙和屋面时，其四周存在未应用防火材料隔离的现象。烟囱伸出屋面的高度小于 500mm。禁止用汽油或煤油引火。（2）存在用汽油或煤油引火的现象	临时建筑物内的火炉烟囱通过墙和屋面时，其四周应用防火材料隔离。烟囱伸出屋面的高度不得小于 500mm。禁止用汽油或煤油引火	《国家电网公司电力安全工作规程（电网建设部分）（试行）》
危险品仓库未采取避雷及防静电接地措施，或屋面未采用轻型结构，门、窗存在向内开启的现象，仓库内空气混浊	氧气、乙炔气、汽油等危险品仓库，应采取避雷及防静电接地措施，屋面应采用轻型结构，门、窗不得向内开启，保持通风良好	《国家电网公司电力安全工作规程（电网建设部分）（试行）》
各类建筑物与易燃材料堆场之间的防火间距存在违反规定要求的现象	各类建筑物与易燃材料堆场之间的防火间距应符合规定要求	《国家电网公司电力安全工作规程（电网建设部分）（试行）》
（1）未经线路运维单位同意，临时建筑物存在建在电力线下方的现象。（2）临时库房与电力线导线之间的垂直距离小于规定的最小垂直距离	临时建筑不宜建在电力线下方。如必须在 110kV 及以下电力线下方建造时，应经线路运维单位同意。临时库房与电力线导线之间的垂直距离，在导线最大计算弧垂情况下不小于规定要求	《国家电网公司电力安全工作规程（电网建设部分）（试行）》

违章表现	规程规定	规程依据
（1）易燃易爆物品、仓库、宿舍、加工区、配电箱及重要机械设备附近，未配备灭火器、砂箱、水桶、斧、锹等消防器材，或配备的消防器材过期、破损，或配备地点不明显、不易取。 （2）易燃、易爆液体或气体与其他物品混放，或与人员作业区、生活办公区安全距离不够。 （3）危险品存放处存在无安全警示标志的现象。 （4）现场无消防架、箱，或消防架、箱未设置防雨、防晒措施。 （5）未对消防器材及消防架、箱每月进行检	消防设施： （1）易燃易爆物品、仓库、宿舍、加工区、配电箱及重要机械设备附近，应按规定配备灭火器、砂箱、水桶、斧、锹等消防器材，并放在明显、易取处。 （2）易燃、易爆液体或气体（油料、氧气瓶、乙炔气瓶、六氟化硫气瓶等）等危险品应存放在专用仓库或实施有效隔离，并与施工作业区、办公区、生活区、临时休息棚保持安全距离，危险品存放处应有明显的安全警示标志。 （3）消防器材应使用标准的架、箱，应有防雨、防晒措施，每月检查并记录检查结果，定期检验，保证处于合格状态	《国家电网公司输变电工程安全文明施工标准化管理办法》[国网（基建/3）187—2015]

36 通用作业要求（高处作业）

36.1 人员及工器具要求

违章表现	规程规定	规程依据
（1）高处作业人员未按要求参加每年一次的体检。 （2）未能选派身体健康人员参加高处作业	高处作业的人员应每年体检一次。患有不宜从事高处作业病症的人员，不得参加高处作业	《国家电网公司电力安全工作规程（电网建设部分）（试行）》
（1）架子工、高处作业人员存在进场前未进行特殊工种报审无证上岗现象。 （2）存在特殊工种证件超期未年检现象	架子工等高处作业人员应持证上岗	《建筑施工特种作业人员管理规定》（住建部第75号令）
（1）安全带检验记录、报告过期，未提供合格报告。 （2）安全带存在变形、破裂等情况，使用不合格安全带现象	安全带使用前应检查是否在有效期内，是否有变形、破裂等情况，禁止使用不合格的安全带	《国家电网公司电力安全工作规程（电网建设部分）（试行）》
（1）安全网检验记录、报告过期，未提供合格报告。 （2）安全网存在破损，使用不合格安全网现象	安全网周期检验每年一次，使用前应检查是否在有效期内，是否有变形、破裂等情况，禁止使用不合格的安全网	GB 5725—2009《安全网》
（1）安全绳检验记录、报告过期，未提供合格报告。 （2）安全绳存在破损、配件不全等情况，存在使用不合格安全绳现象	织带式安全绳、纤维绳式安全绳末端不应留有散丝，绳体在构造上和使用过程中不应打结，在接近焊接、切割、热源等场所时，应对安全绳进行隔热保护，所有零部件应顺滑，无材料或制造缺陷，无尖角或锋利边缘。 周期检验，应每年一次	GB 24543—2009《坠落防护安全绳》

36.2 高处作业现场要求

违章表现	规程规定	规程依据
高处作业处，未明确专责监护人到场监护	按照 GB 3608《高处作业分级》的规定，凡在距坠落高度基准面 2m 及以上有可能坠落的高度进行的作业均称为高处作业。高处作业应设专责监护人	《国家电网公司电力安全工作规程（电网建设部分）（试行）》

违章表现	规程规定	规程依据
（1）高处作业人员未使用安全带，或未正确佩戴安全带。 （2）安全带及后备防护设施未执行低挂高用要求。 （3）杆塔组立、脚手架施工等高处作业时，未采用速差自控器等后备保护设施。 （4）特殊高处作业未使用全方位安全带	高处作业人员应正确使用安全带，宜使用全方位防冲击安全带，杆塔组立、脚手架施工等高处作业时，应采用速差自控器等后备保护设施。安全带及后备防护设施应高挂低用。高处作业过程中，应随时检查安全带绑扎的牢靠情况	《国家电网公司电力安全工作规程（电网建设部分）（试行）》
（1）施工人员未正确佩戴安全防护用品。 （2）项目部管理人员未对施工人员进行安全交底	高处作业人员应着灵便，衣袖、裤脚应扎紧，穿软底防滑鞋，并正确佩戴个人防护用具	《国家电网公司电力安全工作规程（电网建设部分）（试行）》
现场安全措施所设围栏未按照坠落范围进行布置	物体不同高度可能坠落范围半径	《国家电网公司电力安全工作规程（电网建设部分）（试行）》
（1）特殊高处作业未配备与地面联系的信号或通信装置。 （2）特殊高处作业未设专人负责	特殊高处作业宜设有与地面联系的信号或通信装置，并由专人负责	《国家电网公司电力安全工作规程（电网建设部分）（试行）》
（1）遇恶劣气候时，未停止露天高处作业。 （2）施工人员冒险作业。 （3）未及时发布灾害预警信息	遇有六级及以上风或暴雨、雷电、冰雹、大雪、大雾、沙尘暴等恶劣气候时，应停止露天高处作业	《国家电网公司电力安全工作规程（电网建设部分）（试行）》、《气象灾害防御条例》（国务院令第570号）
（1）高处作业下方的危险区施工现场未设围栏。 （2）高处作业下方的危险区未设"禁止靠近"的安全标志牌。 （3）施工人员存在高处作业下方危险区内人员停留、穿行的行为	高处作业下方危险区内禁止人员停留或穿行，高处作业的危险区应设围栏及"禁止靠近"的安全标志牌	《国家电网公司电力安全工作规程（电网建设部分）（试行）》
（1）高处作业平台、走道、斜道未装不低于1.2m高的护栏。 （2）高处作业平台、走道、斜道未在0.5～0.6m处设腰杆。 （3）高处作业平台、走道、斜道未设180mm高的挡脚板	高处作业的平台、走道、斜道等应装设不低于1.2m高的护栏（0.5～0.6m处设腰杆），并设180mm高的挡脚板	《国家电网公司电力安全工作规程（电网建设部分）（试行）》
夜间或光线不足的地方进行高处作业，存在照明设施不满足要求的现象	在夜间或光线不足的地方进行高处作业，应设充足的照明	《国家电网公司电力安全工作规程（电网建设部分）（试行）》

违章表现	规程规定	规程依据
（1）高处作业地点、各层平台、走道及脚手架上堆放的物件存在超过允许载荷的现象。 （2）高处作业施工用料未随用随吊。 （3）在脚手架上使用临时物体（箱子、桶、板等）作为补充台架	高处作业地点、各层平台、走道及脚手架上堆放的物件不得超过允许载荷，施工用料应随用随吊。禁止在脚手架上使用临时物体（箱子、桶、板等）作为补充台架	《国家电网公司电力安全工作规程（电网建设部分）（试行）》
（1）高处作业所用的工具和材料存在随意摆放现象。 （2）施工人员未按规定使用绳索，传递物件随意抛接	高处作业所用的工具和材料应放在工具袋内或用绳索拴在牢固的构件上，较大的工具应系保险绳。上下传递物件应使用绳索，不得抛掷	《国家电网公司电力安全工作规程（电网建设部分）（试行）》
施工人员高处作业时，工件、余料随意摆放，未采取防坠措施	高处作业时，各种工件、边角余料等应放置在牢靠的地方，并采取防止坠落的措施	《国家电网公司电力安全工作规程（电网建设部分）（试行）》
高处焊接作业未采取防止安全绳（带）损坏措施	高处焊接作业时应采取措施防止安全绳（带）损坏	《国家电网公司电力安全工作规程（电网建设部分）（试行）》
（1）高处作业人员存在上下杆塔使用绳索或拉线的现象。 （2）高处作业人员存在顺杆或单根构件下滑或上爬现象。 （3）杆塔上水平转移时未使用水平绳或设置临时扶手。 （4）垂直转移时未使用速差自控器或安全自锁器等装置。 （5）杆塔设计时未提供安全保护设施的安装用孔	高处作业人员上下杆塔等设施应沿脚钉或爬梯攀登，在攀登或转移作业位置时不得失去保护。杆塔上水平转移时应使用水平绳或设置临时扶手，垂直转移时应使用速差自控器或安全自锁器等装置。禁止使用绳索或拉线上下杆塔，不得顺杆或单根构件下滑或上爬。杆塔设计时应提供安全保护设施的安装用孔	《国家电网公司电力安全工作规程（电网建设部分）（试行）》
施工人员下脚手架时存在沿绳、脚手立杆或横杆等攀爬现象	下脚手架应走斜道或梯子，不得沿绳、脚手立杆或横杆等攀爬	《国家电网公司电力安全工作规程（电网建设部分）（试行）》
（1）攀登无爬梯或无脚钉的杆塔等设施未使用相应工具。 （2）多人沿同一路径上下同一杆塔等设施时应未逐个进行	攀登无爬梯或无脚钉的杆塔等设施应使用相应工具，多人沿同一路径上下同一杆塔等设施时应逐个进行	《国家电网公司电力安全工作规程（电网建设部分）（试行）》
（1）存在当电杆及拉线埋设不牢固、强度不符合要求情况下，就上电杆工作的现象。 （2）在电杆上工作未选用适合于杆型的脚扣，未系好安全带。 （3）在构架及电杆上作业时，地面未设专人监护。 （4）登高用具未进行检查和试验	在电杆上进行作业前应检查电杆及拉线埋设是否牢固、强度是否足够，并应选用适合于杆型的脚扣，系好安全带。在构架及电杆上作业时，地面应有专人监护、联络。用具应按附录D的表D.2规定进行定期检查和试验	《国家电网公司电力安全工作规程（电网建设部分）（试行）》

违章表现	规程规定	规程依据
施工人员在带电区传递物品时未按规定使用干燥的绝缘绳	高处作业区附近有带电体时，传递绳应使用干燥的绝缘绳	《国家电网公司电力安全工作规程（电网建设部分）（试行）》
施工人员在霜冻、雨雪后进行高处作业时未采取防冻和防滑措施	在霜冻、雨雪后进行高处作业，人员应采取防冻和防滑措施	《国家电网公司电力安全工作规程（电网建设部分）（试行）》
（1）在气温低于−10℃进行露天高处作业时，现场未搭设取暖室。（2）取暖室内未采取防火措施	在气温低于−10℃进行露天高处作业时，施工场所附近宜设取暖休息室，并采取防火措施	《国家电网公司电力安全工作规程（电网建设部分）（试行）》
在轻型或简易结构的屋面上作业时，未设置防止坠落的可靠措施	在轻型或简易结构的屋面上作业时，应有防止坠落的可靠措施	《国家电网公司电力安全工作规程（电网建设部分）（试行）》
（1）在屋顶及其他危险的边沿进行作业，临空面未装设安全网或防护栏杆。（2）高处作业人员未使用安全带。或未正确佩戴安全带	在屋顶及其他危险的边沿进行作业，临空面应装设安全网或防护栏杆，施工作业人员应使用安全带	《国家电网公司电力安全工作规程（电网建设部分）（试行）》
（1）高处作业人员存在坐在平台、孔洞边缘的现象。（2）高处作业人员存在骑坐在栏杆上现象。（3）高处作业存在凭借栏杆起吊物件现象	高处作业人员不得坐在平台、孔洞边缘，不得骑坐在栏杆上，不得站在栏杆外作业或凭借栏杆起吊物件	《国家电网公司电力安全工作规程（电网建设部分）（试行）》
（1）高空作业车使用，项目部管理人员未对施工人员进行安全交底。（2）未按规定试验、维护、保养高空作业车	高空作业车（包括绝缘型高空作业车、车载垂直升降机）和高处作业吊篮应分别按GB/T 9465《高空作业车》和GB 19155《高处作业吊篮》的规定使用、试验、维护与保养	《国家电网公司电力安全工作规程（电网建设部分）（试行）》
（1）自制的汽车吊高处作业平台，未经计算、验证即使用。（2）自制的汽车吊高处作业平台未制定操作规程。（3）自制的汽车吊高处作业平台操作规程未经施工单位分管领导批准即投入使用。（4）未按规定维修、保养、检查	自制的汽车吊高处作业平台，应经计算、验证，并制定操作规程，经施工单位分管领导批准后方可使用。使用过程中应定期检查、维护与保养，并做好记录	《国家电网公司电力安全工作规程（电网建设部分）（试行）》

37　通用作业（交叉作业）要求

违章表现	规程规定	规程依据
（1）方案及交底记录中未明确各方施工范围及注意事项。 （2）垂直交叉作业，层间未搭设严密、牢固的防护隔离设施。 （3）未采取防高处落物、防坠落等防护措施。 （4）施工安全作业技术交底存在人员交底不到位，未全员交底。 （5）做好物体打击伤害事故应急准备和应急响应演练	作业前，应明确交叉作业各方的施工范围及安全注意事项；垂直交叉作业，层间应搭设严密、牢固的防护隔离设施，或采取防高处落物、防坠落等防护措施	《国家电网公司电力安全工作规程（电网建设部分）（试行）》
（1）交叉作业未设置专责监护人。 （2）上层物件未固定前，存在下层已开始施工作业的现象。 （3）工具、材料、边角余料等存在上下抛掷现象。 （4）交叉作业时存在吊物下方接料或停留现象	交叉作业时，作业现场应设置专责监护人，上层物件未固定前，下层应暂停作业。工具、材料、边角余料等不得上下抛掷。不得在吊物下方接料或停留	《国家电网公司电力安全工作规程（电网建设部分）（试行）》
（1）交叉作业场所存在作业通道不畅通现象。 （2）交叉作业场所有危险的出入口处未悬挂安全标志	交叉作业场所的通道应保持畅通；有危险的出入口处应设围栏并悬挂安全标志	《国家电网公司电力安全工作规程（电网建设部分）（试行）》
交叉作业场所存在现场照明光线昏暗等现象	交叉作业场所应保持充足光线	《国家电网公司电力安全工作规程（电网建设部分）（试行）》
（1）两个以上生产经营单位在同一作业区域进行生产经营活动，存在可能危及对方生产安全的，未签订安全生产管理协议。 （2）未指定专职安全生产管理人员进行安全监察和协调，现场未采取相应的安全措施	两个以上生产经营单位在同一作业区域进行生产经营活动，可能危及对方生产安全的，应当签订安全生产管理协议，明确各自的安全生产管理职责和应当采取的安全措施，并指定专职安全生产管理人员进行安全监察和协调	《中华人民共和国安全生产法》
（1）施工现场未设专责监护人。 （2）作业前未与作业人员明确联络信号	进入井、箱、柜、深坑、隧道、电缆夹层内等有限空间作业，应在作业入口处设专责监护人。监护人员应事先与作业人员规定明确的联络信号，并与作业人员保持联系，作业前和离开时应准确清点人数	《国家电网公司电力安全工作规程（电网建设部分）（试行）》

38 通用作业要求（有限空间作业）

38.1 有限空间作业气体检测要求

违章表现	规程规定	规程依据
（1）有限空间作业方案、交底记录未明确"先通风、再检测、后作业"的原则。 （2）有限空间作业前未进行风险辨识，未分析有限空间内气体种类和进行评估监测，无辨识、评估监测记录。 （3）有限空间作业出入口未保持畅通并设置明显的安全警示标志。 （4）有限空间作业夜间未设警示红灯。 （5）施工安全作业技术交底存在人员交底不到位，未全员交底	有限空间作业应坚持"先通风、再检测、后作业"的原则，作业前应进行风险辨识，分析有限空间内气体种类并进行评估监测，做好记录。出入口应保持畅通并设置明显的安全警示标志，夜间应设警示红灯	《国家电网公司电力安全工作规程（电网建设部分）（试行）》
有限空间作业检测人员检测未采取安全防护措施	检测人员进行检测时，应当采取相应的安全防护措施，防止中毒窒息等事故发生	《国家电网公司电力安全工作规程（电网建设部分）（试行）》
（1）有限空间作业现场的氧气含量存在不在 19.5%～23.5%范围的现象。 （2）有限空间作业有害有毒气体、可燃气体、粉尘容许浓度不符合国家标准的安全要求且未采取相应的控制措施	有限空间作业现场的氧气含量应在19.5%～23.5%。有害有毒气体、可燃气体、粉尘容许浓度应符合国家标准的安全要求，不符合时应采取清洗或置换等措施	《国家电网公司电力安全工作规程（电网建设部分）（试行）》

38.2 施工现场

违章表现	规程规定	规程依据
有限空间内盛装或者残留的物料对作业存在危害时，作业前未对物料进行清洗、清空或者置换，就进行现场工作	有限空间内盛装或者残留的物料对作业存在危害时，作业前应对物料进行清洗、清空或者置换，危险有害因素符合相关要求后，方可进入有限空间作业	《国家电网公司电力安全工作规程（电网建设部分）（试行）》
在有限空间作业中，通风不良，存在用纯氧进行通风换气的现象	在有限空间作业中，应保持通风良好，禁止用纯氧进行通风换气	《国家电网公司电力安全工作规程（电网建设部分）（试行）》

违章表现	规程规定	规程依据
（1）在氧气浓度、有害气体、可燃性气体、粉尘的浓度可能发生变化的环境中作业未连续检测，现场检查气体危险因素不符合相关要求。 （2）在氧气浓度、有害气体、可燃性气体、粉尘的浓度可能发生变化的环境中作业未保持必要的测定次数或连续检测。 （3）检测的时间存在早于作业开始前30min的现象。 （4）作业中断超过30min，未经重新通风、检测合格后方就进入现场工作	在氧气浓度、有害气体、可燃性气体、粉尘的浓度可能发生变化的环境中作业应保持必要的测定次数或连续检测。检测的时间不宜早于作业开始前30min。作业中断超过30min，应当重新通风、检测合格后方可进入	《国家电网公司电力安全工作规程（电网建设部分）（试行）》
在有限空间作业场所，未配备安全和抢救器具以及其他必要的器具和设备	在有限空间作业场所，应配备安全和抢救器具，如：防毒面罩、呼吸器、通信设备、梯子、绳缆以及其他必要的器具和设备	《国家电网公司电力安全工作规程（电网建设部分）（试行）》
（1）有限空间作业场所未使用安全矿灯或36V以下的安全灯。 （2）有限空间作业场所在潮湿环境下，作业人员使用超过12V安全电压的手持电动工具，未按规定配备剩余电流动作保护装置（漏电保护器）。 （3）在金属容器等导电场所，存在剩余电流动作保护装置（漏电保护器）、电源连接器和控制箱等放在容器、导电场所里面的现象。 （4）在金属容器等导电场所，存在电动工具的开关距离监护人位置较远的现象	有限空间作业场所应使用安全矿灯或36V以下的安全灯，潮湿环境下应使用12V的安全电压，使用超过安全电压的手持电动工具，应按规定配备剩余电流动作保护装置（漏电保护器）。在金属容器等导电场所，剩余电流动作保护装置（漏电保护器）、电源连接器和控制箱应放在容器、导电场所外面，电动工具的开关应设在监护人伸手可及的地方	《国家电网公司电力安全工作规程（电网建设部分）（试行）》
由于防爆、防氧化不能采用通风换气措施或受作业环境限制不易充分通风换气的场所，作业人员未按规定使用空气呼吸器或软管面具等隔离式呼吸保护器具	对由于防爆、防氧化不能采用通风换气措施或受作业环境限制不易充分通风换气的场所，作业人员应使用空气呼吸器或软管面具等隔离式呼吸保护器具	《国家电网公司电力安全工作规程（电网建设部分）（试行）》
进行缺氧危险作业时，存在使用过滤式面具现象	当进行缺氧危险作业时，严禁使用过滤式面具	GB 8958—2006《缺氧危险作业安全规程》

违章表现	规程规定	规程依据
（1）有限空间作业场所，发现通风设备停止运转，作业人员未立即停止有限空间作业，未清点作业人员，未及时撤离作业现场。 （2）有限空间内氧含量浓度低于国家标准或者行业标准规定的限值时，作业人员未立即停止有限空间作业，未清点作业人员，未及时撤离作业现场。 （3）有限空间内有毒有害气体浓度高于国家标准或者行业标准规定的限值时，作业人员未立即停止有限空间作业，未清点作业人员，未及时撤离作业现场	发现通风设备停止运转、有限空间内氧含量浓度低于或者有毒有害气体浓度高于国家标准或者行业标准规定的限值时，应立即停止有限空间作业，清点作业人员，撤离作业现场	《国家电网公司电力安全工作规程（电网建设部分）（试行）》
（1）有限空间作业中发生事故，现场有关人员存在报警不及时，延误急救的现象。 （2）有限空间作业中发生事故，存在盲目施救现象	有限空间作业中发生事故，现场有关人员应当立即报警，禁止盲目施救	《国家电网公司电力安全工作规程（电网建设部分）（试行）》
应急救援人员实施救援时，未佩戴必要的呼吸器具、救援器材	应急救援人员实施救援时，应当做好自身防护，佩戴必要的呼吸器具、救援器材	《国家电网公司电力安全工作规程（电网建设部分）（试行）》
（1）在进入有限空间施工前未检查，如坑洞口的石块松动、土有裂缝，仍进入施工。 （2）在进入有限空间施工前未进行检查，如坑洞里有明显积水，仍进入施工	在进入有限空间施工作业前应对施工空间进行检查，现场应做好防坍塌、防积水等检查，如有坍塌、积水等现象应及时处理确保安全后，方可进入施工	《国家电网公司电力安全工作规程（电网建设部分）（试行）》

39 通用作业要求（运输、装卸）

39.1 运输、装卸（人力运输和装卸）

违章表现	规程规定	规程依据
（1）人力运输和装卸时，重大物件多人抬运时步调不一致，未同起同落。 （2）人力运输和装卸时，重大物件直接用肩扛运。 （3）人力运输和装卸时，重大物件多人抬运时没有设专人指挥	人力运输和装卸时，重大物件不得直接用肩扛运；多人抬运时应步调一致，同起同落，并应有人指挥	《国家电网公司电力安全工作规程（电网建设部分）（试行）》
（1）钢筋混凝土电杆卸车时，每卸一根，其余电杆未掩牢。 （2）钢筋混凝土电杆卸车时，车辆停在有坡度的路面上。 （3）钢筋混凝土电杆卸车时，卸完一处后，剩余电杆未绑扎牢固就继续运到下一处	钢筋混凝土电杆卸车时，车辆不得停在有坡度的路面上。每卸一根，其余电杆应掩牢；每卸完一处，剩余电杆绑扎牢固后方可继续运输	《国家电网公司电力安全工作规程（电网建设部分）（试行）》

39.2 运输、装卸（机动车运输）

违章表现	规程规定	规程依据
（1）机动车辆通过渡口时，驾驶员不听从渡口工作人员的指挥。 （2）机动车涉水运输时，路面水深超过汽车排气管。 （3）机动车在泥泞的坡路或冰雪路面上行车速度过快。 （4）机动车在泥泞的坡路或冰雪路面上行车，车轮未装防滑链。 （5）机动车辆通过渡口时，驾驶员不遵守轮渡安全规定。 （6）冬季车辆过冰河时，驾驶员未根据当地气候情况，未查看河水冰冻程度，盲目过河	路面水深超过汽车排气管时，不得强行通过；在泥泞的坡路或冰雪路面上应缓行，车轮应装防滑链；冬季车辆过冰河时，应根据当地气候情况和河水冰冻程度决定是否行车，不得盲目过河。车辆通过渡口时，应遵守轮渡安全规定，听从渡口工作人员的指挥	《国家电网公司电力安全工作规程（电网建设部分）（试行）》
（1）机动车辆未配备灭火器。 （2）机动车辆配备的灭火器压力不足、软管损坏。 （3）机动车辆配备的灭火器无出厂合格证、月度外观检查记录等	机动车辆运输应按《中华人民共和国道路交通安全法》的有关规定执行。车上应配备灭火器	《国家电网公司电力安全工作规程（电网建设部分）（试行）》

违章表现	规程规定	规程依据
（1）勘察人员未留有勘察记录。 （2）运输道路有未加固整修处	重要物资运输前应事先对道路进行勘察，需要加固整修的道路应及时处理	《国家电网公司电力安全工作规程（电网建设部分）（试行）》
（1）运输人员在滚动电缆盘时，地面不平整。 （2）运输电缆盘时，盘上的电缆头未牢固。 （3）运输人员未顺着电缆缠绕方向滚动电缆盘。 （4）卸电缆盘时，运输人员直接从车上、船上推下电缆盘。 （5）运输人员滚动破损的电缆盘。 （6）电缆盘放置时平放。 （7）电缆盘立放，但未采取防止滚动的措施	运输电缆盘时，盘上的电缆头应固定牢固，应有防止电缆盘在车、船上滚动的措施。卸电缆盘不能从车、船上直接推下。滚动电缆盘的地面应平整，滚动电缆盘应顺着电缆缠紧方向，破损的电缆盘不应滚动。电缆盘放置时应立放，并采取防止滚动措施	《国家电网公司电力安全工作规程（电网建设部分）（试行）》
载货机动车搭乘除押运和装卸人员外的其他人员	禁止货运机动车载客	《中华人民共和国道路交通安全法》（中华人民共和国主席令 2011 年第 47 号）
（1）物件重心与车厢承重中心不一致。 （2）易滚动的物件顺其滚动方向未掩牢并捆绑牢固。 （3）用超长架装载超长物件时，尾部未设警告标志。 （4）用超长架装载超长物件时，超长架与车厢未固定，物件与超长架及车厢未捆绑牢固。 （5）押运人员运输途中疏于检查，未留有检查记录，物件捆绑松动应及时加固	装运超长、超高或重大物件时应遵守下列规定： a）物件重心与车厢承重中心应基本一致。 b）易滚动的物件顺其滚动方向应掩牢并捆绑牢固。 c）用超长架装载超长物件时，在其尾部应设警告标志；超长架与车厢固定，物件与超长架及车厢应捆绑牢固。 d）押运人员应加强途中检查，捆绑松动应及时加固	《国家电网公司电力安全工作规程（电网建设部分）（试行）》
货运汽车挂车、半挂车、平板车、起重车、自动倾卸车和拖拉机挂车车厢内有作业人员乘坐现象	货运汽车挂车、半挂车、平板车、起重车、自动倾卸车和拖拉机挂车车厢内禁止载人	《国家电网公司电力安全工作规程（电网建设部分）（试行）》

39.3 运输、装卸（水上运输）

违章表现	规程规定	规程依据
（1）船舶接送作业人员时，船上搭载和存放易燃易爆物品。 （2）船舶接送作业人员时，船上未配备合格齐备的救生设备。	用船舶接送作业人员应遵守下列规定： （1）禁止超载超员。 （2）船上应配备合格齐备的救生设备。 （3）乘船人员应正确穿戴救生衣，掌握必要的安全常识，会熟练使用救生设备。	《国家电网公司电力安全工作规程（电网建设部分）（试行）》

违章表现	规程规定	规程依据
（3）船舶接送作业人员时，乘船人员使用救生设备不熟练。 （4）船舶接送作业人员时，乘船人员未掌握必要的安全常识。 （5）船舶接送作业人员，时有超载超员现象	（4）船上禁止搭载和存放易燃易爆物品	《国家电网公司电力安全工作规程（电网建设部分）（试行）》
（1）遇有洪水恶劣天气未停止水上运输。 （2）遇有大风恶劣天气未停止水上运输。 （3）遇有大雾恶劣天气未停止水上运输。 （4）遇有大雪恶劣天气未停止水上运输	遇有洪水或者大风、大雾、大雪等恶劣天气，应停止水上运输	《国家电网公司电力安全工作规程（电网建设部分）（试行）》
（1）人力运输的道路障碍物未及时清除。 （2）人力在山区抬运笨重物件或钢筋混凝土电杆时，道路的宽度小于1.2m。 （3）人力在山区抬运笨重物件或钢筋混凝土电杆时，道路的坡度大于1:4。 （4）人力在山区抬运笨重物件或钢筋混凝土电杆时，道路的宽度小于1.2m或坡度宜大于1:4时，未采取有效的作业方案	人力运输的道路应事先清除障碍物；山区抬运笨重物件或钢筋混凝土电杆的道路，其宽度不宜小于1.2m，坡度不宜大于1:4，如不满足要求，应采取有效的方案作业	《国家电网公司电力安全工作规程（电网建设部分）（试行）》
（1）人力运输和装卸时，运输用的工器具存在缺陷。 （2）人力运输和装卸时，运输用的工器具在使用前未进行认真检查	人力运输和装卸时，运输用的工器具应牢固可靠，每次使用前应进行认真检查	《国家电网公司电力安全工作规程（电网建设部分）（试行）》
雨雪后人力抬运物件时，未采取防滑措施	雨雪后人力抬运物件时，应有防滑措施	《国家电网公司电力安全工作规程（电网建设部分）（试行）》
（1）用跳板或圆木装卸滚动物件时，未用绳索控制物件。物件滚落前方禁止有人。 （2）用跳板或圆木装卸滚动物件时，物件滚落前方有人	用跳板或圆木装卸滚动物件时，应用绳索控制物件。物件滚落前方禁止有人	《国家电网公司电力安全工作规程（电网建设部分）（试行）》

违章表现	规程规定	规程依据
（1）在高处进行焊割作业时动火点下部存在易燃易爆物，但未采取可靠的隔离、防护措施。 （2）在高处进行焊割作业结束后未检查现场是否留有火种，就离开作业现场。 （3）在高处进行焊割作业时动火点下部存在易燃易爆物	在高处进行焊割作业时，应把动火点下部的易燃易爆物移至安全地点，或采取可靠的隔离、防护措施。作业结束后，应检查是否留有火种，确认合格后方可离开现场	《国家电网公司电力安全工作规程（电网建设部分）（试行）》GB 9448—1999《焊接与切割安全》
（1）运输前制定了运输方案，但装卸条件不符合要求。 （2）运输前未制定运输方案。 （3）运输前制定了运输方案，但船舶状况不符合要求。 （4）运输笨重物件或大型施工机械前未编制专项装卸运输方案。 （5）运输笨重物件或大型施工机械前编制了专项装卸运输方案，但方案中存在缺陷。 （6）船舶存在超载现象。 （7）运输前制定了运输方案，但水运线路选择有缺陷	运输前，应根据水运路线、船舶状况、装卸条件等制定合理的运输方案，装卸笨重物件或大型施工机械应制定专项装卸运输方案，船舶禁止超载	《国家电网公司电力安全工作规程（电网建设部分）（试行）》
（1）承担运输任务的船舶有缺陷。 （2）船舶上未配备救生设备。 （3）未与船舶运输单位签订安全协议。 （4）与船舶运输单位签订了安全协议，但内容中安全职责不明确	承担运输任务的船舶应安全可靠，船舶上应配备救生设备，并签订安全协议	《国家电网公司电力安全工作规程（电网建设部分）（试行）》
（1）入舱的物件放置不平稳。 （2）入舱的物件放置超高。 （3）易滚、易滑和易倒入舱物件未绑扎。 （4）易滚、易滑和易倒入舱物件绑扎不牢固	入舱的物件应放置平稳，易滚、易滑和易倒的物件应绑扎牢固	《国家电网公司电力安全工作规程（电网建设部分）（试行）》

40 通用作业要求（起重作业）

40.1 起重作业现场

违章表现	规程规定	规程依据
（1）起重作业操作人员在作业前未对作业现场环境进行全面了解。 （2）起重作业操作人员在作业前未对架空电力线的分布情况进行全面了解。 （3）起重作业操作人员在作业前未对构件重量和分布情况进行全面了解	起重作业操作人员在作业前应对作业现场环境、架空电力线以及构件重量和分布等情况进行全面了解	《国家电网公司电力安全工作规程（电网建设部分）（试行）》

40.2 起重作业人员及机械检查

违章表现	规程规定	规程依据
（1）起重机械的起重臂、吊钩、平衡重等转动体上无鲜明的色彩标志。 （2）起重机械未装有音响清晰的喇叭、电铃或汽笛等信号装置	各类起重机械应装有音响清晰的喇叭、电铃或汽笛等信号装置。在起重臂、吊钩、平衡重等转动体上应标以鲜明的色彩标志	《国家电网公司电力安全工作规程（电网建设部分）（试行）》
（1）起重机械使用单位对起重机械安全技术状况和管理情况未进行定期或专项检查。 （2）起重机械使用单位对起重机械安全技术状况和管理情况进行定期或专项检查，但未记录相关督查缺陷整改情况	起重机械使用单位对起重机械安全技术状况和管理情况应进行定期或专项检查，并指导、追踪、督查缺陷整改	《国家电网公司电力安全工作规程（电网建设部分）（试行）》
（1）起重作业未设专人指挥。 （2）起重作业现场指挥人员分工不明确	起重作业应由专人指挥，分工明确	《国家电网公司电力安全工作规程（电网建设部分）（试行）》
重大物件的起重、搬运作业负责人经验不足	重大物件的起重、搬运作业应由有经验的专人负责	《国家电网公司电力安全工作规程（电网建设部分）（试行）》
（1）起重作业前作业负责人未对全体作业人员进行安全技术交底。 （2）起重作业前进行安全技术交底，但交底内容不全。 （3）起重作业前进行了安全技术交底，但作业人员未在交底记录上签字	建设工程施工前，施工单位负责项目管理的技术人员应当对有关安全施工的技术要求对施工作业班组、作业人员做出详细说明，并由双方签字确认	《建筑工程安全生产管理条例》（国务院令2003年第393号）

违章表现	规程规定	规程依据
（1）存在利用限制器和限位装置代替操纵机构的现象。 （2）起重机械的个别监测仪表以及制动器、限位器、安全阀、闭锁机构等安全装置有调整或拆除的情况。 （3）起重机械的各种监测仪表以及制动器、限位器、安全阀、闭锁机构等安全装置存在缺陷	起重机械的各种监测仪表以及制动器、限位器、安全阀、闭锁机构等安全装置应完好齐全、灵敏可靠，不得随意调整或拆除。禁止利用限制器和限位装置代替操纵机构	《国家电网公司电力安全工作规程（电网建设部分）（试行）》
（1）起重作业操作人员未按规定的起重性能作业。 （2）起重作业操作人员在起重作业时存在超载现象	起重作业操作人员应按规定的起重性能作业，禁止超载	《国家电网公司电力安全工作规程（电网建设部分）（试行）》
（1）操作室内堆放有碍操作的物品。 （2）存在非操作人员进入操作室的现象。 （3）起重作业未划定作业区域并设置相应的安全标志	操作室内禁止堆放有碍操作的物品，非操作人员禁止进入操作室；起重作业应划定作业区域并设置相应的安全标志，禁止无关人员进入	《国家电网公司电力安全工作规程（电网建设部分）（试行）》
（1）在露天有六级及以上大风或大雨、大雪、大雾、雷暴等恶劣天气时，进行起重吊装作业。 （2）雨雪过后作业前，未先试吊进行作业	在露天有六级及以上大风或大雨、大雪、大雾、雷暴等恶劣天气时，应停止起重吊装作业。雨雪过后作业前，应先试吊，确认制动器灵敏可靠后方可进行作业	《国家电网公司电力安全工作规程（电网建设部分）（试行）》

40.3 起重作业方案

违章表现	规程规定	规程依据
（1）特殊环境、特殊吊件等施工作业未编制专项安全施工方案或专项安全技术措施。 （2）特殊环境、特殊吊件等施工作业的专项安全施工方案或专项安全技术措施需要专家论证但未做该项工作。 （3）特殊环境、特殊吊件等施工作业有专项安全施工方案或专项安全技术措施，但针对性不强或未附具安全验算结果	对达到一定规模的、风险性较大的分部分项工程编制专项施工方案，并附具安全验算结果。对专项施工方案，施工单位还应当组织专家进行论证、审查	《建筑工程安全生产管理条例》（国务院令2003年第393号）
（1）项目管理实施规划中未编制机械配置、大型吊装方案及各项起重作业的安全措施。 （2）项目管理实施规划中缺少机械配置内容。	项目管理实施规划中应有机械配置、大型吊装方案及各项起重作业的安全措施	《国家电网公司电力安全工作规程（电网建设部分）（试行）》

违章表现	规程规定	规程依据
（3）项目管理实施规划中缺少大型吊装方案内容。 （4）项目管理实施规划中缺少各项起重作业的安全措施内容。 （5）项目管理实施规划中有机械配置、大型吊装方案及各项起重作业的安全措施，但针对性不强		
（1）未编制起重机械安装专项安全施工方案。 （2）未编制起重机械拆除专项安全施工方案。 （3）起重机械拆装专项安全施工方案针对性不强。 （4）起重机械拆装未安排专业技术人员现场监督。 （5）起重机械拆装专项安全施工方案未完成编审批	安装、拆卸施工起重机械应当编制拆装方案指定安全施工措施，并由专业技术人员现场监督	《建筑工程安全生产管理条例》（国务院令2003年第393号）
（1）在高寒地带施工的起重设备，未按规定定期更换冬、夏季发动机油。 （2）在高寒地带施工的起重设备，未按规定定期更换冬、夏季齿轮油。 （3）在高寒地带施工的起重设备，未按规定定期更换冬、夏季传动液压油	在高寒地带施工的起重设备，应按规定定期更换冬、夏季传动液压油、发动机油和齿轮油等，保证油质能满足其使用条件	《国家电网公司电力安全工作规程（电网建设部分）（试行）》
（1）起重机械操作（指挥）人员未持证上岗。 （2）未建立起重机械操作人员台账。 （3）建立起重机械操作人员台账，但与现场实际不符	特种作业人员，必须按照国家有关规定经过专门的安全作业培训，并取得特种作业操作资格证书后，方可上岗作业	《建筑工程安全生产管理条例》（国务院令2003年第393号）
（1）起重机械使用前未经检验检测机构监督检验合格。 （2）起重机械使用前经检验检测机构监督检验合格但不在有效期内	起重机械使用前应经检验检测机构监督检验合格并在有效期内	《国家电网公司电力安全工作规程（电网建设部分）（试行）》
（1）起重作业时，起吊物体绑扎不牢固。 （2）起重作业时，吊钩无防止脱钩的保险装置。 （3）起重作业时，起吊物体棱角或特别光滑的部位，在棱角和滑面与绳索（吊带）接触处未加以包垫。 （4）起重作业时，起重吊钩未挂在物件的重心线上	起吊物体应绑扎牢固，吊钩应有防止脱钩的保险装置。若物体有棱角或特别光滑的部位时，在棱角和滑面与绳索（吊带）接触处应加以包垫。起重吊钩应挂在物件的重心线上	《国家电网公司电力安全工作规程（电网建设部分）（试行）》

违章表现	规程规定	规程依据
（1）起重作业时，单独采用瓷质部件作为吊点吊装含瓷件的组合设备。 （2）起重作业时，瓷质组件吊装时未使用不危及瓷质安全的吊索	瓷件的组合设备不得单独采用瓷质部件作为吊点，产品特别许可的小型瓷质组件除外。瓷质组件吊装时应使用不危及瓷质安全的吊索，例如尼龙吊带等	《国家电网公司电力安全工作规程（电网建设部分）（试行）》
（1）辅助人员未使用带有滤光镜的头罩或手持面罩，或未佩戴安全镜、护目镜或其他合适的眼镜。 （2）焊接或切割作业时，作业人员在观察电弧时，未使用带有滤光镜的头罩或手持面罩，或未佩戴安全镜、护目镜或其他合适的眼镜	焊接或切割作业时，作业人员在观察电弧时，应使用带有滤光镜的头罩或手持面罩，或佩戴安全镜、护目镜或其他合适的眼镜。辅助人员也应佩戴类似的眼保护装置	《国家电网公司电力安全工作规程（电网建设部分）（试行）》、GB 9448—1999《焊接与切割安全》
起重作业时，起重指挥信号存在缺陷	起重作业时，起重指挥信号应简明、统一、畅通	《国家电网公司电力安全工作规程（电网建设部分）（试行）》
（1）起重作业时，操作人员未按照指挥人员的信号进行作业。 （2）起重作业时，指挥人员的信号不清或错误，操作人员仍继续操作	起重作业时，操作人员应按照指挥人员的信号进行作业，当信号不清或错误时，操作人员可拒绝执行	《国家电网公司电力安全工作规程（电网建设部分）（试行）》
起重作业时，操作室远离地面的起重机械，正常指挥发生困难，地面及作业层（高空）的指挥人员均未采用对讲机等有效的通信联络进行指挥	起重作业时，操作室远离地面的起重机械，在正常指挥发生困难时，地面及作业层（高空）的指挥人员均应采用对讲机等有效的通信联络进行指挥	《国家电网公司电力安全工作规程（电网建设部分）（试行）》

41 通用作业要求（焊接与切割）

41.1 焊接与切割（氩弧焊）

违章表现	规程规定	规程依据
焊机未置于室内，无可靠的接地（接零）。多台对焊机并列安装时，间距少于3m，未分别接在不同相位的电网上，未设置各自的断路器	对焊机应安置于室内，并有可靠的接地（接零）。如多台对焊机并列安装时，间距不得少于3m，并应分别接在不同相位的电网上，分别有各自的断路器	《国家电网公司电力安全工作规程（电网建设部分）（试行）》
（1）氩弧焊机运行中出现异常未立即关闭气源。 （2）氩弧焊机运行中出现异常未立即关闭电源	若氩弧焊机运行中出现各种异常应立即关闭电源和气源	《国家电网公司电力安全工作规程（电网建设部分）（试行）》
（1）作业人员在电弧附近吸烟、进食。 （2）作业人员在电弧附近赤身和裸露其他部位	在电弧附近禁止赤身和裸露其他部位，禁止在电弧附近吸烟、进食，以免臭氧、烟尘吸入体内	《国家电网公司电力安全工作规程（电网建设部分）（试行）》

41.2 焊接与切割（一般规定）

违章表现	规程规定	规程依据
（1）焊接或切割现场存在火灾隐患。 （2）焊接或切割周围10m范围内存在易燃易爆物品	（1）焊接或切割作业只能在无火灾隐患的条件下实施。 （2）禁止在储存或加工易燃、易爆物品的场所周围10m范围内进行焊接或切割作业	《国家电网公司电力安全工作规程（电网建设部分）（试行）》
（1）在焊接或切割作业前，操作人员未对设备的安全性和可靠性进行检查。 （2）在焊接或切割作业前，操作人员未对个人防护用品进行检查。 （3）在焊接或切割作业前，操作人员未对操作环境进行检查	在焊接或切割作业前，操作人员应对设备的安全性和可靠性、个人防护用品、操作环境进行检查	《国家电网公司电力安全工作规程（电网建设部分）（试行）》、GB 9448—1999《焊接与切割安全》
（1）操作人员登高进行焊割作业时穿硬底鞋。 （2）操作人员登高进行焊割作业时穿带钉易滑鞋	登高进行焊割作业者，衣着要灵便，戴好安全帽和安全带，穿胶底鞋，禁止穿硬底鞋和带钉易滑的鞋	《国家电网公司电力安全工作规程（电网建设部分）（试行）》、GB 9448—1999《焊接与切割安全》
（1）焊接与切割设备缺少制造厂提供的操作说明书。 （2）焊接与切割设备缺少操作安全规程	焊接与切割设备应按制造厂提供的操作说明书和安全规程使用	《国家电网公司电力安全工作规程（电网建设部分）（试行）》、GB 9448—1999《焊接与切割安全》

违章表现	规程规定	规程依据
（1）焊接、切割设备存在安全隐患，操作人员继续焊接作业。 （2）焊接、切割设备存在安全隐患，操作人员自行维修	焊接、切割设备应处于正常的工作状态，存在安全隐患时，应停止使用并由维修人员修理	《国家电网公司电力安全工作规程（电网建设部分）（试行）》、GB 9448—1999《焊接与切割安全》
焊接与切割的作业场所照明不足	焊接与切割的作业场所应有良好的照明	《国家电网公司电力安全工作规程（电网建设部分）（试行）》、GB 9448—1999《焊接与切割安全》
（1）进行焊接或切割作业时，作业人员衣着有敞领和卷袖的现象。 （2）进行焊接或切割作业时，作业人员未穿专用工作服。 （3）进行焊接或切割作业时，作业人员未穿绝缘鞋。 （4）进行焊接或切割作业时，作业人员未戴防护手套。 （5）进行焊接或切割作业时，作业人员穿戴的工作服、绝缘鞋、防护手套等不符合专业防护要求	焊接或切割作业时，操作人员应穿戴专用工作服、绝缘鞋、防护手套等符合专业防护要求的劳动保护用品。衣着不得敞领卷袖	《国家电网公司电力安全工作规程（电网建设部分）（试行）》
（1）焊接、切割作业现场空间狭小。 （2）焊接、切割作业现场通风不好	焊接、切割的操作应要在足够的通风条件下进行，必要时应采取机械通风方式	《国家电网公司电力安全工作规程（电网建设部分）（试行）》、GB 9448—1999《焊接与切割安全》
（1）进行焊接或切割作业时，无防止触电、爆炸和防止金属飞溅引起火灾的措施。 （2）在人员密集的场所进行焊接与切割作业，未设挡光屏	进行焊接或切割作业时，应有防止触电、爆炸和防止金属飞溅引起火灾的措施。在人员密集的场所作业时，宜设挡光屏	《国家电网公司电力安全工作规程（电网建设部分）（试行）》、GB 9448—1999《焊接与切割安全》
（1）在风力大于五级以上进行露天焊接与切割作业。 （2）下雨天进行露天焊接与切割作业。 （3）下雪天进行露天焊接与切割作业。 （4）因特殊原因必须在风力五级以上及下雨、下雪下进行焊接和切割作业，未采取防风、防雨雪的措施	在风力五级以上及下雨、下雪时，不可露天或高处进行焊接和切割作业。如必须作业时，应采取防风、防雨雪的措施	《国家电网公司电力安全工作规程（电网建设部分）（试行）》、GB 9448—1999《焊接与切割安全》

41.3 焊接与切割（气焊与气割）

违章表现	规程规定	规程依据
（1）气瓶的检验不符合国家的相关规定。 （2）使用过期未经检验的气瓶。 （3）使用过期检验不合格的气瓶	气瓶的检验应按国家的相关规定进行检验。过期未经检验或检验不合格的气瓶禁止使用	《国家电网公司电力安全工作规程（电网建设部分）（试行）》
与所装气体混合后能引起燃烧、爆炸其他气瓶一起存放	禁止与所装气体混合后能引起燃烧、爆炸的气瓶一起存放	《国家电网公司电力安全工作规程（电网建设部分）（试行）》
（1）乙炔气瓶存放未保持直立。 （2）乙炔气瓶存放时无防止倾倒的措施	乙炔气瓶存放时应保持直立，并应有防止倾倒的措施	《国家电网公司电力安全工作规程（电网建设部分）（试行）》
（1）乙炔气瓶放置在有放射性射线的场所。 （2）乙炔气瓶放在橡胶等绝缘体上	乙炔气瓶禁止放置在有放射性射线的场所，亦不得放在橡胶等绝缘体上	《国家电网公司电力安全工作规程（电网建设部分）（试行）》
（1）气瓶与带电物体接触。 （2）氧气瓶沾染油脂	气瓶不得与带电物体接触。氧气瓶不得沾染油脂	《国家电网公司电力安全工作规程（电网建设部分）（试行）》
（1）氧气瓶卧放时超过 5 层。 （2）氧气瓶卧放时无支架固定。 （3）氧气瓶卧放时两侧未设立桩	氧气瓶卧放时不宜超过 5 层，两侧应设立桩，立放时应有支架固定	《国家电网公司电力安全工作规程（电网建设部分）（试行）》
（1）发现气瓶丝堵和角阀丝扣有磨损及锈蚀情况，但未及时更换。 （2）气瓶瓶阀及管接头处漏气。 （3）气瓶丝堵和角阀丝扣有磨损及锈蚀情况	气瓶瓶阀及管接头处不得漏气。应经常检查丝堵和角阀丝扣的磨损及锈蚀情况，发现损坏应立即更换	《国家电网公司电力安全工作规程（电网建设部分）（试行）》
（1）气瓶存放在烈日下曝晒。 （2）气瓶存放地点通风不好。 （3）气瓶存放处靠近热源或在烈日下曝晒	气瓶存放应在通风良好的场所，禁止靠近热源或在烈日下曝晒	《国家电网公司电力安全工作规程（电网建设部分）（试行）》
（1）使用中的氧气瓶与乙炔气瓶未垂直放置并固定。 （2）使用中的氧气瓶与乙炔气瓶的距离小于 5m	使用中的氧气瓶与乙炔气瓶应垂直放置并固定起来，氧气瓶与乙炔气瓶的距离不得小于 5m	《国家电网公司电力安全工作规程（电网建设部分）（试行）》
（1）气瓶未装减压器直接使用。 （2）气瓶减压器无合格证	各类气瓶禁止不装减压器直接使用，禁止使用不合格的减压器	《国家电网公司电力安全工作规程（电网建设部分）（试行）》

违章表现	规程规定	规程依据
（1）氩气瓶存放处与明火距离小于 3m。 （2）氩气瓶立放时没有支架。 （3）氩气瓶搬运时撞砸氩气瓶	氩气瓶不许撞砸，立放应有支架，并远离明火 3m 以上	《国家电网公司电力安全工作规程（电网建设部分）（试行）》
（1）汽车装运时，乙炔瓶未直立排放。 （2）汽车装运时，氧气瓶未横向卧放，头部朝向一侧，并应垫牢，装载高度不得超过车厢高度。 （3）汽车装运时，车厢高度低于乙炔瓶高的 2/3。 （4）汽车装运时，气瓶押运人员坐在车厢内	汽车装运时，氧气瓶应横向卧放，头部朝向一侧，并应垫牢，装载高度不得超过车厢高度；乙炔瓶应直立排放，车厢高度不得低于瓶高的 2/3。气瓶押运人员应坐在司机驾驶室内，不得坐在车厢内	《国家电网公司电力安全工作规程（电网建设部分）（试行）》
（1）氩弧焊作业消除焊缝焊渣时，头部未避开敲击焊渣飞溅方向。 （2）氩弧焊作业消除焊缝焊渣时，未戴防护眼镜	当消除焊缝焊渣时，应戴防护眼镜，头部应避开敲击焊渣飞溅方向	《国家电网公司电力安全工作规程（电网建设部分）（试行）》
（1）氩弧焊作业完毕后未关闭电焊机。 （2）氩弧焊作业完毕关闭电焊机后，未断开电源。 （3）氩弧焊作业完毕后未关闭电焊机，再断开电源。 （4）氩弧焊作业完毕后未清扫作业场地	作业完毕应关闭电焊机，再断开电源，清扫作业场地	《国家电网公司电力安全工作规程（电网建设部分）（试行）》
（1）气瓶运输前未旋紧瓶帽。 （2）气瓶运输存在抛、滑或碰击的现象	气瓶运输前应旋紧瓶帽。应轻装轻卸，禁止抛、滑或碰击	《国家电网公司电力安全工作规程（电网建设部分）（试行）》
（1）气瓶与易燃物、易爆物同间存放。 （2）气瓶存放处 10m 内有明火	气瓶存放处 10m 内禁止明火，禁止与易燃物、易爆物同间存放	《国家电网公司电力安全工作规程（电网建设部分）（试行）》
（1）汽车装运时，车上有吸烟现象。 （2）汽车装运时，未配置灭火器具	汽车装运时，车上禁止烟火，运输乙炔气瓶的车上应备有相应的灭火器具	《国家电网公司电力安全工作规程（电网建设部分）（试行）》
（1）易燃品、油脂和带油污的物品与氧气瓶同车运输。 （2）氧气瓶与乙炔瓶同车运输	易燃品、油脂和带油污的物品不得与氧气瓶同车运输。禁止氧气瓶与乙炔瓶同车运输	《国家电网公司电力安全工作规程（电网建设部分）（试行）》
（1）乙炔气瓶的使用压力超过 0.147MPa（1.5kgf/cm²）。 （2）乙炔气瓶的输气流速每瓶超过 1.5～2m³/h	乙炔气瓶的使用压力不得超过 0.147MPa（1.5kgf/cm²），输气流速每瓶不得超过 1.5～2m³/h	《国家电网公司电力安全工作规程（电网建设部分）（试行）》

continued

违章表现	规程规定	规程依据
气瓶的搬运未使用专门的台架或手推车	气瓶的搬运应使用专门的台架或手推车	《国家电网公司电力安全工作规程（电网建设部分）（试行）》
（1）环境温度在 0～15℃时，乙炔气瓶的剩余压力小于 0.1MPa。 （2）气瓶内的气体全部用尽。 （3）环境温度小于 0℃时，乙炔气瓶的剩余压力小于 0.05MPa。 （4）环境温度在 15～25℃时，乙炔气瓶的剩余压力小于 0.2MPa。 （5）环境温度在 25～40℃时，乙炔气瓶的剩余压力小于 0.3MPa。 （6）用后的气瓶阀门未关紧。 （7）用后的气瓶关紧其阀门后，未标注"空瓶"字样。 （8）氧气瓶的剩余压力小于 0.2MPa（2kgf/cm²）	气瓶内的气体不得全部用尽，氧气瓶应留有 0.2MPa（2kgf/cm²）的剩余压力；乙炔气瓶应留有不低于表 5 规定的剩余压力。用后的气瓶应关紧其阀门并标注"空瓶"字样	《国家电网公司电力安全工作规程（电网建设部分）（试行）》
（1）气瓶的阀门开启快。 （2）开启乙炔气瓶时未站在阀门的侧后方	气瓶的阀门应缓慢开启。开启乙炔气瓶时应站在阀门的侧后方	《国家电网公司电力安全工作规程（电网建设部分）（试行）》
施工现场的乙炔气瓶未安装防回火装置	施工现场的乙炔气瓶应安装防回火装置	《国家电网公司电力安全工作规程（电网建设部分）（试行）》
气瓶配置的防振圈少于 2 个	气瓶应佩戴 2 个防振圈	《国家电网公司电力安全工作规程（电网建设部分）（试行）》
（1）瓶阀冻结时用火烘烤解冻。 （2）用浸热水的棉布盖上解冻时，水的温度高于 40℃	瓶阀冻结时禁止用火烘烤，可用浸 40℃热水的棉布盖上使其缓慢解冻	《国家电网公司电力安全工作规程（电网建设部分）（试行）》

41.4 焊接与切割（电弧焊）

违章表现	规程规定	规程依据
（1）电焊机外壳接地电阻大于 4Ω。 （2）电焊机的外壳接地或接零松动。 （3）电焊机多台串联接地	电焊机的外壳应可靠接地或接零。接地时其接地电阻不得大于 4Ω。不得多台串联接地	《国家电网公司电力安全工作规程（电网建设部分）（试行）》

191

违章表现	规程规定	规程依据
（1）重点要害及重要场所未经消防安全部门批准，未落实安全措施进行焊割。 （2）在带有压力（液体压力或气体压力）的设备上或带电的设备上进行焊接。 （3）在油漆未干的结构或其他物体上进行焊接	（1）重点要害及重要场所未经消防安全部门批准，未落实安全措施不能焊割。 （2）不准在带有压力（液体压力或气体压力）的设备上或带电的设备上进行焊接。在特殊情况下需在带压和带电的设备上进行焊接时，应采取安全措施，并经本单位分管生产的领导（总工程师）批准。对承重构架进行焊接，应经过有关技术部门的许可。 （3）禁止在油漆未干的结构或其他物体上进行焊接	DL 5027—2015《电力设备典型消防规程》
（1）多台电焊机集中布置时，作业人员未对电焊机和控制刀闸作对应的编号。 （2）电焊机一次侧电源线超过5m。 （3）电焊机二次侧引出线超过30m。 （4）电焊机一、二次线应布置不整齐，不牢固可靠	施工现场的电焊机应根据施工区需要而设置。多台电焊机集中布置时，应将电焊机和控制刀闸作对应的编号。电焊机一次侧电源线不得超过5m，二次侧引出线不得超过30m。一、二次线应布置整齐，牢固可靠	《国家电网公司电力安全工作规程（电网建设部分）（试行）》
（1）露天装设的电焊机场所潮湿。 （2）露天装设的电焊机无防雨、雪措施	露天装设的电焊机应设置在干燥的场所，并应有防雨、雪措施	《国家电网公司电力安全工作规程（电网建设部分）（试行）》
（1）焊钳及电焊线的绝缘层有破损。 （2）焊钳手把发热	焊钳及电焊线的绝缘应良好；导线截面积应与作业参数相适应。焊钳应具有良好的隔热能力	《国家电网公司电力安全工作规程（电网建设部分）（试行）》
（1）焊接或切割作业结束后，作业人员未切断电源或气源就离开工作现场。 （2）焊接或切割作业结束后，作业人员未检查作业场所周围及防护设施是否有起火危险，就离开工作现场。 （3）焊接或切割作业结束后，作业人员未整理好器具，就离开工作现场	焊接或切割作业结束后，应切断电源或气源，整理好器具，仔细检查作业场所周围及防护设施，确认无起火危险后方可离开	《国家电网公司电力安全工作规程（电网建设部分）（试行）》
电焊机各电路对机壳的热态绝缘电阻低于0.4Ω	电焊机各电路对机壳的热态绝缘电阻不得低于0.4Ω	《国家电网公司电力安全工作规程（电网建设部分）（试行）》
电焊机未设置单独的电源控制装置	电焊机应有单独的电源控制装置	《国家电网公司电力安全工作规程（电网建设部分）（试行）》

违章表现	规程规定	规程依据
（1）电焊设备无定期维修、保养的记录。 （2）电焊设备使用前未进行检查，存在异常现象	电焊设备应经常维修、保养。使用前应进行检查，确认无异常后方可合闸	《国家电网公司电力安全工作规程（电网建设部分）（试行）》
（1）电焊机倒换接头时，未切断电源。 （2）电焊机转移作业地点时，未切断电源。 （3）电焊机发生故障时，未切断电源	电焊机倒换接头，转移作业地点或发生故障时，应切断电源	《国家电网公司电力安全工作规程（电网建设部分）（试行）》
（1）高处焊接与切割作业时，所使用的焊条、工具、小零件等未装在牢固的无孔洞的工具袋内。 （2）高处焊接与切割作业时，所使用的焊条、工具、小零件等装在有孔洞的工具袋内	高处焊接与切割作业时，所使用的焊条、工具、小零件等应装在牢固的无孔洞的工具袋内，防止落下伤人	《国家电网公司电力安全工作规程（电网建设部分）（试行）》、GB 9448—1999《焊接与切割安全》
在高处进行电焊作业时，未设进行拉合闸和调节电流等作业的人员	在高处进行电焊作业时，宜设专人进行拉合闸和调节电流等作业	《国家电网公司电力安全工作规程（电网建设部分）（试行）》、GB 9448—1999《焊接与切割安全》
（1）高处进行焊接与切割作业时，作业人员将焊接电缆缠绕在身上操作。 （2）高处进行焊接与切割作业时，作业人员将气焊、气割的橡皮软管缠绕在身上操作	高处进行焊接与切割作业时，禁止将焊接电缆或气焊、气割的橡皮软管缠绕在身上操作，以防触电或燃爆	《国家电网公司电力安全工作规程（电网建设部分）（试行）》、GB 9448—1999《焊接与切割安全》
（1）在高处进行焊割作业时，作业区域上方有高压线。 （2）在高处进行焊割作业时，作业区域上方有裸导线。 （3）在高处进行焊割作业时，作业区域上方有低压电源线	登高焊割作业应避开高压线、裸导线及低压电源线	《国家电网公司电力安全工作规程（电网建设部分）（试行）》
（1）高处作业时，电焊机及其他焊割设备与高处焊割作业点未设监护人。 （2）高处作业时，电焊机及其他焊割设备与高处焊割作业点的下部地面间隔小于10m	高处焊接与切割作业时，电焊机及其他焊割设备与高处焊割作业点的下部地面保持10m以上的间隔，并应设监护人	《国家电网公司电力安全工作规程（电网建设部分）（试行）》、GB 9448—1999《焊接与切割安全》

违章表现	规程规定	规程依据
（1）高处焊接与切割作业时，作业人员随身携带电焊导线或气焊软管登高。 （2）高处焊接与切割作业时，作业人员从高处跨越。 （3）高处焊接与切割作业时，作业人员在未切断电源或气源的情况下，用绳索提吊电焊导线、软管	高处焊接与切割作业时，不得随身携带电焊导线或气焊软管登高，不得从高处跨越。电焊导线、软管应在切断电源或气源后用绳索提吊	《国家电网公司电力安全工作规程（电网建设部分）（试行）》、GB 9448—1999《焊接与切割安全》
（1）进行焊接或切割作业，缺少防止触电、爆炸和防止金属飞溅引起火灾的措施。 （2）进行焊接或切割作业，在人员密集的场所作业时，未设挡光屏	进行焊接或切割作业时，应有防止触电、爆炸和防止金属飞溅引起火灾的措施。在人员密集的场所作业时，宜设挡光屏	《国家电网公司电力安全工作规程（电网建设部分）（试行）》
（1）进行焊接或切割作业时在进行焊接或切割操作的地方未配置灭火设备。 （2）进行焊接或切割作业时在进行焊接或切割操作的地方配置灭火设备不符合要求	进行焊接或切割作业时在进行焊接或切割操作的地方应配置适宜、足够的灭火设备	《国家电网公司电力安全工作规程（电网建设部分）（试行）》
（1）氩弧焊时，在容器内焊接又不能采用局部通风的情况下，作业人员未采用送风式头盔、送风口罩或防毒口罩等个人防护用品。 （2）氩弧焊时，作业人员未穿戴非棉布工作服。 （3）在容器内氩弧焊作业时，容器外未设人监护和配合。 （4）在容器内氩弧焊作业时，容器外安排专人监护和配合，但监护人临时离开未通知容器内作业人员	氩弧焊时，由于臭氧和紫外线作用强烈，宜穿戴非棉布工作服（如耐酸呢、柞丝绸等）。在容器内焊接又不能采用局部通风的情况下，可以采用送风式头盔、送风口罩或防毒口罩等个人防护用品。容器外应设人监护和配合	《国家电网公司电力安全工作规程（电网建设部分）（试行）》
（1）大量钍钨棒集中在一起。 （2）钍钨极和铈钨极加工时，未采用密封式或抽风式砂轮磨削。 （3）钍钨极和铈钨极未放在铝盒内保存。 （4）钍钨极和铈钨极加工时，操作者未佩戴口罩、手套等个人防护用品。 （5）氩弧焊未采用放射剂量极低的铈钨极	氩弧焊尽可能采用放射剂量极低的铈钨极。钍钨极和铈钨极加工时，应采用密封式或抽风式砂轮磨削，操作者应佩戴口罩、手套等个人防护用品，加工后要洗净手脸。钍钨极和铈钨极应放在铝盒内保存。避免由于大量钍钨棒集中在一起时，其放射性剂量超出安全规定而伤人	《国家电网公司电力安全工作规程（电网建设部分）（试行）》

违章表现	规程规定	规程依据
氩弧焊未专人操作开关	氩弧焊应由专人操作开关	《国家电网公司电力安全工作规程（电网建设部分）（试行）》
（1）工件接地不符合要求，不能很好地防备和削弱高频电磁场对操作人员的影响。 （2）焊枪电缆和地线未用金属编织线屏蔽，不能很好地防备和削弱高频电磁场对操作人员的影响。 （3）未适当降低频率，不能很好地防备和削弱高频电磁场对操作人员的影响。 （4）使用高频振荡器作为稳弧装置，不能很好地防备和削弱高频电磁场对操作人员的影响。 （5）高频电作用时间长，不能很好地防备和削弱高频电磁场对操作人员的影响。 （6）连续作业超过6h，不能很好地防备和削弱高频电磁场对操作人员的影响。 （7）操作人员未佩戴静电防尘口罩等其他个人防护用品，不能很好地防备和削弱高频电磁场对操作人员的影响	防备和削弱高频电磁场影响的主要措施有： （1）工件良好接地，焊枪电缆和地线要用金属编织线屏蔽。 （2）适当降低频率。 （3）尽量不要使用高频振荡器作为稳弧装置，减小高频电作用时间。 （4）连续作业不得超过6h。 （5）操作人员随时佩戴静电防尘口罩等其他个人防护用品	《国家电网公司电力安全工作规程（电网建设部分）（试行）》
（1）磨钍钨极作业时操作人员未戴口罩。 （2）磨钍钨极作业时操作人员未戴手套。 （3）使用砂轮机磨钍钨极时，操作人员未按照砂轮机操作规程操作	磨钍钨极时应戴口罩、手套，并遵守砂轮机操作规程	《国家电网公司电力安全工作规程（电网建设部分）（试行）》
（1）电焊工清除焊渣时未戴防护眼镜。 （2）电焊工未使用反射式镜片	电焊工宜使用反射式镜片。清除焊渣时应戴防护眼镜	《国家电网公司电力安全工作规程（电网建设部分）（试行）》
（1）采用电缆管、电缆外皮或吊车轨道等作为电焊地线。 （2）在采用屏蔽电缆的变电站内施焊时，未设置专用地线。 （3）在采用屏蔽电缆的变电站内施焊时，采用了专用地线，但接地点范围大于5m	禁止将电缆管、电缆外皮或吊车轨道等作为电焊地线。在采用屏蔽电缆的变电站内施焊时，应用专用地线，且应在接地点5m范围内进行	《国家电网公司电力安全工作规程（电网建设部分）（试行）》

违章表现	规程规定	规程依据
（1）电焊导线附近有其他热源。 （2）电焊导线接触到钢丝绳或转动机械。 （3）电焊导线穿过道路未采取防护措施	电焊导线不得靠近热源，且禁止接触钢丝绳或转动机械。电焊导线穿过道路应采取防护措施	《国家电网公司电力安全工作规程（电网建设部分）（试行）》
（1）电焊作业台未接地。 （2）在狭小或潮湿地点施焊，未垫以木板或采取其他防止触电的措施。 （3）在狭小或潮湿地点施焊，未设监护人	电焊作业台应可靠接地。在狭小或潮湿地点施焊时，应垫以木板或采取其他防止触电的措施，并设监护人	《国家电网公司电力安全工作规程（电网建设部分）（试行）》
（1）氩弧焊焊机电源线、引出线及各接点接触不牢固。 （2）氩弧焊焊机二次接地线接在焊机壳体上	氩弧焊作业前检查焊机电源线、引出线及各接点接触是否牢固，二次接地线禁止接在焊机壳体上	《国家电网公司电力安全工作规程（电网建设部分）（试行）》
（1）氩弧焊焊机接地线及焊接工作回路线搭接在易燃易爆的物品上。 （2）氩弧焊焊机接地线及焊接工作回路线搭接在管道和电力、仪表保护套以及设备上	焊机接地线及焊接工作回路线不准搭接在易燃易爆的物品上，不准搭接在管道和电力、仪表保护套以及设备上	《国家电网公司电力安全工作规程（电网建设部分）（试行）》
（1）氩弧焊作业场地空气不流通。 （2）氩弧焊作业中未开动通风排毒设备。 （3）氩弧焊作业中通风装置失效	氩弧焊作业场地应空气流通。作业中应开动通风排毒设备。通风装置失效时，应停止作业	《国家电网公司电力安全工作规程（电网建设部分）（试行）》

42 通用作业要求（动火作业）

42.1 动火作业（作业现场）

违章表现	规程规定	规程依据
（1）一般动火作业过程中，未检测动火现场可燃性，易爆气体含量或粉尘浓度是否合格。 （2）火作业前未清除动火现场以及周围上下方的易燃易爆物品。 （3）在油船油车停靠区域进行动火作业。 （4）在附近有与明火作业相抵触的工作进行动火作业。 （5）施工项目部动火作业现场通排风不好，不能保证泄漏的气体能顺畅排走。 （6）与生产系统直接相连的阀门上未上锁挂牌，并进行清洗置换	（1）动火作业前应清除动火现场以及周围上下方的易燃易爆物品。 （2）一般动火作业过程中，应每隔 2.0～4.0h 检测动火现场可燃性，易爆气体含量或粉尘浓度是否合格。 （3）与生产系统直接相连的阀门上应上锁挂牌，并进行清洗置换。 （4）动火作业现场通排风不好，如有必要，检测动火场所可燃气体含量应合格。 （5）禁止在附近有与明火作业相抵触的工作进行动火作业。 （6）禁止在油船油车停靠区域进行动火作业	DL 5027—2015《电力设备典型消防规程》

42.2 动火作业（准备工作）

违章表现	规程规定	规程依据
（1）动火工作票未提前办理，动火工作票签发人兼职该项工作的工作负责人。 （2）专责监护人和工作负责人未始终监督现场动火作业。 （3）动火工作票签发人，工作负责人未进行 DL 5027《电力设备典型消防规程》等制度的培训，考试不合格	（1）一般动火工作票应提前 8h 办理，动火工作票签发人不准兼职该项工作的工作负责人，动火工作票至少一式三份。 （2）包括电焊工在内动火工作票签发人，工作负责人都应进行 DL 5027《电力设备典型消防规程》等制度的培训，并经考试合格。 （3）专责监护人和工作负责人应始终监督现场动火作业	DL 5027—2015《电力设备典型消防规程》
（1）氩弧焊机运行中出现异常未立即关闭气源。 （2）氩弧焊机运行中出现异常未立即关闭电源	若氩弧焊机运行中出现各种异常应立即关闭电源和气源	《国家电网公司电力安全工作规程（电网建设部分）（试行）》

违章表现	规程规定	规程依据
（1）动火工作负责人未办理动火工作票。 （2）电焊工未取得特种作业操作资格证书。 （3）施工项目部动火作业现场未设定专责监护人；动火作业人员未正确佩戴安全防护用品。 （4）动火作业超过有限期限未重新办理动火工作票，负责人未对作业人员进行交底。变电一种票有效期超过 24h，二种票有效期超过 120h	在防火重点部位或场所以及禁止明火区动火作业，应填用动火工作票，其方式有一级动火工作票和二级动火工作票两种，具体填用办法见 Q/GDW 1799.2—2013《国家电网公司电力安全工作规程　变电部分》	《国家电网公司电力安全工作规程（电网建设部分）（试行）》
施工项目部动火作业未设专人监护，动火作业前未清除动火现场及周围的易燃物品，未采取其他有效的防火安全措施，未配备足够适用的消防器材	动火作业应有专人监护，动火作业前应清除动火现场及周围的易燃物品，或采取其他有效的防火安全措施，配备足够适用的消防器材	《国家电网公司电力安全工作规程（电网建设部分）（试行）》
作业人员人工挖孔桩作业时未用梯	人工挖孔桩基础人员上下应用软梯	《国家电网公司电力安全工作规程（电网建设部分）（试行）》
（1）使用中的氧气瓶和乙炔瓶未垂直放置并固定起来，氧气瓶和乙炔瓶的距离小于 5m，气瓶的放置地点靠近热源，距明火不足 10m。 （2）氧气瓶和乙炔气瓶放在一起运送，或与易燃物品、装有可燃气体的容器一起运送。 （3）气瓶搬运未使用专门的抬架或手推车	（1）气瓶的存储应符合国家有关规定。 （2）气瓶搬运应使用专门的抬架或手推车。 （3）禁止把氧气瓶和乙炔气瓶放在一起运送，也不准与易燃物品或装有可燃气体的容器一起运送。 （4）使用中的氧气瓶和乙炔瓶应垂直放置并固定起来，氧气瓶和乙炔瓶的距离不得小于 5m，气瓶的放置地点不准靠近热源，应距明火 10m 以外	《国家电网公司电力安全工作规程（电网建设部分）（试行）》
（1）电焊设备的带电和转动部分未装设防护罩。 （2）露天施焊用的电焊设备没有防雨罩。 （3）电焊机的外壳未可靠接地或接地电阻大于 4Ω	电焊机的外壳必须可靠接地，接地电阻不得大于 4Ω；露天施焊用的电焊设备应有防雨罩；电焊设备的带电和转动部分应装有防护罩	《国家电网公司电力安全工作规程（电网建设部分）（试行）》
动火作业人员在下列情况下进行动火作业： （1）压力容器或管道未泄压； （2）存放易燃易爆物品的容器未清洗干净或未进行有效置换； （3）在风力达 5 级以上的露天作业； （4）喷漆现场； （5）遇有火险异常情况未查明原因和消除前	下列情况禁止动火： （1）压力容器或管道未泄压前； （2）存放易燃易爆物品的容器未清洗干净前或未进行有效置换前； （3）风力达 5 级以上的露天作业； （4）喷漆现场； （5）遇有火险异常情况未查明原因和消除前	《国家电网公司电力安全工作规程（电网建设部分）（试行）》

违章表现	规程规定	规程依据
施工人员在操作前未检查施工操作环境、清理动火现场，未配备消防器材或消防器材不适用等	动火作业现场的通风要良好，作业前应清除动火现场及周围的易燃物品，配备足够适用的消防器材	《国家电网公司电力安全工作规程（电网建设部分）（试行）》
施工项目部动火作业现场通排风不好，不能保证泄漏的气体能顺畅排走	动火作业现场的通排风应良好，以保证泄漏的气体能顺畅排走	《国家电网公司电力安全工作规程（电网建设部分）（试行）》
在盛有或盛过易燃易爆等化学危险物品的容器、设备、管道等生产、储存装置动火作业前，施工人员未将其与生产系统彻底隔离，且未进行清洗置换。未检测可燃气体、易燃液体的可燃蒸汽含量或检测不合格，即进行动火作业	凡盛有或盛过易燃易爆等化学危险物品的容器、设备、管道等生产、储存装置，在动火作业前应将其与生产系统彻底隔离，并进行清洗置换，检测可燃气体、易燃液体的可燃蒸汽含量合格后，方可动火作业	《国家电网公司电力安全工作规程（电网建设部分）（试行）》
施工项目部作业现场未尽可能地把动火时间和范围压缩到最低限度	尽可能地把动火时间和范围压缩到最低限度	《国家电网公司电力安全工作规程（电网建设部分）（试行）》
施工项目部动火作业过程中动火区域内有条件拆下的构件如油管、阀门等，未拆下来移至安全场所	动火区域中有条件拆下的构件如油管、阀门等，应拆下来移至安全场所	《国家电网公司电力安全工作规程（电网建设部分）（试行）》
施工项目部可以采用不动火的方法替代而能够达到同样效果时，未采用替代的方法处理	可以采用不动火的方法替代而能够达到同样效果时，尽量采用替代的方法处理	《国家电网公司电力安全工作规程（电网建设部分）（试行）》
动火作业人员在动火作业间断或终结后，未清理现场，未确认无残留火种后即离开	动火作业间断或终结后，应清理现场，确认无残留火种后，方可离开	《国家电网公司电力安全工作规程（电网建设部分）（试行）》

43 通用作业要求（季节性施工）

43.1 季节性施工（冬季施工）

违章表现	规程规定	规程依据
（1）作业人员在严寒季节采用工棚保温措施施工未遵守规程规定。 （2）施工项目部在霜雪天气进行户外露天作业未及时清除场地霜雪，未采取防冻防滑措施。 （3）施工项目部在环境温度低于−25℃进行室外作业时，主要受力机具未将安全系数提高10%～20%。 （4）施工项目部在冬季施工没有为作业人员配发防止冻伤、滑跌、雪盲及有害气体中毒等个人防护用品或采取相应措施，防寒服装等颜色不醒目。 （5）施工项目部在入冬之前，未对消防器具应进行全面检查，对消防设施及施工用水外露管道未做好保温防冻措施。 （6）施工项目部在入冬之前未对取暖设施进行全面检查，未加强冬季用火管理，未配备必要的防寒设施。 （7）瓶阀冻结未按规定进行缓解解冻。 （8）施工项目部在冬季坑槽施工方案中未根据土质情况制定边坡防护措施。 （9）施工项目部在施工现场使用裸线；电线敷设未采取防砸，防碾压措施；未采取防止电线冻结在冰雪中的措施；大风雪后，未对供电线路进行检查，未制定防止断线造成触电事故的措施。 （10）施工现场道路及脚手架、跳板和走道等未及时清除积水、积霜、积雪，未采取防滑措施。	（1）冬季施工应为作业人员配发防止冻伤、滑跌、雪盲及有害气体中毒等个人防护用品或采取相应措施，防寒服装等颜色宜醒目。 （2）入冬之前，对消防器具应进行全面检查，对消防设施及施工用水外露管道，应做好保温防冻措施。 （3）对取暖设施应进行全面检查，加强用火管理，配备必要的防寒设施。 （4）冬季坑槽施工方案中应根据土质情况制定边坡防护措施。 （5）施工现场禁止使用裸线；电线敷设要防砸、防碾压；防止电线冻结在冰雪中；大风雪后，应对供电线路进行检查，防止断线造成触电事故。 （6）现场道路及脚手架、跳板和走道等，应及时清除积水、积霜、积雪并采取防滑措施。 （7）施工机械设备的水箱、油路管道等润滑部件应经常检查，适季更换油材；油箱或容器内的油料冻结时，应采用热水或蒸汽化冻，禁止用火烤化。 （8）用明火加热时，配备足量的消防器材，人员离场应及时熄灭火源。 （9）汽车及轮胎式机械在冰雪路面上行驶应更换雪地胎或加装防滑链。 （10）环境温度低于−25℃时，不宜进行室外施工作业，确需施工时，主要受力机具应将安全系数提高10%～20%。 （11）严寒季节采用工棚保温措施施工应遵守下列规定： a）使用锅炉作为加温设备，锅炉应经过压力容器设备检验合格。锅炉操作人员应经过培训合格、取证。 b）工棚内养护人员不能少于两人，应有防止一氧化碳中毒、窒息的措施。 c）采用苫布直接遮盖、用炭火养生的基础，加火或测温人员应先打开苫布通风，并测量一氧化碳和氧气浓度，达到符合指标时，才能进入基坑，同时坑上设置监护人。	《国家电网公司电力安全工作规程（电网建设部分）（试行）》

违章表现	规程规定	规程依据
（11）施工项目部在冬季未经常对施工机械设备的水箱、油路管道等润滑部件进行检查，未适季更换油材；油箱或容器内的油料冻结时，采用用火烤化的方法。 （12）施工项目部用明火加热时，未配备足量的消防器材，人员离场未及时熄灭火源。 （13）汽车及轮胎式机械在冰雪路面上行驶未更换雪地胎或加装防滑链	（12）在霜雪天气进行户外露天作业应及时清除场地霜雪，采取防冻防滑措施。 （13）人员驻地取暖措施不宜采用炭火取暖，如因条件所限只能采取炭火取暖时，应采取措施防止一氧化碳中毒。 （14）氧气、乙炔瓶阀冻结时禁止用火烘烤，可用浸40℃热水的棉布盖上使其缓解解冻	
人员驻地采用炭火取暖时，未采取防止一氧化碳中毒的措施	人员驻地取暖措施不宜采用炭火取暖，如因条件所限只能采取炭火取暖时，应采取措施防止一氧化碳中毒	《国家电网公司电力安全工作规程（电网建设部分）（试行）》

43.2 季节性施工（夏季、雨汛期施工）

违章表现	规程规定	规程依据
（1）施工项目部在夏季高温季节未调整作业时间，未避开高温时段，未做好防暑降温工作。 （2）施工项目部在夏季高温季节未加强防火管理，易燃易爆物品与其他物品共同存放	夏季高温季节应调整作业时间，避开高温阶段，并做好防暑降温工作。加强夏季防火管理，易燃易爆品应单独存放	《国家电网公司电力安全工作规程（电网建设部分）（试行）》
（1）施工项目部在雨季前未做好防风、防雨、防洪等应急处置方案，现场排水系统未整修畅通。 （2）施工项目部在雷雨季节前，未对建筑物、施工机械、跨越架等的避雷装置进行全面检查，未进行接地电阻测定。 （3）台风和汛期到来之前，施工现场和生活区的临建设施以及高架机械未进行修缮和加固，未准备充足的防汛器材。 （4）施工项目部对正在组装、吊装的构支架地锚埋设和拉线固定不牢靠，独立的架构组合未采用四面拉线固定。 （5）施工项目部在铁塔构架、避雷针、避雷线安装后未及时接地。 （6）施工项目部在台风、暴雨发生时进行施工作业。	（1）雨季前应做好防风、防雨、防洪等应急处置方案。现场排水系统应整修畅通，必要时应筑防汛堤。 （2）雷雨季节前，应对建筑物、施工机械、跨越架等的避雷装置进行全面检查，并进行接地电阻测定。 （3）台风和汛期到来之前，施工现场和生活区的临建设施以及高架机械应进行修缮和加固，准备充足的防汛器材。 （4）对正在组装、吊装的构支架应确保地锚埋设和拉线固定牢靠，独立的架构组合应采用四面拉线固定。 （5）铁塔构架、避雷针、避雷线一经安装应接地。 （6）机电设备及平配电系统应按有关规定进行绝缘检查和接地电阻测定。 （7）台风、暴雨发生时禁止施工作业。 （8）暴雨、台风、汛期后应对临建设施、脚手架、机电设备、电源线路等进行检查并及时修理加固。	《国家电网公司电力安全工作规程（电网建设部分）（试行）》

违章表现	规程规定	规程依据
（7）施工项目部未开展防灾自查工作，无相关记录。 （8）施工项目部在暴雨、台风、汛期后未对临建设施、脚手架、机电设备、电源线路等进行检查并及时修理加固	（9）施工项目部应开展防灾自查工作，并做好相关记录	

44 通用作业要求（特殊环境下作业）

44.1 特殊环境下作业（高海拔地区施工）

违章表现	规程规定	规程依据
（1）施工项目部劳动强度与时间安排不合理，未为作业人员提供高热量的膳食。 （2）施工项目部在高原地区施工未考虑机械出力降效情况。 （3）施工人员施工或外出时单独行动，未保持联络，未根据实际情况配备食物、饮用水、车辆燃油等应急物品。 （4）施工项目部未配备性能满足高海拔施工的机械设备、工器具及交通工具，机械设备、车辆未配备小型氧气瓶等医疗应急物品。 （5）施工项目部进行高处作业时，作业人员未随身携带小型氧气瓶或袋，高处作业时间超过1h。 （6）施工项目部未根据需要配备防紫外线灼伤的眼镜，防晒药膏等紫外线防护用品。 （7）施工项目部施工现场未配备必要的医疗设备及药品。 （8）施工项目部在高海拔地区施工（海拔 3300m 及以上），未对作业人员进行体检合格，直接参加施工。作业人员未定期进行体格检查，且未建立个人健康档案。 （9）施工项目部掏挖基础施工中，通风不好，基坑上方未设专责监护人	（1）高海拔地区施工（海拔 3300m 及以上），作业人员应体检合格，并经习服适应后，方可参加施工。作业人员应定期进行体格检查，并建立个人健康档案。 （2）施工现场应配备必要的医疗设备及药品。 （3）合理安排劳动强度与时间，为作业人员提供高热量的膳食。 （4）根据需要应配备防紫外线灼伤的眼镜，防晒药膏等紫外线防护用品。 （5）掏挖基础施工中，必要时应进行送风，同时基坑上方要有专责监护人。 （6）进行高处作业时，作业人员应随身携带小型氧气瓶或袋，高处作业时间不应超过1h。 （7）应配备性能满足高海拔施工的机械设备、工器具及交通工具，机械设备，车辆宜配备小型氧气瓶等医疗应急物品。 （8）施工或外出时不得单独行动，并应保持联络，应根据实际情况配备食物，饮用水，车辆燃油等应急物品。 （9）高原地区施工需要考虑机械出力降效情况，必要时通过试验手段进行测试	《国家电网公司电力安全工作规程（电网建设部分）（试行）》

44.2 特殊环境下作业（地质灾害、气象灾害地区施工）

违章表现	规程规定	规程依据
施工项目部在地质灾害、气象灾害多发地区施工，未与当地有关部门保持联系，未设专人关注记录当地有关部门发布的预警信息，未及时做好应急预防措施	在地质灾害、气象灾害多发地区施工，应与当地有关部门保持联系，设专人关注记录当地有关部门发布的预警信息，及时做好应急预防措施，必要时要停工转移	《国家电网公司电力安全工作规程（电网建设部分）（试行）》

44.3　特殊环境下作业（山区及林、牧区施工）

违章表现	规程规定	规程依据
（1）施工人员在山区及林牧区施工未做防毒蛇、野兽、毒蜂等生物侵害的措施，施工或外出时未保持联系，未携带必要的应急防卫器械、防护用具及药品。 （2）施工人员山区及林牧区施工未采取防止误踩深沟、陷阱的措施。未穿硬胶底鞋。私自穿越不明地域、水域，未随时保持联系，私自单独远离作业现场。作业完毕，作业负责人未清点人数。 （3）施工人员山区及林牧区施工未做好森林乙脑炎等传染性较强的疾病预防工作，未及时为施工人员注射疫苗、配备相关药品。 （4）施工项目部在山区及林牧区施工未严格遵守环境保护相关规定。 （5）施工项目部在山区及林牧区施工未严格遵守当地关于春季秋季防火相关规定，防火期施工携带火种上山作业	（1）山区及林牧区施工应严格遵守当地关于春季秋季防火相关规定，防火期施工不得携带火种上山作业。 （2）山区及林牧区施工应严格遵守环境保护相关规定。 （3）山区及林牧区施工应做好森林乙脑炎等传染性较强的疾病预防工作，及时为施工人员注射疫苗，配备相关药品。 （4）山区及林牧区施工应防止误踩深沟、陷阱。应穿硬胶底鞋。不得穿越不明地域、水域，随时保持联系，不得单独远离作业现场。作业完毕，作业负责人应清点人数。 （5）山区及林牧区施工做好防毒蛇、野兽、毒蜂等生物侵害的措施，施工或外出时应保持联系，携带必要的应急防卫器械，防护用具及药品	《国家电网公司电力安全工作规程（电网建设部分）（试行）》

45 通用施工机械器具（起重机械）

45.1 起重机械（一般规定）

违章表现	规程规定	规程依据
（1）在起吊、牵引过程中，受力钢丝绳的周围、上下方、转向滑车内角侧、吊臂和起吊物的下面，有人逗留和通过。 （2）吊物上站人，作业人员利用吊钩上升或下降。用起重机械载运人员。 （3）起重臂跨越电力线进行作业。 （4）吊装作业人员未进行试吊（吊起100mm后暂停，检查起重系统的稳定性、制动器的可靠性，物件的平稳性、绑扎的牢固性，确认无误）即开始正式起吊。作业人员未对易晃动的重物采用控制措施。 （5）吊索与物件的夹角超出规定要求。吊索与物件棱角之间未加垫块。 （6）存在起重机械进行斜拉、斜吊和起吊地下埋设或凝固在地面上的重物以及其他不明重量的物体现象。 （7）起吊物件长时间悬挂在空中。作业中遇突发故障，吊装作业人员未采取措施将物件降落到安全地方，并关闭发动机或切断电源后进行检修。无法放下吊物时，吊装人员未采取保险措施，有无关人员进入危险区域。 （8）物件起升和下降速度不够平稳、均匀，操作人员在起升或下降过程中突然采取制动措施。吊装作业未设专人指挥	（1）禁止使用起重机械进行斜拉、斜吊和起吊地下埋设或凝固在地面上的重物以及其他不明重量的物体。 （2）吊索与物件的夹角宜采用45°～60°，且不得小于30°或大于120°，吊索与物件棱角之间应加垫块。 （3）吊件吊起100mm后应暂停，检查起重系统的稳定性、制动器的可靠性、物件的平稳性、绑扎的牢固性，确认无误后方可继续起吊。对易晃动的重物应拴好控制绳。 （4）物件起升和下降速度应平稳、均匀，不得突然制动。 （5）禁止起吊物件长时间悬挂在空中，作业中遇突发故障，应采取措施将物件降落到安全地方，并关闭发动机或切断电源后进行检修。无法放下吊物时，应采取适当的保险措施，除排险人员外，任何人员不得进入危险区域。 （6）在起吊、牵引过程中，受力钢丝绳的周围、上下方、转向滑车内角侧、吊臂和起吊物的下面，禁止有人逗留和通过。 （7）吊物上不可站人，禁止作业人员利用吊钩上升或下降。禁止用起重机械载运人员。 （8）禁止起重臂跨越电力线进行作业	《国家电网公司电力安全工作规程（电网建设部分）（试行）》

违章表现	规程规定	规程依据
施工企业未按国家有关规定对深基坑、高大模板及脚手架、大型起重机械安拆及作业、重型索道运输、重要的拆除爆破等超过一定规模的危险性较大的分部分项工程的专项施工方案（含安全技术措施），组织专家进行论证、审查，且未根据论证报告修改完善专项施工方案。 方案未经施工企业技术负责人、项目总监理工程师、业主项目部项目经理签字。 施工项目部总工程师未交底，专职安全管理人员未到现场监督实施	对深基坑、高大模板及脚手架、大型起重机械安拆及作业、重型索道运输、重要的拆除爆破等超过一定规模的危险性较大的分部分项工程的专项施工方案（含安全技术措施），施工企业还应按国家有关规定组织专家进行论证、审查，并根据论证报告修改完善专项施工方案，经施工企业技术负责人、项目总监理工程师、业主项目部项目经理签字后，由施工项目部总工程师交底，专职安全管理人员现场监督实施	《国家电网公司基建安全管理规定》[国网（基建/2）173—2015]
未建立现场施工机械安全管理机构。 未配备施工机械管理人员，未落实施工机械安全管理责任，未对进入现场的施工机械和工器具的安全状况进行准入检查，且未对施工过程中起重机械的安装、拆卸、重要吊装、关键工序作业进行有效监控；项目部未及时将施工队（班组）安全工器具进行定期试验、送检	建立现场施工机械安全管理机构，配备施工机械管理人员，落实施工机械安全管理责任，对进入现场的施工机械和工器具的安全状况进行准入检查，并对施工过程中起重机械的安装、拆卸、重要吊装、关键工序作业进行有效监控；负责施工队（班组）安全工器具的定期试验、送检工作	《国家电网公司基建安全管理规定》[国网（基建/2）173—2015]
滑车组的钢丝绳产生扭绞	滑车组的钢丝绳不得产生扭绞；使用时滑车组两滑车轴心间的距离不得小于表6的规定	《国家电网公司电力安全工作规程（电网建设部分）（试行）》

45.2 起重机械（流动式起重机）

违章表现	规程规定	规程依据
（1）当吊钩处于作业位置最低点时，卷筒上缠绕的钢丝绳，除固定绳尾的圈数外，放出钢丝绳时，卷筒上保留钢丝绳少于3圈；当吊钩处于作业位置最高点时，卷筒上绕绳余量不足1圈。 （2）起重机行驶和作业的场地不够平坦坚实，机身倾斜度超过制造厂的规定，其车轮、支腿或履带的前端、外侧与沟、坑边缘的距离不满足要求，未采取相应防倾倒、防坍塌措施，未设安全警示牌。	（1）起重机行驶和作业的场地应保持平坦坚实，机身倾斜度不得超过制造厂的规定，其车轮、支腿或履带的前端、外侧与沟、坑边缘的距离不得小于沟、坑深度的1.2倍，小于1.2倍时应采取防倾倒、防坍塌措施。 （2）汽车式起重机作业前应支好全部支腿，支腿应加垫木。作业中禁止扳动支腿操纵阀；调整支腿应在无载荷时进行，且应将起重臂转至正前或正后方位。	《国家电网公司电力安全工作规程（电网建设部分）（试行）》

违章表现	规程规定	规程依据
（3）汽车式起重机作业前未支好全部支腿，支腿未加垫木。作业中扳动支腿操纵阀；吊装作业人员在有载荷时调整支腿，且未将起重臂转至正前或正后方位。 （4）起吊重物时，重物中心与吊钩中心未在同一垂线上；荷载由多根钢丝绳支承时，未设置能有效地保证各根钢丝绳受力均衡的装置。作业中发现起重机倾斜、支腿不稳等异常现象时，未立即使重物降落在安全的地方，或在重物下降过程中制动。 （5）停机时，作业人员将重物悬挂在空中。 （6）起吊作业完毕后，作业人员在臂杆未放在支架上情况下收起支腿；吊钩未用专用钢丝绳挂牢或未固定于规定位置。汽车式起重机吊物行走。 （7）履带起重机主臂工况吊物行走时，吊物未位于起重机的正前方，未用绳索拉住，行走速度过快；吊物离地面超过500mm，吊物重量超过起重机当时允许起重量的70%。操作人员在塔式工况下吊物行走。 （8）履带起重机行驶时，地面的接地比压不符合说明书的要求，且未在履带下铺设路基板，回转盘、臂架及吊钩未固定住，汽车式起重机下坡时空挡滑行。 （9）作业时，臂架、吊具、辅具、钢丝绳及吊物等与架空输电线及其他带电体之间小于安全距离，未设专人监护。 （10）长期或频繁地靠近架空线路或其他带电体作业时，未采取隔离防护措施。 （11）作业人员在加油时吸烟或动用明火。油料着火时，用水浇泼。 （12）汽车式起重机起吊作业未在起重机的侧向和后向进行；变幅角度或回转半径与起重量不适应。起重机带载回转时，回转速度不够均匀，重物未停稳前，就进行反向操作。向前回转时，臂杆中心线越过支腿中心	（3）汽车式起重机起吊作业应在起重机的侧向和后向进行；变幅角度或回转半径应与起重量相适应。起重机带载回转时，回转速度要均匀，重物未停稳前，不准作反向操作。向前回转时，臂杆中心线不得越过支腿中心。 （4）起吊重物时，重物中心与吊钩中心应在同一垂线上；荷载由多根钢丝绳支承时，宜设置能有效地保证各根钢丝绳受力均衡的装置。作业中发现起重机倾斜、支腿不稳等异常现象时，应立即使重物降落在安全的地方，下降中禁止制动。 （5）当吊钩处于作业位置最低点时，卷筒上缠绕的钢丝绳，除固定绳尾的圈数外，放出钢丝绳时，卷筒上应至少保留3圈；当吊钩处于作业位置最高点时，卷筒上还宜留有至少1整圈的绕绳余量。 （6）停机时，应先将重物落地，不得将重物悬在空中停机。 （7）起吊作业完毕后，应先将臂杆放在支架上，后起支腿；吊钩应用专用钢丝绳挂牢或固定于规定位置。汽车式起重机禁止吊物行走。 （8）履带起重机主臂工况吊物行走时，吊物应位于起重机的正前方，并用绳索拉住，缓慢行走；吊物离地面不得超过500mm，吊物重量不得超过起重机当时允许起重量的70%。塔式工况禁止吊物行走。 （9）履带起重机行驶时，地面的接地比压要符合说明书的要求，必要时可在履带下铺设路基板，回转盘、臂架及吊钩应固定住，汽车式起重机下坡时不得空挡滑行。 （10）作业时，臂架、吊具、辅具、钢丝绳及吊物等与架空输电线及其他带电体之间不得小于安全距离，且应设专人监护。 （11）长期或频繁地靠近架空线路或其他带电体作业时，应采取隔离防护措施。 （12）加油时禁止吸烟或动用明火。油料着火时，应使用泡沫灭火器或砂土扑灭，禁止用水浇泼	

45.3 起重机械（绞磨和卷扬机）

违章表现	规程规定	规程依据
（1）绞磨和卷扬机放置不够平稳，锚固不够可靠，未采取防滑动措施。受力前方有人。 （2）卷筒未与牵引绳保持垂直。牵引绳未从卷筒下方卷入，排列不整齐，通过磨芯时重叠或相互缠绕，在卷筒或磨芯上缠绕少于 5 圈，绞磨卷筒与牵引绳最近的转向滑车未保持 5m 以上的距离。 （3）拉磨尾绳少于两人，未位于锚桩后面、绳圈外侧，站在绳圈内，距离绞磨小于 2.5m；作业人员未及时清除磨绳上的油脂。 （4）机动绞磨和卷扬机在载荷的情况下过夜。 （5）磨绳在通过磨芯时出现重叠或相互缠绕，作业人员未及时停止作业、排除故障，强行进行牵引。作业人员在转动的卷筒上调整牵引绳位置。 （6）作业人员跨越正在作业的卷扬钢丝绳。物料提升后，操作人员离开机械。 （7）被吊物件或吊笼下面有人员停留或通过。 （8）机动绞磨未设置过载保护装置，采用松尾绳的方法卸荷	（1）绞磨和卷扬机应放置平稳，锚固应可靠，并应有防滑动措施。受力前方不得有人。 （2）拉磨尾绳不应少于两人，且应位于锚桩后面、绳圈外侧，不得站在绳圈内，距离绞磨不得小于 2.5m；当磨绳上的油脂较多时应清除。 （3）机动绞磨宜设置过载保护装置，不得采用松尾绳的方法卸荷。 （4）卷筒应与牵引绳保持垂直。牵引绳应从卷筒下方卷入，且排列整齐，通过磨芯时不得重叠或相互缠绕，在卷筒或磨芯上缠绕不得少于 5 圈，绞磨卷筒与牵引绳最近的转向滑车应保持 5m 以上的距离。 （5）机动绞磨和卷扬机不得在载荷的情况下过夜。 （6）磨绳在通过磨芯时不得重叠或相互缠绕，当出现该情况时，应停止作业，及时排除故障，不得强行牵引。不得在转动的卷筒上调整牵引绳位置。 （7）作业人员不得跨越正在作业的卷扬钢丝绳。物料提升后，操作人员不得离开机械。 （8）被吊物件或吊笼下面禁止人员停留或通过	《国家电网公司电力安全工作规程（电网建设部分）（试行）》

46　通用施工机械器具（施工机械）

46.1　施工机械（一般规定）

违章表现	规程规定	规程依据
材料站、施工现场中正在使用中的机械金属外壳未可靠接地	机械金属外壳应可靠接地	《国家电网公司电力安全工作规程（电网建设部分）（试行）》

46.2　施工机械（挖掘机）

违章表现	规程规定	规程依据
（1）操作挖掘机未按操作规程进行，存在进铲过深，提斗过猛，挖土高度超过 4m 的情况。 （2）挖掘机行驶时，铲斗未位于机械的正前方，离地面高度不满足规范要求（1m 左右），回转机构未制动，上下坡的坡度超过 20°。 （3）液压挖掘装载机操作手柄不平顺，液压挖掘装载机臂杆下降中途突然停顿。行驶时未将铲斗和斗柄的油缸活塞杆完全伸出等	操作挖掘机时进铲不宜过深，提斗不得过猛，挖土高度一般不得超过 4m。挖掘机行驶时，铲斗应位于机械的正前方并离地面 1m 左右，回转机构应制动，上下坡的坡度不得超过 20°。液压挖掘装载机的操作手柄应平顺，臂杆下降中途不得突然停顿。行驶时应将铲斗和斗柄的油缸活塞杆完全伸出，使铲斗、斗柄和动臂靠紧	《国家电网公司电力安全工作规程（电网建设部分）（试行）》
机械如在寒冷季节使用，施工方案中未针对机械特点编制防冻、防滑措施，施工前未进行安措交底	机械在寒冷季节使用，针对机械特点应做好防冻、防滑工作	《国家电网公司电力安全工作规程（电网建设部分）（试行）》

46.3　施工机械（推土机）

违章表现	规程规定	规程依据
（1）推土机在建筑物附近工作时，与建筑物的墙、柱、台阶等的距离不满足规程要求，距离小于 1m。 （2）向边坡推土时，铲刀超出边坡，未换好倒挡就提铲刀倒车。 （3）推土机上下坡时的路面坡度不满足规范要求，坡度超过 35°，横坡时超过 10°	向边坡推土时，铲刀不得超出边坡。换好倒挡后方可提铲刀倒车。推土机上下坡时的坡度不得超过 35°，横坡不得超过 10°。推土机在建筑物附近工作时，与建筑物的墙、柱、台阶等的距离不得小于 1m	《国家电网公司电力安全工作规程（电网建设部分）（试行）》

违章表现	规程规定	规程依据
钢筋送入压滚时，操作人员手与曳轮距离不足。操作人员在机械运转中调整滚筒，戴手套操作	钢筋送入压滚时，手与曳轮应保持一定距离，不得接近。机械运转中不得调整滚筒。不得戴手套操作	《国家电网公司电力安全工作规程（电网建设部分）（试行）》
钢筋调直到末端时，未采取防止钢筋甩动伤人措施	钢筋调直到末端时，严防钢筋甩动伤人	《国家电网公司电力安全工作规程（电网建设部分）（试行）》
施工人员在调直短于 2m 或直径大于 9mm 的钢筋时未按规程低速进行	调直短于 2m 或直径大于 9mm 的钢筋时应低速进行	《国家电网公司电力安全工作规程（电网建设部分）（试行）》
钢筋调直作业台和弯曲机台面未在同一水平面上	作业台和弯曲机台面要保持水平	《国家电网公司电力安全工作规程（电网建设部分）（试行）》
芯轴、成型轴、挡铁轴规格与加工钢筋不匹配（芯轴直径应为钢筋直径的 2.5 倍）。挡铁轴无轴套	按加工钢筋的直径和弯曲半径的要求装好相应规格的芯轴、成型轴、挡铁轴，芯轴直径应为钢筋直径的 2.5 倍，挡铁轴应有轴套	《国家电网公司电力安全工作规程（电网建设部分）（试行）》

46.4　施工机械（装载机）

违章表现	规程规定	规程依据
（1）装载机操作不满足规范要求，起步前未先鸣声示意，铲斗提升离地不足 0.5m。行驶过程中未测试制动器的可靠性，未避开路障或高压线等；除操作人员外，铲斗内搭乘其他人员。 （2）铲装或挖掘作业时铲斗偏载，在未举臂时前进。铲斗装满后，举臂距地面高度未达规范要求（约 0.5m 时），即后退、转向、卸料。卸料时，举臂翻转铲斗动作过快。 （3）装载机工作距离过大、超过合理运距时，未使用自卸汽车配合装运作业；自卸汽车的车厢容积与铲斗容积不匹配。 （4）装载机操作不满足规范要求，铲斗提升到最高位置运输物料、运载物料时铲臂下铰点离地面高度不满足规范要求（0.5m 左右），行驶不平稳。 （5）装载机操作不满足规范要求，行驶中突然转向，铲斗装载后升起行驶时，急转弯或紧急制动的情况	（1）装载机工作距离不宜过大，超过合理运距时，应由自卸汽车配合装运作业。自卸汽车的车厢容积应与铲斗容量相匹配。 （2）起步前，应先鸣声示意，宜将铲斗提升离地 0.5m。行驶过程中应测试制动器的可靠性并避开路障或高压线等。除规定的操作人员外，不得搭乘其他人员，铲斗不应载人。 （3）行驶中，应避免突然转向，铲斗装载后升起行驶时，不得急转弯或紧急制动。 （4）不得将铲斗提升到最高位置运物料。运载物料时，宜保持铲臂下铰点离地面 0.5m 左右，并保持平稳行驶。 （5）铲装或挖掘应避免铲斗偏载，不得在收斗或半收斗而未举臂时前进。铲斗装满后，应举臂距地面约 0.5m 时，再后退、转向、卸料。卸料时，举臂翻转铲斗应低速缓慢动作。 （6）在电力线路附近作业时，应遵守邻近带电体作业的相关规定	《国家电网公司电力安全工作规程（电网建设部分）（试行）》

46.5　施工机械（螺旋锚钻进机）

违章表现	规程规定	规程依据
（1）在电力线路附近作业时，存在未遵守邻近带电体作业的相关规定的现象。 （2）机架未放平，未固定好即开始行驶，行走时遇有尖、硬障碍物时强行通过；使用单边履带进行转向操作。 （3）在设备选定钻进位置后，升起钻进机架过快，操作手柄与机架的动作不一致。 （4）设备稳固后，动力头下有异物，螺旋锚传扭销不牢固，动力头操作手柄复位不正常。 （5）操作绞盘时，离合手柄未按机械上的标识位置操作，未在绞盘每一个状态上进行 1～2s 的试运行，造成离合器离合不到位。 （6）绞盘滚筒上钢丝绳不足 5 圈。 （7）安装及拆除螺旋锚时未停机、制动。 （8）螺旋锚钻不满足操作规程，存在起动后未做 3～5min 怠速运转后检查即开始工作，或怠速运转时间过长（超过 10min）的现象。 （9）螺旋锚钻进机存在支腿不稳固，钻进过程中钻进压力超过 28MPa，下降压力超过 16MPa 的现象	（1）在电力线路附近作业时，应遵守邻近带电体作业的相关规定。 （2）在设备行走前检查机架是否放平，固定好机架方可行驶，行走时遇有尖、硬障碍物时，不得强行通过；禁止仅使用单边履带进行转向操作。 （3）在设备选定钻进位置后，应缓慢升起钻进机架，同时检查操作手柄与机架的动作是否协调一致。 （4）设备稳固完毕后，应确认动力头下无异物，螺旋锚传扭销牢固，动力头操作手柄复位正常。 （5）操作绞盘时，离合手柄应按机械上的标识位置操作，在绞盘每一个状态上进行 1s～2s 的试运行，以确保离合器完全离合到位。 （6）绞盘滚筒上至少应保留 5 圈钢丝绳。 （7）安装及拆除螺旋锚时应停机并制动。 （8）螺旋锚钻起动后怠速运转 3min～5min，检查仪表是否运行正常；检查滑道机构和动力头是否运行正常，确认正常时才能工作。怠速运转时间不得超过 10min。 （9）钻进过程中应随时检查螺旋锚钻进机支腿的稳固情况，钻进压力最大不得超 28MPa，下降压力不得超过 16MPa	《国家电网公司电力安全工作规程（电网建设部分）（试行）》
（1）设置导向滑车未对正卷筒中心；导向滑轮使用开口拉板式滑轮，滑车与卷筒的距离小于卷筒（光面）长度的 20 倍，与有槽卷筒小于 15 倍，或小于 15m。 （2）作业人员未在作业前进行检查和试车，未确认卷扬机设置稳固及各部件合格就投入使用。 （3）作业人员在作业时向滑轮上套钢丝绳，在卷筒、滑轮附近用手扶运行中的钢丝绳，跨越行走中的钢丝绳，在各导向滑轮的内侧逗留或通过。	使用卷扬机应遵守下列规定： （1）作业前应进行检查和试车，确认卷扬机设置稳固，防护设施、电气绝缘、离合器、制动装置、保险棘轮、导向滑轮、索具等合格后，方可使用。 （2）作业时禁止向滑轮上套钢丝绳，禁止在卷筒、滑轮附近用手扶运行中的钢丝绳，不准跨越行走中的钢丝绳，不准在各导向滑轮的内侧逗留或通过。 （3）吊起的重物在空中短时间停留时，应用棘爪锁住，休息时应将物件或吊笼降至地面。 （4）作业中如发现异常情况时，应立即停机检查，排除故障后方可使用。	《国家电网公司电力安全工作规程（电网建设部分）（试行）》

违章表现	规程规定	规程依据
（4）吊起的重物在空中短时间停留时，未用棘爪锁住，休息时未将物件或吊笼降至地面。 （5）卷扬机未完全停稳时就进行换挡或改变转动方向。 （6）卷扬机传动部分未安装防护罩。 （7）作业中发现异常情况时，作业人员未立即停机检查，排除故障	（5）卷扬机未完全停稳时不得换挡或改变转动方向。 （6）设置导向滑车应对正卷筒中心；导向滑轮不得使用开口拉板式滑轮，滑车与卷筒的距离不应小于卷筒（光面）长度的 20 倍，与有槽卷筒不应小于 15 倍，且应不小于 15m。 （7）卷扬机传动部分应安装防护罩	

46.6 施工机械（夯实机械）

违章表现	规程规定	规程依据
（1）夯实机械操作时不满足规程要求，无专人调整电源线，电源线长度超过 50m，夯实机前方站人，夯实机四周 1m 范围内有非操作人员。多台夯实机械同时工作时，其平列间距小于 5m，前后间距小于 10m。 （2）存在夯实机械的操作扶手未绝缘，夯土机械开关箱中漏电保护器不符合潮湿场所的要求；操作人员未按规定正确使用绝缘防护用品的情况	夯实机械的操作扶手应绝缘，夯土机械开关箱中的剩余电流动作保护器应符合潮湿场所的要求。操作时，应按规定正确使用绝缘防护用品。操作时，应一人打夯，一人调整电源线。电源线长度不应大于 50m，夯实机前方不得站人，夯实机四周 1m 范围内，不得有非操作人员。多台夯实机械同时工作时，其平列间距不得小于 5m，前后间距不得小于 10m	《国家电网公司电力安全工作规程（电网建设部分）（试行）》

46.7 施工机械（凿岩机）

违章表现	规程规定	规程依据
（1）作业后未按规程操作，操作人员未擦净尘土、油污，未妥善保管，致使电动机受潮。 （2）电动凿岩机电缆线敷设在水中或在金属管道上。施工场无警示标志，现场有机械、车辆等在电缆上通过的现象。 （3）钻孔时，当突然卡钎停钻或钎杆弯曲，操作人员未立即松开离合器、退回钻机。遇局部硬岩层时，强行推进	使用电动凿岩机应遵守下列规定： （1）电缆线不得敷设在水中或在金属管道上通过。施工现场应设标志，不得有机械、车辆等在电缆上通过。 （2）钻孔时，当突然卡钎停钻或钎杆弯曲，应立即松开离合器，退回钻机。若遇局部硬岩层时，可操纵离合器缓慢推动，或变更转速和推进量。 （3）作业后，应擦净尘土、油污，妥善保管在干燥地点，防止电动机受潮	《国家电网公司电力安全工作规程（电网建设部分）（试行）》

46.8　施工机械（混凝土及砂浆搅拌机）

违章表现	规程规定	规程依据
（1）搅拌机进料斗升起时，存在施工人员在料斗下通过或停留的现象。作业完毕后，未将料斗固定好。 （2）搅拌机使用完毕后，未按规程操作，未及时清理，未将料斗升起，双保险挂钩未挂牢，未拉闸断电，电箱门未锁好。 （3）搅拌机运转时违反规程，施工人员将工具伸进滚筒内。现场检修时，作业人员未固定好漏斗，未切断电源。进入滚筒时，外面未设专人监护。 （4）搅拌机未安置在坚实的地方，未使用支架或支脚筒架稳，采用轮胎代替支撑	（1）搅拌机应安置在坚实的地方，用支架或支脚筒架稳，不准以轮胎代替支撑。 （2）进料斗升起时，禁止任何人在料斗下通过或停留。作业完毕后应将料斗固定好。 （3）运转时，禁止将工具伸进滚筒内。现场检修时，应固定好料斗，切断电源。进入滚筒时，外面应有人监护。 （4）作业完毕应将机械内外刷干净，并将料斗升起，挂牢双保险钩后，拉闸断电并锁好电箱门。 （5）搅拌机应搭设能防风、防雨、防晒、防砸的防护棚，在出料口设置安全限位挡墙，操作平台设置应便于搅拌机手操作。 （6）采用自动配料机及装载机配合上料时，装载机操作人员要严格执行装载机的各项安全操作规程。 （7）搅拌机上料斗升起过程中，禁止在斗下敲击斗身。进料时不得将头、手伸入料斗与机架之间。 （8）皮带输送机在运行过程中不得进行检修。皮带发生偏移等故障时，应停车排除故障。不得从运行中的皮带上跨越或从其下方通过。 （9）清理搅拌斗下的砂石，应待送料斗提升并固定稳妥后方可进行。清扫闸门及搅拌器应在切断电源后进行。 （10）作业后送料斗应收起，挂好双侧安全挂钩，切断电源，锁上电源箱	《国家电网公司电力安全工作规程（电网建设部分）（试行）》

46.9　施工机械（混凝土搅拌站）

违章表现	规程规定	规程依据
（1）施工完毕后未按规程操作，送料斗未及时收起，双保险挂钩未挂牢，未切断电源，电箱门未锁好。 （2）施工人员在皮带输送机运行过程中进行检修。皮带发生偏移等故障时，施工人员未停车排除故障。施工人员从运行中的皮带上跨越或从其下方通过。 （3）施工人员未按规程操作，未待送料斗提升并固定稳妥就开始清理搅拌斗下的砂石。清扫闸门及搅拌器未在切断电源后进行。	（1）搅拌机应安置在坚实的地方，用支架或支脚筒架稳，不准以轮胎代替支撑。 （2）进料斗升起时，禁止任何人在料斗下通过或停留。作业完毕后应将料斗固定好。 （3）运转时，禁止将工具伸进滚筒内。现场检修时，应固定好料斗，切断电源。进入滚筒时，外面应有人监护。 （4）作业完毕应将机械内外刷干净，并将料斗升起，挂牢双保险钩后，拉闸断电并锁好电箱门。 （5）搅拌机应搭设能防风、防雨、防晒、防砸的防护棚，在出料口设置安全限位挡墙，操作平台设置应便于搅拌机手操作。	《国家电网公司电力安全工作规程（电网建设部分）（试行）》

违章表现	规程规定	规程依据
（4）搅拌机上料斗升起过程中，施工人员在斗下敲击斗身。进料时施工人员头、手伸入料斗与机架之间。 （5）采用自动配料机及装载机配合上料时，装载机操作人员未严格执行装载机的各项安全操作规程。 （6）搅拌机未搭设防护棚，在出料口未设置安全限位挡墙，操作平台设置不便于搅拌机手操作	（6）采用自动配料机及装载机配合上料时，装载机操作人员要严格执行装载机的各项安全操作规程。 （7）搅拌机上料斗升起过程中，禁止在斗下敲击斗身。进料时不得将头、手伸入料斗与机架之间。 （8）皮带输送机在运行过程中不得进行检修。皮带发生偏移等故障时，应停车排除故障。不得从运行中的皮带上跨越或从其下方通过。 （9）清理搅拌斗下的砂石，应待送料斗提升并固定稳妥后方可进行。清扫闸门及搅拌器应在切断电源后进行。 （10）作业后送料斗应收起，挂好双侧安全挂钩，切断电源，锁上电源箱	

46.10 施工机械（混凝土泵车）

违章表现	规程规定	规程依据
（1）作业人员在地面上拖拉布料杆前端软管；作业人员延长布料配管和布料杆。 （2）泵送混凝土未连续进行。输送管道堵塞时违反规程操作，采用加大气压的方法疏堵。 （3）泵车就位后未及时打开停车灯。 （4）泵车就位地点不平坦、坚实，周围有障碍物，上空有高压输电线、泵车停放在斜坡上。 （5）泵车就位后，未按规程及时支起支腿，保持机身的水平和稳定。使用布料杆送料时，机身倾斜度大于3°	（1）泵送混凝土应连续进行。输送管道堵塞时，不得采用加大气压的方法疏堵。 （2）泵车就位后，应支起支腿并保持机身的水平和稳定。使用布料杆送料时，机身倾斜度不宜大于3°。 （3）就位后，泵车应打开停车灯，避免碰撞。 （4）不得在地面上拖拉布料杆前端软管；禁止延长布料配管和布料杆。 （5）泵车就位地点应平坦坚实，周围无障碍物，上空无高压输电线。泵车不得停放在斜坡上	《国家电网公司电力安全工作规程（电网建设部分）（试行）》

46.11 施工机械（混凝土泵送设备）

违章表现	规程规定	规程依据
（1）水平泵送管道未按直线敷设。 （2）垂直泵送管道直接装接在泵的输出口上，垂直管前端未按规定加装带有逆止阀的水平管。 （3）敷设向下倾斜的管道时，未在输出口上加装水平管，或虽加装了水平管，其长度小于倾斜管高低差的5倍。	泵送管道的敷设应符合下列要求： （1）水平泵送管道宜直线敷设。 （2）垂直泵送管道不得直接装接在泵的输出口上，应在垂直管前端按规定加装长度带有逆止阀的水平管。 （3）敷设向下倾斜的管道时，应在输出口上加装一段水平管，其长度不应小于倾斜管高低差的5倍。	《国家电网公司电力安全工作规程（电网建设部分）（试行）》

违章表现	规程规定	规程依据
（4）泵送管道无支承固定，在管道和固定物之间未设置木垫做缓冲，管道直接与钢筋或模板相连，管道与管道间应连接不牢靠；管道接头与卡箍未扣牢密封，造成漏浆；作业人员将已磨损的管道装在后端高压区	（4）泵送管道应有支承固定，在管道和固定物之间应设置木垫做缓冲，不得直接与钢筋或模板相连，管道与管道间应连接牢靠；管道接头与卡箍应扣牢密封，不得漏浆；不得将已磨损的管道装在后端高压区	
泵机运转时，操作人员将手或铁锹伸入料斗或用手抓握分配阀。在料斗或分配阀上作业时，操作人员未先关闭电动机，未消除蓄能器压力	泵机运转时，不应将手或铁锹伸入料斗或用手抓握分配阀。当需在料斗或分配阀上作业时，应先关闭电动机，并消除蓄能器压力	《国家电网公司电力安全工作规程（电网建设部分）（试行）》

46.12 施工机械（磨石机）

违章表现	规程规定	规程依据
（1）现场操作人员未穿胶靴、未戴绝缘手套。 （2）磨石机手柄未套绝缘管。线路未采用接零保护，或采用接零保护的接点少于 2 处，未安装剩余电流动作保护装置（漏电保护器）。 （3）磨块未夹紧	操作人员必须穿胶靴，戴好绝缘手套。磨石机手柄必须套绝缘管。线路采用接零保护，接点不得少于 2 处，并须安装剩余电流动作保护装置（漏电保护器）。磨块应夹紧，并应经常检查夹具，以免磨石飞出伤人	《国家电网公司电力安全工作规程（电网建设部分）（试行）》

46.13 施工机械（混凝土切割机）

违章表现	规程规定	规程依据
（1）使用前，操作人员未检查并确认混凝土切割机各部件是否完好、正常。 （2）混凝土切割机起动后，未按规程先空载运转，确认各部件一切正常即开始作业。 （3）混凝土切割作业中，切割操作人员违反规程强行进刀。 （4）混凝土切割作业中，切割操作人员违反规程超厚切割。 （5）混凝土切割作业中，操作人员未注意力的变化，造成卡锯片现象。 （6）混凝土切割作业中，存在发现异常未立即停机排除故障的现象。 （7）切割机使用前，作业人员未检查混凝土切割机各部件是否完好有效	（1）使用前，应检查并确认电动机、电缆线均正常，保护接地良好，防护装置安全有效，锯片、砂轮等选用符合要求，安装正确。 （2）起动后，应空载运转，检查并确认锯片运转方向正确，升降机构灵活，运转中无异常、异响，一切正常后，方可作业。 （3）混凝土切割操作人员，在推切割机时，不得强行进刀。 （4）切割厚度应按机械出厂铭牌规定进行，不得超厚切割。 （5）混凝土切割时应注意力的变化，防止卡锯片等。 （6）混凝土切割作业中，当工件发生冲击、跳动及异常音响时，应立即停机检查，排除故障后，方可继续作业。 （7）使用前，应检查并确认电动机、电缆线均正常，保护接地良好，防护装置安全有效，锯片、砂轮等选用符合要求，安装正确	《国家电网公司电力安全工作规程（电网建设部分）（试行）》

违章表现	规程规定	规程依据
（1）运转中，当遇卡钎或转速减慢时，操作人员未及时减小轴向推力；当钎杆仍不转时，操作人员未立即停机排除故障。 （2）开孔时，违反规程操作，存在用手、脚去挡钎头。未按照先慢速运转、待孔深达 10～15mm 后再逐渐转入全速运转进行操作；退钎时拔出速度过快，岩粉较多，未进行强力吹孔的现象。 （3）风动凿岩机作业现场，存在风、水管缠绕、打结的现象，无防止车辆碾压措施。违反操作规程使用弯折风管的方法停止供气。 （4）风动凿岩机施工现场开钻前作业人员未检查作业面。开钻后，周围石质有松动，场地有杂物，有遗留瞎炮等现象。 （5）风动凿岩机施工现场，使用前作业人员未检查风管、水管，未采用压缩空气吹出风管内的水分和杂物，作业人员未配备个人防护用品。风动凿岩机使用过程中，风管、水管有漏水、漏气的现象。 （6）作业后未按规程，未关闭水管阀门，卸掉水管，未进行空运转，吹净机内残存水滴即关闭风管阀门	使用风动凿岩机应遵守下列规定： （1）使用前，应检查风管、水管，不得有漏水、漏气现象，并应采用压缩空气吹出风管内的水分和杂物。 （2）开钻前，应检查作业面，周围石质应无松动，场地应清理干净，不得遗留瞎炮。 （3）风、水管不得缠绕、打结，并不得受各种车辆碾压。不得用弯折风管的方法停止供气。 （4）开孔时，应慢速运转，不得用手、脚去挡钎头。应待孔深达 10～15mm 后再逐渐转入全速运转。退钎时，应慢速徐徐拔出，若岩粉较多，应强力吹孔。 （5）运转中，当遇卡钎或转速减慢时，应立即减少轴向推力；当钎杆仍不转时，应立即停机排除故障。 （6）作业后，应关闭水管阀门，卸掉水管，进行空运转，吹净机内残存水滴，再关闭风管阀门	《国家电网公司电力安全工作规程（电网建设部分）（试行）》

46.14 施工机械（压光机）

违章表现	规程规定	规程依据
（1）压光机工作前未检查配件是否固定牢固，其他部位螺钉是否松动。 （2）现场操作人员未戴绝缘手套，未穿绝缘鞋。 （3）磨削操作时，操作人员未检查磨盘旋转方向是否与箭头所示一致。 （4）磨削操作时，磨盘消耗到一定程度时未及时更换。 （5）存在操作人员以增加重物从而增大负荷的作业方式来加快磨削速度的现象	（1）工作前应检查配件是否固定牢固，其他部位螺钉是否松动。 （2）作业前应戴好绝缘手套，穿好绝缘鞋。 （3）接通电源后，应检查磨盘旋转方向是否与箭头所示一致。 （4）磨盘消耗到一定程度时，停止工作，进行更换后可继续作业。 （5）禁止在机体上以增加重物从而增大负荷的作业方式，来加快磨削速度	《国家电网公司电力安全工作规程（电网建设部分）（试行）》

违章表现	规程规定	规程依据
操作人员在作业中更换轴芯、销子以及变换角度和调速，进行清扫和加油	作业中不应更换轴芯、销子以及变换角度和调速，也不得进行清扫和加油	《国家电网公司电力安全工作规程（电网建设部分）（试行）》
挡铁轴的直径和强度小于被弯钢筋的直径和强度。操作人员在弯曲机上弯曲不直的钢筋	挡铁轴的直径和强度不得小于被弯钢筋的直径和强度。不直的钢筋不得在弯曲机上弯曲	《国家电网公司电力安全工作规程（电网建设部分）（试行）》

46.15 施工机械（切断机）

违章表现	规程规定	规程依据
（1）切断机旁未设放料台，切断机运转中操作人员用手直接清除切刀附近的断头和杂物。在钢筋摆动和切刀周围，有非操作人员停留。 （2）设备切刀有裂纹，刀架螺栓未紧固，防护罩不牢靠，检查齿轮吻合间隙不合适。 （3）起动后，操作人员未先空机运转检查传动部分及轴承运转正常即投入使用。 （4）断料时，手与切刀之间的距离小于150mm，作业人员在活动刀片前进时送料。手握端小于400mm时，作业人员未采用套管或夹具将钢筋短头压住或夹牢。 （5）切长钢筋时无人扶抬，切短钢筋未使用套管或钳子夹料，用手直接送料。 （6）切断钢筋超过机械的负载能力，切低合金钢等特种钢筋时，未使用高硬度刀片	（1）起动前，应检查切刀应无裂纹，刀架螺栓紧固，防护罩牢靠，然后用手转动皮带轮，检查齿轮吻合间隙，调整切刀间隙。 （2）起动后，先空机运转，检查传动部分及轴承运转正常后方可使用。 （3）机械运转正常后方可断料，断料时手与切刀之间的距离不得小于150mm，活动刀片前进时不应送料。如手握端小于400mm时，应采用套管或夹具将钢筋短头压住或夹牢。 （4）切断钢筋不得超过机械的负载能力，切低合金钢等特种钢筋时，应使用高硬度刀片。 （5）切长钢筋时应有人扶抬，操作时应动作一致。切短钢筋应用套管或钳子夹料，不得用手直接送料。 （6）切断机旁应设放料台，机械运转中不得用手直接清除切刀附近的断头和杂物。在钢筋摆动和切刀周围，非操作人员不得停留	《国家电网公司电力安全工作规程（电网建设部分）（试行）》

46.16 施工机械（除锈机）

违章表现	规程规定	规程依据
（1）操作除锈机人员未戴口罩和手套。 （2）除锈未在钢筋调直后进行。操作时，操作人员未将钢筋放平握紧，未站在钢丝刷的侧面。操作人员对带钩的钢筋上机除锈。整根长钢筋除锈未由两人配合操作	操作除锈机时应戴口罩和手套。除锈应在钢筋调直后进行。操作时应将钢筋放平握紧，操作人员应站在钢丝刷的侧面。带钩的钢筋不得上机除锈。整根长钢筋除锈应由两人配合操作，互相呼应	《国家电网公司电力安全工作规程（电网建设部分）（试行）》

违章表现	规程规定	规程依据
作业前，作业人员未检查各部件是否正常即开始施焊	作业前，检查对焊机的压力机构应灵活，夹具应牢固，气、液压系统无泄漏，确认正常后，方可施焊	《国家电网公司电力安全工作规程（电网建设部分）（试行）》

46.17 施工机械（调直机）

违章表现	规程规定	规程依据
在调直机上堆放物件的	调直机上不得堆放物件	《国家电网公司电力安全工作规程（电网建设部分）（试行）》

46.18 施工机械（弯曲机）

违章表现	规程规定	规程依据
钢筋加工设备芯轴、挡铁轴、转轴等有损坏和裂纹，防护罩不紧固。作业人员未经空运转确认各部件正常即开始作业	检查并确认芯轴、挡铁轴、转轴等无损坏和裂纹，防护罩紧固可靠。经空运转确认正常后，方可作业	《国家电网公司电力安全工作规程（电网建设部分）（试行）》
作业人员未留有对焊机开关触点、电极（铜头）定期检查、维修记录；冷却水管不畅通，有漏水或超过规定温度情况	对焊机开关的触点、电极（铜头）应定期检查维修。冷却水管应保持畅通，不得漏水或超过规定温度	《国家电网公司电力安全工作规程（电网建设部分）（试行）》
焊接操作时，施工人员未戴防护眼镜及手套，脚下无绝缘措施。工作棚未使用防火材料，棚内有易燃易爆物品，未配备灭火器材	焊接操作时应戴防护眼镜及手套，并站在橡胶绝缘垫或干燥木板上。工作棚应用防火材料搭设，棚内不得堆放易燃易爆物品，并应备有灭火器材	《国家电网公司电力安全工作规程（电网建设部分）（试行）》

46.19 施工机械（电焊机）

违章表现	规程规定	规程依据
施工人员在雨、雪天气露天电焊施工、在潮湿环境中操作，未站在绝缘物上，未穿绝缘鞋	雨雪天不应露天电焊作业。在潮湿地带作业时，操作人员应站位于绝缘物上方，并穿绝缘鞋	《国家电网公司电力安全工作规程（电网建设部分）（试行）》
未切断电源，用拖拉电缆的方法移动焊机	移动电焊机时，应切断电源，不得用拖拉电缆的方法移动焊机	《国家电网公司电力安全工作规程（电网建设部分）（试行）》

46.20 施工机械（对焊机）

违章表现	规程规定	规程依据
焊接较长钢筋时，未设置托架。配合搬运钢筋的操作人员，在焊接时未采取防止火花烫伤措施	焊接较长钢筋时，应设置托架。配合搬运钢筋的操作人员在焊接时应注意防止火花烫伤	《国家电网公司电力安全工作规程（电网建设部分）（试行）》

46.21 施工机械（点焊机）

违章表现	规程规定	规程依据
焊机设置地方潮湿，放置不平稳牢固。焊机无接地或接地不可靠，导线绝缘不良	焊机应设在干燥的地方并放置平稳、牢固。焊机应可靠接地，导线应绝缘良好	《国家电网公司电力安全工作规程（电网建设部分）（试行）》
焊接作业前，施工人员未清除上下两极油渍和污物	作业前应清除上下两极油渍和污物	《国家电网公司电力安全工作规程（电网建设部分）（试行）》
焊接作业前，施工人员未按规程要求顺序接通电源	作业前，应先接通控制线路的转换开关和焊接电流的小开关，安插好级数调节开关的闸刀位置，接通水源、气源、控制箱上各调节按钮，最后接通电源	《国家电网公司电力安全工作规程（电网建设部分）（试行）》
焊机通电后，施工人员未检查电气设备、操作机构、冷却系统、气路系统及机体外壳有无漏电等现象	焊机通电后，应检查电气设备、操作机构、冷却系统、气路系统及机体外壳有无漏电等现象	《国家电网公司电力安全工作规程（电网建设部分）（试行）》
焊接施工前，作业人员未根据钢筋截面积调整电压，发现焊头漏电未立即停电更换，继续使用	焊接前应根据钢筋截面积调整电压，发现焊头漏电应立即停电更换，不得继续使用	《国家电网公司电力安全工作规程（电网建设部分）（试行）》
焊接操作时作业人员未戴防护眼镜及手套，且没有站在橡胶绝缘垫或干燥木板上的现象。工作棚未采用防火材料搭设，棚内堆放易燃易爆物品，未备有灭火器材	焊接操作时应戴防护眼镜及手套，并站在橡胶绝缘垫或干燥木板上。工作棚应用防火材料搭设，棚内不得堆放易燃易爆物品，并应备有灭火器材	《国家电网公司电力安全工作规程（电网建设部分）（试行）》

46.22 施工机械（货物提升机）

违章表现	规程规定	规程依据
物料提升机未根据现场运送材料、物件的重量进行设计。安装完毕，未经有关部门检测合格就开始使用。未见监理项目部安全检查签证记录	物料提升机应根据运送材料、物件的重量进行设计。安装完毕，应经有关部门检测合格后方可使用	《国家电网公司电力安全工作规程（电网建设部分）（试行）》
搭设物料提升机时，相邻两立杆的接头未错开，间距小于500mm，横杆与斜撑未同时安装，滑轮不垂直，滑轮间距的误差大于10mm	搭设物料提升机时，相邻两立杆的接头应错开且不得小于500mm，横杆与斜撑应同时安装，滑轮应垂直，滑轮间距的误差不得大于10mm	《国家电网公司电力安全工作规程（电网建设部分）（试行）》
物料提升机未固定于建筑物上，未设控制绳。每组控制绳间隔过大（大于10～15m一组），与地面的夹角一般大于60°	物料提升机应固定在建筑物上，否则应拉设控制绳。控制绳应每隔10m～15m高度设一组，与地面的夹角一般不得大于60°	《国家电网公司电力安全工作规程（电网建设部分）（试行）》

违章表现	规程规定	规程依据
物料提升机无安全保险装置和过卷扬限制器	物料提升机应设有安全保险装置和过卷扬限制器	《国家电网公司电力安全工作规程（电网建设部分）（试行）》

46.23 施工机械（高空作业吊篮）

违章表现	规程规定	规程依据
用于高处作业的吊篮无使用、试验、维护与保养记录；未见监理项目部吊篮安全性证明文件审查记录	高处作业吊篮应按 GB 19155《高处作业吊篮》的规定使用、试验、维护与保养	《国家电网公司电力安全工作规程（电网建设部分）（试行）》
吊篮在空中作业时安全锁未锁好	当吊篮在空中作业时，应把安全锁锁好	《国家电网公司电力安全工作规程（电网建设部分）（试行）》
吊篮升降作业过程中指挥信号不统一，指挥信号有误	吊篮升降应有统一的指挥信号（旗、笛、电铃等），做到指挥信号准确无误。信号不清，司机可拒绝作业	《国家电网公司电力安全工作规程（电网建设部分）（试行）》
作业完毕或暂停作业时吊篮未落地	作业完毕或暂停作业，吊篮应落到地面	《国家电网公司电力安全工作规程（电网建设部分）（试行）》
吊篮内作业人员的安全带未挂在保险绳上，保险绳未单独设在建筑物牢固处	吊篮内作业人员的安全带应挂在保险绳上，保险绳单独设在建筑物牢固处	《国家电网公司电力安全工作规程（电网建设部分）（试行）》
吊篮安全锁灵敏度不可靠（无法保证吊篮平台下滑速度大于 25m/min 时，安全锁应在不超过 100mm 距离内自动锁住悬吊平台的钢丝绳），吊篮安全锁未在有效检定期内	吊篮安全锁应灵敏可靠，当吊篮平台下滑速度大于 25m/min 时，安全锁应在不超过 100mm 距离内自动锁住悬吊平台的钢丝绳；安全锁应在有效检定期内	《国家电网公司电力安全工作规程（电网建设部分）（试行）》

46.24 施工机械（机动翻斗车）

违章表现	规程规定	规程依据
机动翻斗车行驶时带人。路面不良、上下坡或急转弯时，驾驶人员未低速行驶；下坡时驾驶人员空挡滑行	机动翻斗车行驶时不得带人。路面不良、上下坡或急转弯时，应低速行驶；下坡时不应空挡滑行	《国家电网公司电力安全工作规程（电网建设部分）（试行）》
装载作业时材料的高度超过操作人员的视线	装载时，材料的高度不得影响操作人员的视线	《国家电网公司电力安全工作规程（电网建设部分）（试行）》
机动翻斗车向坑槽或混凝土集料斗内卸料时，距离不足，坑槽或集料斗前无挡车、防翻车措施	机动翻斗车向坑槽或混凝土集料斗内卸料时，应保持适当距离，坑槽或集料斗前应有挡车措施，以防翻车	《国家电网公司电力安全工作规程（电网建设部分）（试行）》

违章表现	规程规定	规程依据
机动翻斗车作业现场，料斗内载人，料斗在卸料工况下行驶，进行平整地面作业	料斗内不应载人。料斗不得在卸料工况下行驶或进行平整地面作业	《国家电网公司电力安全工作规程（电网建设部分）（试行）》
机动翻斗车停车时，停在坡道上	停车时，应选择适合地点，不得在坡道上停车	《国家电网公司电力安全工作规程（电网建设部分）（试行）》
钢丝绳端部用绳卡固定连接时，绳卡压板与钢丝绳主要受力的不在一侧，并存在正反交叉设置	（1）钢丝绳端部用绳卡固定连接时，绳卡压板应在钢丝绳主要受力的一边，并不得正反交叉设置。（2）绳卡间距不应小于钢丝绳直径的6倍，连接端的绳卡数量应符合附录E的表E.6的规定。（3）当两根钢丝绳用绳卡搭接时，绳卡数量应增加50%。绳卡受载一、二次以后应作检查，在多数情况下，螺母需要进一步拧紧。（4）插接的环绳或绳套，其插接长度应不小于钢丝绳直径的15倍，且不得小于300mm	《国家电网公司电力安全工作规程（电网建设部分）（试行）》

46.25 施工机械（盾构机）

违章表现	规程规定	规程依据
盾构机超负荷作业，运转有异常或振动等现象时，未立即停机检查	盾构机不得超负荷作业，运转有异常或振动等现象时，应立即停机进行检查	《国家电网公司电力安全工作规程（电网建设部分）（试行）》
设备操作前，操作人员未检查盾构机部件及附件，无检查记录	开始作业前，应检查盾构机各部件及注浆、控制、通信、防火、液压、电源、油箱等系统	《国家电网公司电力安全工作规程（电网建设部分）（试行）》
施工现场，盾构机的出土皮带运输机未设专人监护	盾构机的出土皮带运输机应由专人监护	《国家电网公司电力安全工作规程（电网建设部分）（试行）》
设备操作时，未按操作规程检查盾构机的气体检测装置，未核实作业环境气体变化情况，在有度有害气体超标时未立即停止作业	应经常检查盾构机的气体检测装置，核实作业环境气体变化情况，如有毒有害气体浓度高于国家标准或者行业标准规定的限值时，应立即停止作业	《国家电网公司电力安全工作规程（电网建设部分）（试行）》
主机室内放置杂物，配电柜上放水杯等非工作物品，操作人员在主机室内吸烟	主机室内严禁放置杂物，配电柜上禁止放水杯等物品，机内严禁吸烟	《国家电网公司电力安全工作规程（电网建设部分）（试行）》

47 通用施工机械器具（施工工器具）

47.1 施工工器具（一般规定）

违章表现	规程规定	规程依据
作业前交底记录中无施工工器具相关内容	施工项目部管理责任完善安全技术交底和施工队（班组）班前站班会机制，向作业人员如实告知作业场所和工作岗位可能存在的风险因素、防范措施以及事故（事件）现场应急处置措施	《国家电网公司基建安全管理规定》[国网（基建/2）173—2015]
施工现场存在对机械作业有妨碍或不安全的因素。夜间作业照明不充足	施工现场应消除对机械作业有妨碍或不安全的因素。夜间作业应设置充足的照明	《国家电网公司电力安全工作规程（电网建设部分）（试行）》
施工现场未配置相应的安全防护设施和三废处理装置	在机械产生对人体有害的气体、液体、尘埃、渣滓、放射性射线、振动、噪声等场所，应配置相应的安全防护设施和三废处理装置	《国家电网公司电力安全工作规程（电网建设部分）（试行）》
（1）操作人员未严格遵循使用说明书规定的操作要求，违章作业。 （2）操作人员未严格遵循使用说明书规定的操作要求，违章作业、擅离工作岗位或将机械交给其他无证人员操作。操作人员未严格遵循使用说明书规定的操作要求，违章作业、擅离工作岗位或将机械交给其他无证人员操作。 （3）施工现场存在无关人员进入作业区或操作室内情况	作业过程中，操作人员应严格遵循使用说明书规定的操作要求，禁止违章作业，不得擅自离开工作岗位或将机械交给其他无证人员操作。禁止无关人员进入作业区或操作室内	《国家电网公司电力安全工作规程（电网建设部分）（试行）》
机械作业前，操作人员未接受施工任务和安全技术措施交底	机械作业前，操作人员应接受施工任务和安全技术措施交底	《国家电网公司电力安全工作规程（电网建设部分）（试行）》
机械的安全防护装置及监测、指示、仪表、报警等自动报警、信号装置破损、不齐全	机械的安全防护装置及监测、指示、仪表、报警等自动报警、信号装置应完好齐全	《国家电网公司电力安全工作规程（电网建设部分）（试行）》
新机、经过大修或技术改造的机械，未按出厂使用说明书的要求和现行有关国家标准进行测试和试运转，特殊机械未按照有关要求到检测机构进行检测	新机、经过大修或技术改造的机械，应按出厂使用说明书的要求和现行有关国家标准进行测试和试运转，特殊机械还应按照有关要求到检测机构进行检测	《国家电网公司电力安全工作规程（电网建设部分）（试行）》

违章表现	规程规定	规程依据
自制、改装、经过大修或技术改造的机具未按 DL/T 875《输电线路施工机具设计、试验基本要求》的规定进行试验，未经鉴定合格使用	自制、改装、经过大修或技术改造的机具除应按 DL/T 875《输电线路施工机具设计、试验基本要求》的规定进行试验外，还应经鉴定合格后方可使用	《国家电网公司电力安全工作规程（电网建设部分）（试行）》

47.2　施工工器具（起重工器具——一般规定）

违章表现	规程规定	规程依据
（1）施工人员未在使用前检查起重滑车、钢丝绳（套）等起重工器具。 （2）自制或改装起重工器具，未按有关规定进行试验，并经鉴定合格，即投入使用。或虽经试验、鉴定合格，但存在超负荷使用现象，施工现场起重设备存在严重隐患。 （3）千斤顶未设置在平整、坚实处，未采用垫木垫平。 （4）使用油压式千斤顶时，有人员站在安全栓前面	（1）起重滑车、钢丝绳（套）等起重工器具使用前应进行检查。 （2）起重设备的吊索具和其他起重工具应按出厂说明书和铭牌的规定使用，不准超负荷使用。 （3）自制或改装起重工器具，应按有关规定进行试验，经鉴定合格后方可使用，并不得超负荷	《国家电网公司电力安全工作规程（电网建设部分）（试行）》
盾构机未按顺序拼装，施工人员未对使用的起重索具逐一检查即开始吊装，无锁具检查记录	盾构机应按顺序拼装，并对使用的起重索具逐一检查，可靠后方可吊装	《国家电网公司电力安全工作规程（电网建设部分）（试行）》
（1）起重吊装作业的指挥人员与操作人员未执行规定的指挥信号。 （2）起重吊装作业的指挥人员、司机与操作人员存在配合不好的现象。 （3）起重吊装作业的指挥人员、司机和安拆人员等存在无证上岗的情况	起重吊装作业的指挥人员、司机和安拆人员等应持证上岗，作业时应与操作人员密切配合，执行规定的指挥信号	《国家电网公司电力安全工作规程（电网建设部分）（试行）》

47.3　施工工器具（起重工器具——链条葫芦和手扳葫芦）

违章表现	规程规定	规程依据
（1）作业人员在使用链条葫芦、手扳葫芦前，未检查和确认各部件是否可靠、正常。 （2）接线时，电缆线护套未穿进设备的接线盒内，未予以固定	（1）使用前应检查和确认吊钩及封口部件、链条、转动装置及刹车装置可靠，转动灵活正常。 （2）刹车片禁止沾染油脂和石棉。 （3）起重链不得打扭，不得拆成单股使用；使用中发生卡链，应将受力部位封固后方可进行检修。	《国家电网公司电力安全工作规程（电网建设部分）（试行）》

违章表现	规程规定	规程依据
	（4）手拉链或者扳手的拉动方向应与链槽方向一致，不得斜拉硬扳；手动受力值应符合说明书的规定，不得强行超载使用。 （5）操作人员禁止站在葫芦正下方，不得站在重物上面操作，也不得将重物吊起后停留在空中而离开现场，起吊过程中禁止任何人在重物下行走或停留。 （6）带负荷停留较长时间或过夜时，应采用手拉链或扳手绑扎在起重链上，并采取保险措施。 （7）起重能力在 5t 以下的允许一人拉链，起重能力在 5t 以上的允许两人拉链，不得随意增加人数猛拉。 （8）2 台及 2 台以上链条葫芦起吊同一重物时，重物的重量应不大于每台链条葫芦的允许起重量	

47.4 施工工器具（起重工器具——钢丝绳）

违章表现	规程规定	规程依据
在捆扎或吊运物件时，钢丝绳直接和物体的棱角相接触	（1）在捆扎或吊运物件时，不得使钢丝绳直接和物体的棱角相接触。 （2）钢丝绳使用后应及时除去污物；每年浸油一次，并存放在通风干燥处。对出现润滑剂已发干或变质现象的局部绳段应特别注意保养。 （3）滑轮、卷筒的槽底或细腰部直径与钢丝绳直径之比： 1）起重滑车：机械驱动时不应小于 11，人力驱动时不应小于 10。 2）绞磨卷筒不应小于 10。 （4）通过滑车及卷筒的钢丝绳不得有接头；钢绞线不得进入卷筒	《国家电网公司电力安全工作规程（电网建设部分）（试行）》

47.5 施工工器具（起重工器具——编织防扭钢丝绳）

违章表现	规程规定	规程依据
（1）编织防扭钢丝绳未按有关规定进行定期检验。 （2）编织防扭钢丝绳未在架线施工前进行专项检查	（1）编织防扭钢丝绳应按有关规定进行定期检验。 （2）编织防扭钢丝绳应在架线施工前进行专项检查。 （3）编织防扭钢丝绳不宜通过起重滑车，不得接续插接使用。 （4）编织防扭钢丝绳的两端应插套，插接长度不应小于绳节距的 4 倍。采用铝合金压制接头的钢丝绳应符合 GB/T 6946《钢丝绳铝合金压制接头》	《国家电网公司电力安全工作规程（电网建设部分）（试行）》

违章表现	规程规定	规程依据
（1）棕绳使用拉力大于 9.8N/mm²。 （2）施工人员未在使用前逐段检查棕绳，使用霉烂、腐蚀、断股或损伤的棕绳，绳索有修补使用行为	（1）棕绳一般仅限于手动操作（经过滑轮）提升物件，或作为控制绳等辅助绳索使用；使用允许拉力不得大于 9.8N/mm²。 （2）旧绳、用于捆绑或在潮湿状态时应按允许拉力减半使用。 （3）使用前应逐段检查，霉烂、腐蚀、断股或损伤者不得使用，绳索不得修补使用。 （4）捆扎物件时，应避免绳索直接与物件尖锐处接触，不应和有腐蚀性的化学物品接触	《国家电网公司电力安全工作规程（电网建设部分）（试行）》
（1）化纤绳使用前未进行外观检查。 （2）在受力方向变化较大的场合或在高处使用时未采用吊环式滑车，采用吊钩式滑车，无防止脱钩的钩口闭锁装置	（1）化纤绳使用前应进行外观检查。 （2）使用中应避免刮磨或与热源接触等。 （3）绑扎固定不得用直接系的方式。 （4）使用时与带电体有可能接触时，应按 GB/T 13035《带电作业用绝缘绳索》的规定进行试验、干燥、隔潮等	《国家电网公司电力安全工作规程（电网建设部分）（试行）》
作业人员使用环间转动不灵活，链条形状不一致的链式安全绳作业	链式安全绳下端环、连接环和中间环的各环间转动灵活，链条形状一致	《国家电网公司电力安全工作规程（电网建设部分）（试行）》

47.6 施工工器具（起重工器具 —卸扣）

违章表现	规程规定	规程依据
卸扣处于吊件的转角处；卸扣横向受力	（1）不得处于吊件的转角处；不得横向受力。 （2）销轴不得扣在能活动的绳套或索具内。 （3）当卸扣有裂纹、塑性变形、螺纹脱扣、销轴和扣体断面磨损达原尺寸 3%～5%时，不得使用；卸扣上的缺陷不允许补焊。 （4）禁止用普通材料的螺栓取代卸扣销轴	《国家电网公司电力安全工作规程（电网建设部分）（试行）》
（1）钢丝绳无产品检验合格证，未按出厂技术数据选用。 （2）钢丝绳的安全系数、动荷系数 K_1 不均衡系数 K_2 分别小于附录 E 的表 E.1～表 E.3 的规定	钢丝绳应具有产品检验合格证，并按出厂技术数据选用。钢丝绳的安全系数、动荷系数 K_1 不均衡系数 K_2 分别不得小于附录 E 的表 E.1～表 E.3 的规定	《国家电网公司电力安全工作规程（电网建设部分）（试行）》
（1）电动工器具使用前未做检查，或检查项目不全。 （2）当休息、下班或作业中突然停电时，未切断电源侧开关。 （3）进行侧钻或仰钻时，未采取防止失电后钻体坠落的措施	电动工器具使用前应检查下列各项： （1）外壳、手柄无裂缝、无破损。 （2）保护接地线或接零线连接正确、牢固。 （3）电缆或软线完好。 （4）插头完好。 （5）开关动作正常、灵活、无缺损。 （6）电气保护装置完好。 （7）机械防护装置完好。 （8）转动部分灵活。 （9）是否有检测标识	《国家电网公司电力安全工作规程（电网建设部分）（试行）》

违章表现	规程规定	规程依据
长期搁置再用的机械，切割作业人员未在使用前测量电动机绝缘电阻即投入使用	长期搁置再用的机械，在使用前必须测量电动机绝缘电阻，合格后方可使用	JGJ 33—2012《建筑机械使用安全技术规程》

47.7 施工工器具（空气压缩机）

违章表现	规程规定	规程依据
作业人员将空气压缩机作业区设置在潮湿、杂乱处，未挂操作牌，未围护栏	空气压缩机作业区应保持清洁和干燥	《国家电网公司电力安全工作规程（电网建设部分）（试行）》
绞磨尾绳人数少于 2 人，距离小于 2.5m	拉磨尾绳不应少于两人，且应位于锚桩后面、绳圈外侧，不得站在绳圈内，距离绞磨不得小于 2.5m；当磨绳上的油脂较多时应清除	《国家电网公司电力安全工作规程（电网建设部分）（试行）》

48　通用施工机械器具（安全工器具）

48.1　安全工器具（一般规定）

违章表现	规程规定	规程依据
安全工器具检验机构无相应检验资质	安全工器具应由具有资质的安全工器具检验机构进行检验。预防性试验可由经公司总部或省公司、直属单位组织评审、认可，取得内部检验资质的检测机构实施，也可委托具有国家认可资质的安全工器具检验机构实施	《国家电网公司电力安全工器具管理规定》[国网（安监/4）289—2014]
作业前交底记录中无安全工器具相关内容	第十八条施工项目部管理责任完善安全技术交底和施工队（班组）班前站班会机制，向作业人员如实告知作业场所和工作岗位可能存在的风险因素、防范措施以及事故（事件）现场应急处置措施	《国家电网公司基建安全管理规定》[国网（基建/2）173—2015]
作业人员使用安全工器具时，接触高温、明火、化学腐蚀物或尖锐物体或移作他用	安全工器具不得接触高温、明火、化学腐蚀物及尖锐物体，不得移作他用	《国家电网公司电力安全工作规程（电网建设部分）（试行）》
安全工器具未进行预防性试验，或预防性试验周期不符合要求	安全工器具使用期间应按规定做好预防性试验	《国家电网公司电力安全工器具管理规定》[国网（安监/4）289—2014]
经预防性试验合格的安全工器具未粘贴"合格证"标签或可追溯的唯一标识	安全工器具经预防性试验合格后，应由检验机构在合格的安全工器具上（不妨碍绝缘性能、使用性能且醒目的部位）牢固粘贴"合格证"标签或可追溯的唯一标识，并出具检测报告	《国家电网公司电力安全工器具管理规定》[国网（安监/4）289—2014]
安全工器具未编号或编号方法不统一	各级单位应为班组配置充足、合格的安全工器具，建立统一分类的安全工器具台账和编号方法	《国家电网公司电力安全工器具管理规定》[国网（安监/4）289—2014]
不合格或超试验周期的安全工器具未另外存放，未做"禁用"标识	归还时，保管人和使用人应共同进行清洁整理和检查确认，检查合格的返库存放，不合格或超试验周期的应另外存放，做出"禁用"标识，停止使用	《国家电网公司电力安全工器具管理规定》[国网（安监/4）289—2014]
安全工器具月检查记录不全	班组（站、所）应每月对安全工器具进行全面检查，做好检查记录	《国家电网公司电力安全工器具管理规定》[国网（安监/4）289—2014]

违章表现	规程规定	规程依据
安全工器具未做到定置化管理，堆（摆）放不规范	施工作业现场全面推行定置化管理，策划、绘制平面定置图，规范设备、材料、工器具等堆（摆）放	《国家电网公司输变电工程安全文明施工标准化管理办法》［国网（基建/3)187—2015］
安全工器具配置不全	安全文明施工费计提、使用应立足满足工程现场安全防护和环境改善需要，优先用于保证安全隐患整改治理和达到安全文明施工标准化要求所需的支出	《国家电网公司输变电工程安全文明施工标准化管理办法》［国网（基建/3)187—2015］
施工项目部安全帽报审资料缺少进货检验报告，或进货检验抽样大小不符合《安全帽》标准要求	进货检验进货单位按批量对冲击吸收性能、耐穿刺性能、垂直间距、佩戴高度、标识及标识中声明的符合本标准规定的特殊技术性能或相关方约定的项目进行检测，无检测能力的单位应到有资质的第三方实验室进行检验，样本大小符合本标准要求，检验项目必须全部合格	GB 2811—2007《安全帽》
施工单位未设置专人管理安全工器具，未保留收发登记台账，无收发验收手续，无安全工器具检查、报废记录，无试验报告；检查、使用、试验、存放和报废不符合有关规定和施工说明书	安全工器具应设专人管理；收发应严格履行验收手续，并按照相关规定和使用说明书检查、使用、试验、存放和报废	《国家电网公司电力安全工作规程（电网建设部分）（试行）》
施工项目部未开展班组安全工器具培训，未严格执行操作规定，未正确使用安全工器具，使用不合格或超试验周期的安全工器具	班组（站、所、施工项目部）管理职责：组织开展班组安全工器具培训，严格执行操作规定，正确使用安全工器具，严禁使用不合格或超试验周期的安全工器具	《国家电网公司电力安全工器具管理规定》［国网（安监/4)289—2014］
作业人员每次使用安全工器具前，未进行可靠性检查，使用损坏、受潮、脏污、变形、失灵的带电作业工具	安全工器具每次使用前，应进行可靠性检查，尤其是带电作业工具使用前，仔细检查确认没有损坏、受潮、脏污、变形、失灵，否则禁止使用	《国家电网公司电力安全工作规程（电网建设部分）（试行）》
作业人员随意改动和更换安全工器具部件	安全工器具禁止随意改动和更换部件	《国家电网公司电力安全工作规程（电网建设部分）（试行）》
作业人员未按照相关规定、标准对安全工器具进行定期试验	安全工器具应按相关规定、标准应进行定期试验。试验要求参见附录 D 的表 D.2～表 D.4	《国家电网公司电力安全工作规程（电网建设部分）（试行）》
安全工器具达到报废条件，现场作业人员仍在使用	安全工器具符合下列条件之一者，即予以报废： （1）经试验或检验不符合国家或行业标准的。 （2）超过有效使用期限，不能达到有效防护功能指标的。 （3）外观检查明显损坏影响安全使用的	《国家电网公司电力安全工作规程（电网建设部分）（试行）》

违章表现	规程规定	规程依据
施工现场用安全帽无永久标识和产品说明等标识，或标识不清晰、完整，安全帽组件有缺失	永久标识和产品说明等标识清晰完整，安全帽的帽壳、帽衬（帽箍、吸汗带、缓冲垫及衬带）、帽箍扣、下颏带等组件完好无缺失	《国家电网公司电力安全工作规程（电网建设部分）（试行）》

48.2 安全工器具（个体防护装备——安全带）

违章表现	规程规定	规程依据
在高处修整、扳弯粗钢筋时，作业人员未系牢安全带	在高处修整、扳弯粗钢筋时，作业人员应选好位置系牢安全带	《国家电网公司电力安全工作规程（电网建设部分）（试行）》
施工项目部未建立安全工器具管理台账，或账、卡、物不相符	班组（站、所、施工项目部）管理职责：建立安全工器具管理台账，做到账、卡、物相符，试验报告、检查记录齐全	《国家电网公司电力安全工器具管理规定》[国网（安监/4）289—2014]
作业人员使用标识不清晰完整、部件缺失、伤残的安全带	商标、合格证和检验证等标识清晰完整，各部件完整无缺失、无伤残破损。腰带、围杆带、肩带、腿带等带体无灼伤、脆裂及霉变，表面不应有明显磨损及切口；围杆绳、安全绳无灼伤、脆裂、断股及霉变，各股松紧一致，绳子应无扭结；护腰带接触腰的部分应垫以柔软材料，边缘圆滑无角。金属配件表面光洁，无裂纹、无严重锈蚀和目测可见的变形，配件边缘应呈圆弧形；金属环类零件不允许使用焊接，不应留有开口。金属挂钩等连接器应有保险装置，应在两个及以上明确的动作下才能打开，且操作灵活。钩体和钩舌的咬口应完整，两者不得偏斜。各调节装置应灵活可靠	《国家电网公司电力安全工作规程（电网建设部分）（试行）》
安全带穿戴好后，作业人员未仔细检查连接扣或调节扣，造成绳扣连接不牢固	安全带穿戴好后应仔细检查连接扣或调节扣，确保各处绳扣连接牢固	《国家电网公司电力安全工作规程（电网建设部分）（试行）》
作业人员在电焊作业或其他有火花、熔融源等场所使用无隔热防磨套的安全带或安全绳	在电焊作业或其他有火花、熔融源等场所使用的安全带或安全绳应有隔热防磨套	《国家电网公司电力安全工作规程（电网建设部分）（试行）》
作业人员将安全带挂在移动或不牢固的构件上作业	安全带的挂钩或绳子应挂在结实牢固的构件或挂安全带专用的钢丝绳上。禁止将安全带系在移动或不牢固的物件上，如隔离开关（刀闸）支持绝缘子、瓷横担、未经固定的转动横担、线路支柱绝缘子、避雷器支柱绝缘子等	《国家电网公司电力安全工作规程（电网建设部分）（试行）》
作业人员采用低挂高用的方式使用安全带	应采用高挂低用的方式	《国家电网公司电力安全工作规程（电网建设部分）（试行）》

违章表现	规程规定	规程依据
作业人员未将坠落悬挂安全带的安全绳同主绳的连接点固定于佩戴者的后背、后腰或胸前	坠落悬挂安全带的安全绳同主绳的连接点应固定于佩戴者的后背、后腰或胸前	DL 5009.2—2013《电力建设安全工作规程 第2部分：电力线路》
作业人员在安全带、绳使用过程中，有打结现象；作业人员将安全绳用作悬吊绳	安全带、绳使用过程中不应打结。不得将安全绳用作悬吊绳	DL 5009.2—2013《电力建设安全工作规程 第2部分：电力线路》
在电动升降平台上作业未使用安全带	在电动升降平台上作业应使用安全带	《国家电网公司电力安全工作规程（电网建设部分）（试行）》
在高处作业平台上的作业人员未使用安全带	在高处作业平台上的作业人员应使用安全带	《国家电网公司电力安全工作规程（电网建设部分）（试行）》
作业人员未做到腰带和护腰带同时使用	腰带应和护腰带同时使用	GB 6095—2009《安全带》

48.3 安全工器具（个体防护装备——安全帽）

违章表现	规程规定	规程依据
作业人员私自对安全帽配件进行改造和更换	除非按制造商的建议进行，否则对安全帽配件进行的任何改造和更换都会给使用者带来危险	GB 2811—2007《安全帽》
在悬岩陡坡上作业时未系安全带	在悬岩陡坡上作业时应设置防护栏杆并系安全带	《国家电网公司电力安全工作规程（电网建设部分）（试行）》
现场人员使用受过强冲击或做过试验的安全帽	现场人员不能使用受过强冲击或做过试验的安全帽	《国家电网公司电力安全工作规程（电网建设部分）（试行）》
作业人员使用有霉变、断股、磨损、灼伤、缺口等缺陷的安全绳	安全绳应光滑、干燥，无霉变、断股、磨损、灼伤、缺口等缺陷	《国家电网公司电力安全工作规程（电网建设部分）（试行）》
施工人员使用部件有尖角或锋利边缘，护套有破损的安全绳作业	所有部件应顺滑，无材料或制造缺陷，无尖角或锋利边缘。护套（如有）应完整不破损	《国家电网公司电力安全工作规程（电网建设部分）（试行）》
施工现场遇雷雨、大雪及五级以上风力，未停止吊篮施工。夜间使用吊篮作业	遇有雷雨、大雪及五级以上风力，不得使用吊篮。禁止夜间使用吊篮作业	《国家电网公司电力安全工作规程（电网建设部分）（试行）》
在屋顶及其他危险的边沿进行作业，施工作业人员未使用安全带	在屋顶及其他危险的边沿进行作业，临空面应装设安全网或防护栏杆，施工作业人员应使用安全带	《国家电网公司电力安全工作规程（电网建设部分）（试行）》
施工现场用安全帽的帽壳内外表面不平整光滑，有划痕、裂缝和孔洞，有灼伤、冲击痕迹	帽壳内外表面应平整光滑，无划痕、裂缝和孔洞，无灼伤、冲击痕迹	《国家电网公司电力安全工作规程（电网建设部分）（试行）》

违章表现	规程规定	规程依据
施工现场用安全帽的帽衬与帽壳连接不牢固，后箍、锁紧卡等开闭调节不灵活，卡位不牢固	帽衬与帽壳连接牢固，后箍、锁紧卡等开闭调节灵活，卡位牢固	《国家电网公司电力安全工作规程（电网建设部分）（试行）》
现场人员使用超过允许使用年限的安全帽，未经过抽查测试合格	使用期从产品制造完成之日起计算；塑料和纸胶帽不得超过两年半；玻璃钢（维纶钢）橡胶帽不超过3年半。使用期满后，要进行抽查测试合格后方可继续使用，抽检时，每批从最严酷使用场合中抽取，每项试验试样不少于2顶，以后每年抽检一次，有1顶不合格则该批安全帽报废	《国家电网公司电力安全工作规程（电网建设部分）（试行）》
进入生产、施工现场人员未正确佩戴安全帽	任何人员进入生产、施工现场应正确佩戴安全帽。针对不同的生产场所，根据安全帽产品说明选择适用的安全帽。安全帽戴好后，应将帽箍扣调整到合适的位置，锁紧下颚带，防止作业中前倾后仰或其他原因造成滑落	《国家电网公司电力安全工作规程（电网建设部分）（试行）》

48.4 安全工器具（绝缘安全工器具——电容型验电器）

违章表现	规程规定	规程依据
操作前，作业人员未清洁杆表面潮湿、污浊的验电器，未确认验电器是否良好	操作前，验电器杆表面应用清洁的干布擦拭干净，使表面干燥、清洁。并在有电设备上进行试验，确认验电器良好，无法在有电设备上进行试验时可用高压发生器等确证验电器良好	《国家电网公司电力安全工作规程（电网建设部分）（试行）》
电容型验电器标识模糊、不完整	电容型验电器的额定电压或额定电压范围、额定频率（或频率范围）、生产厂名和商标、出厂编号、生产年份、适用气候类型（D、C和G）、检验日期及带电作业用（双三角）符号等标识清晰完整	《国家电网公司电力安全工作规程（电网建设部分）（试行）》
验电器的部件有明显损伤	验电器的各部件，包括手柄、护手环、绝缘元件、限度标记（在绝缘杆上标注的一种醒目标志，向使用者指明应防止标志以下部分插入带电设备中或接触带电体）和接触电极、指示器和绝缘杆等均应无明显损伤	《国家电网公司电力安全工作规程（电网建设部分）（试行）》
绝缘杆有污浊、不光滑，绝缘部分有气泡、皱纹、裂纹、划痕、硬伤、绝缘层脱落、严重的机械或电灼伤痕	绝缘杆应清洁、光滑，绝缘部分应无气泡、皱纹、裂纹、划痕、硬伤、绝缘层脱落、严重的机械或电灼伤痕	《国家电网公司电力安全工作规程（电网建设部分）（试行）》
伸缩型绝缘杆各节拉伸后有自动回缩现象	伸缩型绝缘杆各节配合合理，拉伸后不应自动回缩	《国家电网公司电力安全工作规程（电网建设部分）（试行）》
作业人员在雷、雨、雪等恶劣天气时使用非雨雪型电容型验电器	非雨雪型电容型验电器不得在雷、雨、雪等恶劣天气时使用	《国家电网公司电力安全工作规程（电网建设部分）（试行）》

続表

违章表现	规程规定	规程依据
电容型验电器的手柄与绝缘杆、绝缘杆与指示器连接不紧密、不牢固	手柄与绝缘杆、绝缘杆与指示器的连接应紧密牢固	《国家电网公司电力安全工作规程（电网建设部分）（试行）》
作业人员自检电容型验电器三次，指示器有不出现视觉和听觉信号现象	自检三次，指示器均应有视觉和听觉信号出现	《国家电网公司电力安全工作规程（电网建设部分）（试行）》
操作时，作业人员未戴绝缘手套，未穿绝缘靴	操作时，应戴绝缘手套，穿绝缘靴	《国家电网公司电力安全工作规程（电网建设部分）（试行）》
作业人员使用抽拉式电容型验电器时，未完全拉开绝缘杆	使用抽拉式电容型验电器时，绝缘杆应完全拉开	《国家电网公司电力安全工作规程（电网建设部分）（试行）》
验电前未进行验电器自检	验电前进行验电器自检，且应在确知的同一电压等级带电体上试验，确认验电器良好后方可使用	《国家电网公司电力安全工作规程（电网建设部分）（试行）》
作业人员操作验电器时，人体未与带电设备保持足够的安全距离，操作者的手握部位越过护环，造成绝缘长度不足	人体应与带电设备保持足够的安全距离，操作者的手握部位不得越过护环，以保持有效的绝缘长度	《国家电网公司电力安全工作规程（电网建设部分）（试行）》
作业人员使用规格不符合被操作设备电压等级的验电器	验电器的规格应符合被操作设备的电压等级	《国家电网公司电力安全工作规程（电网建设部分）（试行）》

48.5 安全工器具（个体防护装备——安全绳）

违章表现	规程规定	规程依据
作业人员连接安全绳，未通过连接扣连接，在使用过程中有打结	安全绳的连接应通过连接扣连接，在使用过程中不应打结	《国家电网公司电力安全工作规程（电网建设部分）（试行）》
施工人员使用钢丝松散，中间有接头的钢丝绳式安全绳作业	钢丝绳式安全绳的钢丝应捻制均匀、紧密、不松散，中间无接头	《国家电网公司电力安全工作规程（电网建设部分）（试行）》
作业人员使用保护套有破损、开裂等现象的织带型缓冲器	织带型缓冲器的保护套应完整，无破损、开裂等现象	《国家电网公司电力安全工作规程（电网建设部分）（试行）》
作业人员使用有叠痕、突起、折断、压伤、锈蚀及错乱交叉钢丝的钢丝绳速差器	钢丝绳速差器的钢丝应绞合均匀紧密，不得有叠痕、突起、折断、压伤、锈蚀及错乱交叉的钢丝	《国家电网公司电力安全工作规程（电网建设部分）（试行）》
作业人员在高温、腐蚀等场合使用安全绳，未穿入整根具有耐高温、抗腐蚀的保护套，或未采用钢丝绳式安全绳	在高温、腐蚀等场合使用的安全绳，应穿入整根具有耐高温、抗腐蚀的保护套，或采用钢丝绳式安全绳	《国家电网公司电力安全工作规程（电网建设部分）（试行）》

违章表现	规程规定	规程依据
高处焊接作业时未采取措施防止安全绳（带）损坏	高处焊接作业时应采取措施防止安全绳（带）损坏	《国家电网公司电力安全工作规程（电网建设部分）（试行）》
施工人员使用有裂纹、褶皱，边缘有毛刺，有永久性变形和活门失效等现象的连接器	连接器表面光滑，无裂纹、褶皱，边缘圆滑无毛刺，无永久性变形和活门失效等现象	《国家电网公司电力安全工作规程（电网建设部分）（试行）》

48.6 安全工器具（个体防护装备——个人保安线）

违章表现	规程规定	规程依据
作业人员在工作接地线未挂好的情况下，在工作相上挂个人保安线	只有在工作接地线挂好后，方可在工作相上挂个人保安线	《国家电网公司电力安全工作规程（电网建设部分）（试行）》
在有邻近、平行、交叉跨越及同杆塔架设线路的地段作业，在需要接触或接近导线作业时，未使用个人保安线	作业地段如有邻近、平行、交叉跨越及同杆塔架设线路，为防止停电检修线路上感应电压伤人，在需要接触或接近导线作业时，应使用个人保安线	《国家电网公司电力安全工作规程（电网建设部分）（试行）》
作业现场未应用多股软铜线保安线，所用保安线截面小于16mm²；保安线的绝缘护套材料护层厚度小于1mm	保安线应用多股软铜线，其截面不得小于16mm²；保安线的绝缘护套材料应柔韧透明，护层厚度大于1mm	《国家电网公司电力安全工作规程（电网建设部分）（试行）》
作业现场用保安线护套有孔洞、撞伤、擦伤、裂缝、龟裂等现象，导线有裸露、松股、中间有接头、断股和发黑腐蚀	护套应无孔洞、撞伤、擦伤、裂缝、龟裂等现象，导线无裸露、无松股、中间无接头、断股和发黑腐蚀	《国家电网公司电力安全工作规程（电网建设部分）（试行）》
作业现场使用的汇流夹未采用T3或T2铜制成，压接后有裂纹，与保安线连接不牢固	汇流夹应由T3或T2铜制成，压接后应无裂纹，与保安线连接牢固	《国家电网公司电力安全工作规程（电网建设部分）（试行）》
作业现场用线夹有损坏，线夹与电力设备及接地体的接触面有毛刺	线夹完整、无损坏，线夹与电力设备及接地体的接触面无毛刺	《国家电网公司电力安全工作规程（电网建设部分）（试行）》
作业现场用保安线未采用线鼻与线夹相连接，线鼻与线夹连接不牢固，有松动、腐蚀及灼伤痕迹	保安线应采用线鼻与线夹相连接，线鼻与线夹连接牢固，接触良好，无松动、腐蚀及灼伤痕迹	《国家电网公司电力安全工作规程（电网建设部分）（试行）》
作业人员以个人保安线代替工作接地线	个人保安线仅作为预防感应电使用，不得以此代替工作接地线	《国家电网公司电力安全工作规程（电网建设部分）（试行）》
缓冲器与安全绳及安全带配套使用时，作业高度不足以容纳安全绳和缓冲器展开的安全坠落空间	缓冲器与安全绳及安全带配套使用时，作业高度要足以容纳安全绳和缓冲器展开的安全坠落空间	《国家电网公司电力安全工作规程（电网建设部分）（试行）》

违章表现	规程规定	规程依据
作业人员装设保安接地线顺序错误，接触不良、连接不可靠	装设时，应先接接地端，后接导线端，且接触良好、连接可靠。拆个人保安线的顺序与此相反。个人保安线由作业人员负责自行装、拆	《国家电网公司电力安全工作规程（电网建设部分）（试行）》
作业人员在杆塔或横担接地通道不良的条件下，将个人保安线接地端接在杆塔或横担上	在杆塔或横担接地通道良好的条件下，个人保安线接地端允许接在杆塔或横担上	《国家电网公司电力安全工作规程（电网建设部分）（试行）》

48.7 安全工器具（个体防护装备——连接器）

违章表现	规程规定	规程依据
作业人员使用扣体钩舌和闸门咬口偏斜，无保险装置的连接器，使用经过一个动作就能打开的连接器	连接器应操作灵活，扣体钩舌和闸门的咬口应完整，两者不得偏斜，应有保险装置，经过两个及以上的动作才能打开	《国家电网公司电力安全工作规程（电网建设部分）（试行）》

48.8 安全工器具（个体防护装备——缓冲器）

违章表现	规程规定	规程依据
作业人员采用多个缓冲器串联使用	缓冲器禁止多个串联使用	《国家电网公司电力安全工作规程（电网建设部分）（试行）》

48.9 安全工器具（个体防护装备——攀登自锁器）

违章表现	规程规定	规程依据
作业人员使用攀登自锁器的工程塑料本体表面有气泡、开裂等缺陷	本体为工程塑料时，表面应无气泡、开裂等缺陷	《国家电网公司电力安全工作规程（电网建设部分）（试行）》
作业人员使用攀登自锁器的金属本体有裂纹、变形及锈蚀等缺陷，铆接面有毛刺，金属表面镀层有起皮、变色等缺陷	本体为金属材料时，无裂纹、变形及锈蚀等缺陷，所有铆接面应平整、无毛刺，金属表面镀层应均匀、光亮，不允许有起皮、变色等缺陷	《国家电网公司电力安全工作规程（电网建设部分）（试行）》
作业人员使用的自锁器导向轮有卡阻、破损等缺陷	自锁器上的导向轮应转动灵活，无卡阻、破损等缺陷	《国家电网公司电力安全工作规程（电网建设部分）（试行）》
作业人员使用时攀登自锁器时，未查看自锁器安装箭头，造成自锁器安装不正确	使用时应查看自锁器安装箭头，正确安装自锁器	《国家电网公司电力安全工作规程（电网建设部分）（试行）》
作业人员使用攀登自锁器时，自锁器与安全带之间的连接绳大于0.5m，自锁器未连接在人体前胸或后背的安全带挂点上	自锁器与安全带之间的连接绳不应大于0.5m，自锁器应连接在人体前胸或后背的安全带挂点上	《国家电网公司电力安全工作规程（电网建设部分）（试行）》

违章表现	规程规定	规程依据
作业人员在导轨（绳）上手提自锁器，自锁器在导轨（绳）上应运行有卡住现象，突然释放自锁器，自锁器未能有效锁止在导轨（绳）上	在导轨（绳）上手提自锁器，自锁器在导轨（绳）上应运行顺滑，不应有卡住现象，突然释放自锁器，自锁器应能有效锁止在导轨（绳）上	《国家电网公司电力安全工作规程（电网建设部分）（试行）》
作业人员将自锁器锁止在导轨（绳）上作业	禁止将自锁器锁止在导轨（绳）上作业	《国家电网公司电力安全工作规程（电网建设部分）（试行）》
作业人员使用部件有尖角或锋利边缘的缓冲器	缓冲器所有部件应平滑，无材料和制造缺陷，无尖角或锋利边缘	《国家电网公司电力安全工作规程（电网建设部分）（试行）》

48.10 安全工器具（个体防护装备——速差自控器）

违章表现	规程规定	规程依据
作业人员使用有自锁功能的连接器，活门关闭时不能自动上锁，在上锁状态下经过一个动作即打开	有自锁功能的连接器活门关闭时应自动上锁，在上锁状态下必须经两个以上动作才能打开	《国家电网公司电力安全工作规程（电网建设部分）（试行）》
作业人员使用手动上锁的连接器，经过一个动作就能打开，有锁止警示的连接器锁止后不能观测到警示标志	手动上锁的连接器应确保必须经两个以上动作才能打升，有锁止警示的连接器锁止后应能观测到警示标志	《国家电网公司电力安全工作规程（电网建设部分）（试行）》
作业人员使用连接器时，将受力点设置在连接器活门位置	使用连接器时，受力点不应在连接器的活门位置	《国家电网公司电力安全工作规程（电网建设部分）（试行）》
作业人员使用本体及配件有凹凸痕迹的攀登自锁器	自锁器各部件完整无缺失，本体及配件应无目测可见的凹凸痕迹	《国家电网公司电力安全工作规程（电网建设部分）（试行）》
作业人员使用部件有缺失、伤残破损，有毛刺和锋利边缘的速差自控器	速差自控器的各部件完整无缺失、无伤残破损，外观应平滑，无材料和制造缺陷，无毛刺和锋利边缘	《国家电网公司电力安全工作规程（电网建设部分）（试行）》
当钢丝绳作为速差自控器安全绳使用时直径小于 5mm	当钢丝绳作为速差自控器安全绳使用时直径不应小于 5mm	GB 24544—2009《坠落防护速差自控器》
作业人员使用不能有效制动并回收的速差自控器	用手将速差自控器的安全绳（带）进行快速拉出，速差自控器应能有效制动并完全回收	《国家电网公司电力安全工作规程（电网建设部分）（试行）》
作业人员将速差自控器系挂在移动或不牢固的物件上	速差自控器应系在牢固的物体上，禁止系挂在移动或不牢固的物件上	《国家电网公司电力安全工作规程（电网建设部分）（试行）》
作业人员低挂高用使用速差自控器	速差自控器拴挂时禁止低挂高用	《国家电网公司电力安全工作规程（电网建设部分）（试行）》

违章表现	规程规定	规程依据
作业人员将速差自控器系在棱角锋利处	不得系在棱角锋利处	《国家电网公司电力安全工作规程（电网建设部分）（试行）》
作业人员使用速差自控器时，未认真查看速差自控器防护范围及悬挂要求	使用时应认真查看速差自控器防护范围及悬挂要求	《国家电网公司电力安全工作规程（电网建设部分）（试行）》
作业人员使用速差自控器，未连接在人体前胸或后背的安全带挂点上，移动时有跳跃	速差自控器应连接在人体前胸或后背的安全带挂点上，移动时应缓慢，禁止跳跃	《国家电网公司电力安全工作规程（电网建设部分）（试行）》
未采用速差自控器	杆塔组立、脚手架施工等高处作业时，应采用速差自控器等后备保护设施	《国家电网公司电力安全工作规程（电网建设部分）（试行）》
未采用速差自控器	杆塔上水平转移时应使用水平绳或设置临时扶手，垂直转移时应使用速差自控器或安全自锁器等装置	《国家电网公司电力安全工作规程（电网建设部分）（试行）》
作业人员未在杆塔上接触或接近导线的作业开始前挂接个人保安线，未在作业结束脱离导线后拆除	个人保安线应在杆塔上接触或接近导线的作业开始前挂接，作业结束脱离导线后拆除	《国家电网公司电力安全工作规程（电网建设部分）（试行）》
作业人员使用连接器时，多人同时使用同一个连接器作为连接或悬挂点	不应多人同时使用同一个连接器作为连接或悬挂点	《国家电网公司电力安全工作规程（电网建设部分）（试行）》
作业人员将速差自控器锁止后悬挂在安全绳（带）上作业	禁止将速差自控器锁止后悬挂在安全绳（带）上作业	《国家电网公司电力安全工作规程（电网建设部分）（试行）》
作业人员使用缓冲器，与安全带、安全绳连接时采用绑扎连接，未使用连接器连接	缓冲器与安全带、安全绳连接应使用连接器，禁止绑扎使用	《国家电网公司电力安全工作规程（电网建设部分）（试行）》

48.11 安全工器具（登高工器具——梯子）

违章表现	规程规定	规程依据
装饰时将梯子搁在楼梯或斜坡上作业	装饰时不得将梯子搁在楼梯或斜坡上作业	《国家电网公司电力安全工作规程（电网建设部分）（试行）》
作业人员接长梯子时，未卡紧、绑牢，未加设支撑	如需接长时，应用铁卡子或绳索切实卡住或绑牢并加设支撑	《国家电网公司电力安全工作规程（电网建设部分）（试行）》
作业人员将梯子垫高使用	梯子不得接长或垫高使用	《国家电网公司电力安全工作规程（电网建设部分）（试行）》

违章表现	规程规定	规程依据
作业人员使用梯脚无防滑装置的梯子	梯子应放置稳固，梯脚要有防滑装置	《国家电网公司电力安全工作规程（电网建设部分）（试行）》
梯子使用前，作业人员未先进行试登就开始使用	使用前，应先进行试登，确认可靠后方可使用	《国家电网公司电力安全工作规程（电网建设部分）（试行）》
有人员在梯子上作业时，梯子未安排扶持和监护人员	有人员在梯子上作业时，梯子应有人扶持和监护	《国家电网公司电力安全工作规程（电网建设部分）（试行）》
作业人员使用梯子时，梯子与地面的夹角不符合规定，作业人员在距梯顶 1m 以内的梯蹬上作业	梯子与地面的夹角应为 60° 左右，作业人员应在距梯顶 1m 以下的梯蹬上作业	《国家电网公司电力安全工作规程（电网建设部分）（试行）》
人字梯无坚固的铰链和限制开度的拉链	人字梯应具有坚固的铰链和限制开度的拉链	《国家电网公司电力安全工作规程（电网建设部分）（试行）》
作业人员靠在管子上、导线上使用梯子时，其上端未用挂钩挂住或用绳索绑牢	靠在管子上、导线上使用梯子时，其上端需用挂钩挂住或用绳索绑牢	《国家电网公司电力安全工作规程（电网建设部分）（试行）》
作业人员在通道上使用梯子时，未设监护人或未设置临时围栏	在通道上使用梯子时，应设监护人或设置临时围栏	《国家电网公司电力安全工作规程（电网建设部分）（试行）》
作业人员放在门前使用梯子，未采取防止门突然开启的措施	作业人员放在门前使用梯子，应采取防止门突然开启的措施	《国家电网公司电力安全工作规程（电网建设部分）（试行）》
作业人员使用升降有卡阻，锁紧装置不可靠的升降梯	升降梯升降灵活，锁紧装置可靠	《国家电网公司电力安全工作规程（电网建设部分）（试行）》
作业人员使用铰链有松动的铝合金折梯	铝合金折梯铰链牢固，开闭灵活，无松动	《国家电网公司电力安全工作规程（电网建设部分）（试行）》
作业人员使用限制开度装置有缺陷的折梯	折梯限制开度装置完整牢固	《国家电网公司电力安全工作规程（电网建设部分）（试行）》
延伸式梯子操作用绳有断股、打结现象，升降有卡阻，锁位不准确	延伸式梯子操作用绳无断股、打结等现象，升降灵活，锁位准确可靠	《国家电网公司电力安全工作规程（电网建设部分）（试行）》
施工人员使用绳头有散丝的纤维绳式安全绳作业	纤维绳式安全绳绳头无散丝	《国家电网公司电力安全工作规程（电网建设部分）（试行）》

违章表现	规程规定	规程依据
作业人员在变电站高压设备区或高压室内使用金属梯子。搬动梯时，未放倒两人搬运，与带电部分的安全距离不足	在变电站高压设备区或高压室内应使用绝缘材料的梯子，禁止使用金属梯子。搬动梯时，应放倒两人搬运，并与带电部分保持安全距离	《国家电网公司电力安全工作规程（电网建设部分）（试行）》
攀登时，作业人员及所携带的工具、材料总重量超过梯子的承载力	梯子应能承受作业人员及所携带的工具、材料攀登时的总重量	《国家电网公司电力安全工作规程（电网建设部分）（试行）》
在作业人员上下的梯子上，未悬挂"从此上下！"的安全标志牌	在室外构架上作业时，在作业人员上下的梯子上，应悬挂"从此上下！"的安全标志牌	《国家电网公司电力安全工作规程（电网建设部分）（试行）》

48.12 安全工器具（登高工器具——软梯）

违章表现	规程规定	规程依据
作业人员使用的软梯标志模糊，每股绝缘绳索及每股线绞合不紧密，有松散、分股现象	标志清晰，每股绝缘绳索及每股线均应紧密绞合，不得有松散、分股的现象	《国家电网公司电力安全工作规程（电网建设部分）（试行）》
作业人员使用软梯绳索各股及各股中丝线有叠痕、凸起、压伤、背股、抽筋等缺陷，有错乱、交叉的丝、线、股	绳索各股及各股中丝线均不应有叠痕、凸起、压伤、背股、抽筋等缺陷，不得有错乱、交叉的丝、线、股	《国家电网公司电力安全工作规程（电网建设部分）（试行）》
软梯接头未做到单根丝线连接，有股接头存在。单丝接头未封闭于绳股内部，露在外面	接头应单根丝线连接，不允许有股接头。单丝接头应封闭于绳股内部，不得露在外面	《国家电网公司电力安全工作规程（电网建设部分）（试行）》
使用软梯进行移动作业时，软梯上超过一人作业	使用软梯进行移动作业时，软梯上只准一人作业	《国家电网公司电力安全工作规程（电网建设部分）（试行）》
作业人员到达梯头上进行作业和梯头开始移动前，梯头的封口未可靠封闭，也未使用保护绳防止梯头脱钩	作业人员到达梯头上进行作业和梯头开始移动前，应将梯头的封口可靠封闭，否则应使用保护绳防止梯头脱钩	《国家电网公司电力安全工作规程（电网建设部分）（试行）》
作业人员在转动横担的线路上挂梯前未将横担固定	在转动横担的线路上挂梯前应将横担固定	《国家电网公司电力安全工作规程（电网建设部分）（试行）》
作业人员在瓷横担线路上挂梯作业	在瓷横担线路上禁止挂梯作业	《国家电网公司电力安全工作规程（电网建设部分）（试行）》
作业人员在梯子上时移动梯子，上下抛递工具、材料	禁止人在梯子上时移动梯子，禁止上下抛递工具、材料	《国家电网公司电力安全工作规程（电网建设部分）（试行）》